·2018年·
国家综合防灾减灾与可持续发展论坛

国家减灾委办公室
国家减灾委专家委员会 编

中国社会出版社
国家一级出版社·全国百佳图书出版单位

前　言

2018年5月10日，由国家减灾委专家委员会、四川省减灾委主办，应急管理部国家减灾中心、四川省民政厅承办的第九届国家综合防灾减灾与可持续发展论坛在四川省成都市举办。应急管理部副部长郑国光、四川省副省长彭宇行出席开幕式并致辞。

本届论坛分为防灾减灾救灾体制机制改革、防灾减灾救灾战略举措、防灾减灾救灾科技支撑与应用、汶川特大地震十周年回顾与展望四部分。国家减灾委专家委员会主任秦大河，副主任闪淳昌、史培军、郑功成，以及崔鹏、徐祥德等10余位专家学者围绕防灾减灾救灾体制机制改革、防灾减灾救灾战略举措、科技减灾应用、汶川特大地震十周年回顾等作了报告。来自国家减灾委成员单位、国家减灾委专家委员会、地方政府有关部门、高等院校、科研院所和社会组织的近200名代表参与了交流与讨论。

本届论坛的举办，对于全面贯彻落实习近平总书记关于防灾减灾救灾的重要论述，认真贯彻党中央、国务院关于应急管理和自然灾害防治工作的决策部署，进一步推动提升全社会抵御自然灾害的综合防范能力具有重要意义。为总结和交流与会专家的学术成果，国家减灾委专家委员会组织编辑了本届论坛文集。经过严格遴选，文集收录论文33篇，内容涉及防灾减灾救灾体制机制改革、灾害综合风险防范、自然灾害防治、灾害应急救援、灾害管理领域国际合作、社会多元主体参与等，体现了近一年来我国防灾减灾救灾领域的研究水平。

由于编者水平有限，疏漏和不足之处在所难免，敬请读者批评指正。

编　者

2019年1月

目　录

一

二

三

四

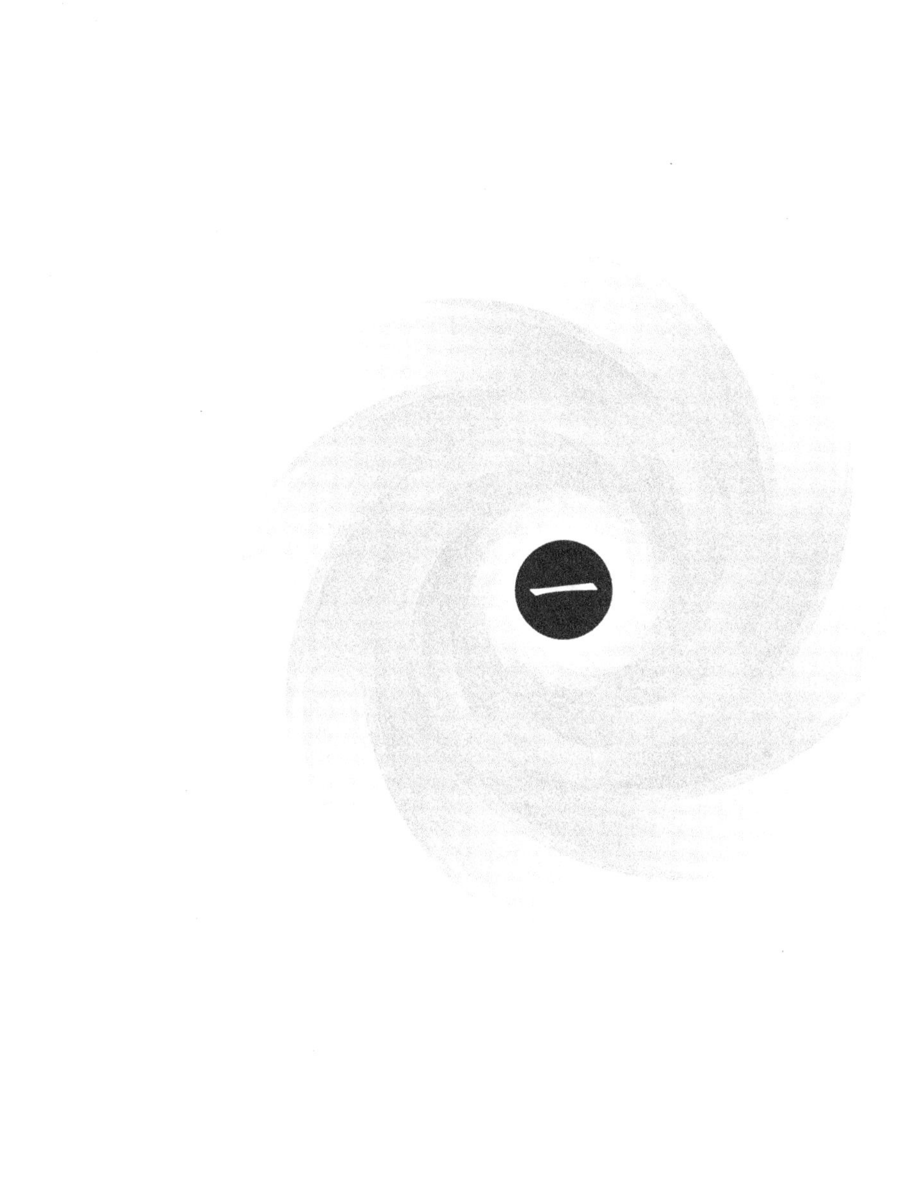
一

汶川地震十年来的实践与思考

闪淳昌

（国务院应急管理专家组）

2008 年是我国防灾减灾救灾史上非常不寻常的一年，大灾多发，多灾并发，特别是南方低温雨雪冰冻灾害和“5 · 12”汶川特大地震。这两大巨灾有许多共同点，都造成重大伤亡和损失，导致一系列次生衍生灾害，但也有不同点。低温雨雪冰冻灾害是个渐进式的灾难，4 次下雪导致公路、铁路、民航停运，电网停电等，发生在我国中东部比较发达地区；汶川特大地震是突发式的灾难，造成 8.7 万人遇难，30 多万人受伤，直接经济损失 8451 亿元，又发生在我国西部欠发达地区和少数民族地区，救灾难度特别大。但是，在党中央、国务院的领导下，全国人民众志成城，我们战胜了两大巨灾。特别是面对汶川特大地震，党中央、国务院最高层的果断决策，灾区人民最快速的反应和自救互救，全社会最广泛的动员和行动，人民解放军、全国各族人民和海外最有力的支援，我国开放透明的态度，最及时的《汶川地震灾区恢复重建条例》的颁布实施等，赢得了国内外高度赞叹。当时，美国 CNN 也认为，“没有抢劫，没有抱怨，只有在毁灭性灾难发生时人与人的互助。你还能在世界别的地方找到这样的 13 亿人吗？”外媒纷纷称中国救灾受到联合国表扬当之无愧。“德国之声”也说中国政府救灾受国际肯定。而且，我们在应对两大巨灾的同时，2008 年 8 月 24 日晚，举世瞩目的北京奥运会胜利闭幕，中国向世界成功兑现了举办一届高水平、有特色的奥运会和平安奥运的郑重承诺。国际奥委会主席罗格赞叹说：“第 29 届北京奥运会是一届无与伦比的奥运会。”9 月 17 日晚，2008 年北京残奥会胜利闭幕，中国向世界成功兑现了两个奥运会同样精彩的郑重承诺。

2008 年战胜两大巨灾和成功举办奥运会的实践，充分展现了全心全意为人民服务的中国共产党的伟大力量，充分展现了人民军队的伟大力量，充分展现了 13 亿中国人民的伟大力量，充分展现了改革开放的伟大力量，充分展现了中国特色社会主义的伟大力量。重大自然灾害给我国造成重大损失，也加深了我们对客观规律的认识。这些年，我们在不断地总结应对两大巨灾的经验教训，以更加有效地提高防灾减灾能力、更加有力地保护人民生命财产安全和经济社会发展成果。

党的十八大以来，以习近平同志为核心的党中央深刻总结历史经验，在科学分析公共安全形势的基础上，着力建立源头治理、动态监管、应急处置相结合的长效机制。全力构建全方位、立体化的公共安全网，在应对各类突发事件中更加依法、有力、有序、有度和有效。汶川地震灾区恢复重建与可持续发展融合，汶川灾区在毁灭性灾难中重生，房屋重建、产业振兴、民生改善、文化发展，经济社会发展水平提升了三十年，中国政府交出了让人民满意、世界惊叹的“汶川答卷”。2017 年，四川省经济总量跃升为全国第六，是 2007 年的 3.52 倍，人均 GDP 是 2007 年的 3.44 倍，人均收入约 7000 美元。汶川、北川和青川全县地区生产总值分别是 2007 年的 2 倍、3.8 倍和 2.6 倍。四川省虽然经历了史无前例的灾难，仍将与全国同步进入小康社会。水磨镇被联合国人居署评为“全球灾后重建最佳范例”，美丽的羌藏村寨被赞为“世界灾后重建的灯塔”。加拿大原总督感慨：“四川树立了世界灾后重建的典范，你们宝贵的经验可以在世界推广。”

2018 年春节前夕，习近平总书记专程到汶川特大地震震中——汶川县映秀镇，看到百姓生活幸福安康，他说：“我很牵挂这个地方，十年了，这里的变化我很欣慰。”在第十个“5 · 12”防灾减灾日，习近平总书记又指出：“今年是汶川地震十周年。在中国共产党坚强领导下，汶川地震灾区恢复重建工作取得举世瞩目成就，为国际社会开展灾后恢复重建提供了有益经验和启示。”

恩格斯说：“一个聪明的民族，她会从灾难中学到比平时多得多的东西。”“没有哪一次巨大的历史灾难，不是以历史的进步为补偿的。”我们战胜一系列灾难的实践，充分显示了我国社会主义制度能够集中力量办大事的政治优势，证明了人民是推动中国社会发展进步的真正动力，证明了人民军队是保卫人民的钢铁长城，证明了中国共产党是能够应对各种风险、驾驭各种复杂局面、具有强大战斗力的马克思主义政党。

我国“十二五”与“十一五”期间相比：全国自然灾害造成的因灾死亡失踪人数和直接经济损失分别下降 92.6% 和 21.8%。生产安全事故起数和死亡人数分别下降 30.9% 和 25.0%。公共卫生事件发生起数和报告病例分别下降 48.46% 和 68.05%。我国食品安全形势总体平稳，人均期望寿命从 1949 年的 35 岁，提升到 2009 年的 74.8 岁，又提高到 2017 年 76.34 岁，居民主要健康指标总体上优于中高收入国家平均水平。群体性事件发生起数下降25.9%。特别是成功应对了地震、洪涝、东方之星翻沉等灾害和青岛“11 · 22”、天津“8 · 12”等特大事故，有效防控了禽流感、埃博拉疫情，妥善处置了“10 · 28”“3 · 01”“5 · 22”等暴恐事件。正像十九大报告中所指出的：“社会治理体系更加完善，社会大局保持稳定，国家安全全面加强。”

特别是习近平总书记在十九大上又发出号召：“树立安全发展理念，弘扬生命至上、安全第一的思想，健全公共安全体系，完善安全生产责任制，坚决遏制重特大安全事故，提升防灾减灾救灾能力。”“使人民获得感、幸福感、安全感更加充实、更有保障、更可持续。”今年，党中央又作出组建应急管理部的重大决策，加强、优化、统筹国家应急能力建设，构建统一领导、权责一致、权威高效的国家应急能力体系，提高保障生产安全、维护公共安全、防灾减灾救灾等方面能力，标志着我国应急管理事业进入了新的历史发展时期。

回顾汶川特大地震十年来的历程，我国防灾减灾救灾与应急管理工作不断实践、与时俱进，发生了重大转变：

——从举国救灾向举国减灾转变；

——从单纯减灾向减灾与可持续发展相结合转变；

——从应对单一灾种向综合减灾转变；

——从应急资源分散向统筹协调转变；

——由一个地方（部门）向加强区域合作、协调联动，直至加强国际合作转变；

——由政府包揽向党委领导、政府负责、社会协同、公众参与、法制保障转变。

抗击“非典”以来，党中央、国务院以制定、修订应急预案是抓手，以建立健全应急体制是基础，以建立健全应急机制是关键，以建立健全应急法制是保障，使“一案三制”为核心内容的中国特色应急管理体系建设不断深化。全国基本建成了横向到边、纵向到底的应急预案体系；统一领导、综合协调、分类管理、分级负责、属地管理为主的应急管理体制基本建立；统一指挥、功能齐全、反应灵敏、运转高效的应急机制不断健全；以《中华人民共和国突发事件应对法》等法律法规为标志的应急管理法制建设不断完善；为人民安居乐业、社会安定有序、国家长治久安编织的全方位、立体化的公共安全网不断健全。

在党中央的统一领导下，人民群众的伟大实践不断总结和升华，形成了中国特色应急管理的宝贵经验：

一是党中央、国务院的英明决策和坚强领导；各级党委、政府认真负责，靠前指挥；广大党员、干部的先锋模范作用。

二是始终把保护人民生命财产安全，维护国家安全、公共安全和社会稳定作为应急管理的初衷。坚持以人为本，依靠法制，依靠科学，依靠群众。

三是充分发挥社会主义制度的优越性和我们的政治优势、组织优势。

四是实行预防为主、预防与应急相结合的方针。

五是军地协同、军民合作，发挥三支队伍的作用。人民解放军、武警、公安部队是突击力量；专业应急救援队伍是骨干力量；企事业单位职工和农村、社区的民众，包括志愿者是辅助力量。

六是坚持改革开放，加强国际合作。

但是，我们在看到成绩和经验的同时，还应当看到问题和不足。我国在公共安全与应急管理工作中，还存在一些问题：思想认识不足，责任制不落实；基础工作薄弱，城市脆弱性凸显；安全和应急管理体制机制不够健全；监测、预警和应急处置能力有待提高；全民忧患意识和自救互救能力较差；法律法规和标准不够完善等问题。正像习近平总书记指出的："重特大突发事件，不论是自然灾害还是责任事故，其中都不同程度存在主体责任不落实、隐患排查治理不彻底、法规标准不健全、安全监管执法不严格、监管体制机制不完善、安全基础薄弱、应急救援能力不强等问题。"我国是世界上自然灾害最严重的国家之一，灾害种类多、频度高、分布广、损失重。特别是随着工业化、信息化、城镇化、市场化、国际化快速推进，各种变革调整速度之快、范围之广、影响之深前所未有，公共安全也面临着一些突出矛盾和问题。我国正处在公共安全事件易发、频发、多发期，维护公共安全任务重要而艰巨。

我国《中华人民共和国突发事件法》所称突发事件是指突然发生，造成或者可能造成严重社会危害，需要采取应急处置措施予以应对的自然灾害、事故灾难、公共卫生事件和社会安全事件。当前，我国突发事件呈现一些新特点：一是总量大，伤亡大、损失大、社会影响大。二是公共安全问题复杂性加剧。呈现出自然和人为致灾因素相互联系、传统安全和非传统安全因素相互作用、既有社会矛盾和新生社会矛盾相互交织等特点。三是新隐患增多，各类潜在危险源增多，防控难度变大。四是致灾因子本身是局地性的，但灾害和影响是大范围的，甚至是全球性的。习近平总书记在2017年"7 · 26"讲话中指出："我们强调重视形势分析，对形势作出科学判断，是为制定方针、描绘蓝图提供依据，也是为了使全党同志特别是各级领导干部增强忧患意识，做到居安思危、知危图安。分析国际国内形势，既要看到成绩和机遇，更要看到短板和不足、困难和挑战，看到形势发展变化给我们带来的风险，从最坏处着眼，做最充分的准备，朝好的方向努

力，争取最好的结果。”面对新形势、新挑战，我们必须：

（一）认真学习和实践习近平新时代中国特色社会主义思想，牢固树立“四个意识”，坚定“四个自信”。特别是要深入学习、坚决贯彻习近平总书记提出的“总体国家安全观”“人民中心论”“民生为本论”“安全发展论”“科技强国论”和“底线思维论”。

（二）树立新时期防灾减灾和应急管理的新理念。即：坚持总体国家安全观；坚持以人民为中心；坚持以人为本，安全发展；坚持以防为主、防抗救相结合，坚持常态减灾和非常态救灾相统一，努力实现从注重灾后救助向注重灾前预防转变，从应对单一灾种向综合减灾转变，从减少灾害损失向减轻灾害风险转变；坚持底线思维，立足应对大灾、巨灾和危机；坚持军民融合，加快形成全要素、多领域、高效益的军民融合深度发展格局。

（三）贯彻落实国家突发事件应急体系建设“十三五”规划和国家综合防灾减灾规划（2016—2020 年）等相关规划，编织全方位、立体化的公共安全网。做好应急准备，提升应急能力。补短板、织底网、强核心、促协同。加强基层基础工作。坚持党委领导，政府负责，社会协同，公众参与，法制保障。特别是要更加注重风险管理，坚持预防为主；更加注重综合减灾，统筹应急资源；更加注重分级负责，属地管理为主；更加注重发挥市场机制和社会力量的作用。

（四）坚持全面依法治国。必须把党的领导贯彻落实到依法治国全过程和各方面，坚定不移走中国特色社会主义法治道路。认真贯彻实施《中华人民共和国宪法》《中华人民共和国突发事件应对法》《中华人民共和国安全生产法》《中华人民共和国消防法》和《中华人民共和国防震减灾法》等法律法规，不断完善公共安全与应急管理制度建设。坚持依法治国和以德治国相结合，提高全民族法治素养和道德素质。形成办事依法、遇事找法、解决问题用法、化解矛盾靠法的良好法制环境。法律的生命力在于实施，法律的权威也在于实施。

（五）依靠科技进步，提升应急管理能力。重点是：加强以风险治理为核心的应急管理基础能力建设，加强监测预警能力建设，加强信息与指挥系统能力建设，加强应急救援队伍能力建设，加强物资保障能力建设，加强紧急运输能力建设，加强通信保障能力建设，加强恢复重建能力建设，加强科技与产业支撑能力建设，加强应急管理科普宣教能力建设等。

（六）提高各级干部应对危机与风险的能力。首先是培养各级干部应对突发事件的基本功。这就是当突发事件发生或迫在眉睫的时候，（1）对下有行动，做好先期处置，减少伤亡，控制事态。（2）对上有报告，及时主动争取上级的指导和支援。（3）对相关地区或单位有通报，加强各方协调联动。（4）对媒体和社会主动发声，速报事实、慎报原因。要及时正确引导舆论，发挥主流媒体作用；主动设置相关议题，认真回应社会关切；组织专家解疑释惑，正确深度有效引导。当前，特别要鼓励、支持各级干部勇于负责、敢于担当，提高研判力、决策力、掌控力、协调力和舆论引导力。习近平总书记强调："我们共产党人的忧患意识，就是忧党、忧国、忧民意识，这是一种责任，更是一种担当。"在新的历史时期，我们各级领导干部要有强烈的担当精神和应对突发事件的真本领，敬畏事业，敬畏规律，敬畏生命。

兵圣孙子讲："兵无常势，水无常形，能因敌变化而制胜者，谓之神。"毛泽东主席也教导我们："人类总得不断地总结经验，有所发现，有所发明，有所创造，有所前进。"我们应当不断深化应急管理规律性的认识：坚持源头治理、关口前移；坚持底线思维、有备无患；坚持资源整合、突出重点；坚持科学应对、法制保障；坚持政府主导、社会协同；坚持全球视野、合作共赢。不断开创防灾减灾和应急管理的新局面。

回顾历史，我国应急管理工作是在党中央、国务院领导下不断探索、不断实践、与时俱进的过程。组建应急管理部是以习近平同志为核心的党中央立足党和国家发展大局的重要举措，是党和国家机构改革的重要内容，是推进国家治理体系和治理能力现代化的具体体现。习近平总书记说："把人民对美好生活的向往作为奋斗目标，依靠人民创造历史伟业。"让我们牢固树立"四个意识"，坚定"四个自信"，把口号转化为行动，把概念转化为标准，把原则转化为程序，把知识转化为能力，把愿景转化为现实。我们坚信，在以习近平同志为核心的党中央领导下，坚持习近平新时代中国特色社会主义思想，中国特色的应急管理体系建设和公共安全事业一定能够继续不断推向前进。

应急管理部：从灾种分割管理走向灾害综合治理

郑功成

（中国人民大学）

摘要 组建应急管理部作为国务院组成部门，对于我国的灾害治理具有划时代的意义。应急管理部的成立从政府最高层面上消除了灾种分割管理的状态，使灾害综合治理成为可能，重构了我国的灾害治理体制，全面整合了灾害治理部门的职责，是新一轮机构改革的重大举措，更是适应综合防灾减灾救灾要求的科学举措。长期制约综合防灾减灾救灾的传统灾种分割管理格局被送进了历史。

关键词 应急管理部，综合治理

1. 汶川大地震十周年回顾

2008 年 5 月的汶川大地震是人类遭遇自然变异的一场大劫难。损害后果惨重，创下了新中国灾难史的新纪录。纪念大灾难，是为了未来减少灾害风险，减轻灾害损失。汶川地震灾后救援与灾后重建创造了全方位、高速度、跨越式发展的中国奇迹，充分体现了中国的制度优势，是党中央高度重视、地区对口支援、全民广泛动员、灾区团结奋斗、全国一盘棋应对重大灾害的结果，值得大书特书。但其不足之处在于：灾种分割与部门分割导致信息等分割；市场机制异常乏力，保险公司的赔偿只占灾害损失补偿的 0.2%；社会力量缺乏有效协同，社会资源调动空前，存在资源浪费的现象；政府包办救灾与灾后重建可持续性不足等。其中，四川地震灾区这种跨越式的发展不单是灾后重建，还带有扶贫、区域协同等政策因素，可持续性和在其他灾区是否可复制存疑。目前来看救灾和恢复重建还是要计成本讲效率。这些不足需加以改进，若不改进，将来遇到大的灾难，可能付出更高额的代价。

2. 从灾种分割管理到灾害集中管理：应急管理部重构了我国灾害管理体制

多年来，我们呼吁不要只强调按照灾种分割进行科学研究，更不要按照灾种分割开展行政管理。灾种分割是过去计划经济时代的传统，有历史路径依赖。在 20 世纪 90 年代，钱学森先生曾经与笔者有过多次通信讨论灾害问题，印象最深的一个观点是天地人生是一个大系统，研究灾害要持有大系统观，灾害科学是门处于应用层次的学问，它要综合自然科学和社会科学。如果自然灾害发生在荒无人烟的沙漠，也不称其为自然灾害，与当地的人员、社会、经济和产业结合在一起，这个自然灾害才是我们今天的自然灾害。同时，当前的自然灾害也存在很多人为因素的影响。传统的灾种分治、部门分割管理格局无法实现综合防灾减灾救灾的目标，灾害问题致因和效应的日益复杂化和经济社会全面转型要求灾害管理体制尽快从分割管理向集中管理转化。

组建应急管理部作为国务院组成部门，对于我国的灾害治理具有划时代的意义。应急管理部的成立从政府最高层面上消除了灾种分割管理的状态，使灾害综合治理成为可能，重构了我国的灾害治理体制，全面整合了灾害治理部门的职责，是新一轮机构改革的重大举措，更是适应综合防灾减灾救灾要求的科学举措。长期制约综合防灾减灾救灾的传统灾种分割管理格局被送进了历史。

应急管理部的职责是集中管治全国各种灾害事故。按照习近平总书记对于安全管理的要求，应急管理部作为超级部门，对应着超级风险和超级责任。应急管理部管理整合了原国家安监总局、国办应急管理、公安部消防管理、民政部救灾、国土资源部地质灾害防治、水利部水旱灾害防治、农业部草原防火、国家林业局森林防火、中国地震局应急救援以及国家防汛抗旱总指挥部、国家减灾委员会、国务院抗震救灾指挥部、国家森林防火指挥部职责，管理中国地震局、国家煤矿安监局，集自然灾害与人为事故诸灾种管治于一体。公安消防部队、武警森林消防部队整体转制，与安全生产等应急救援队伍一并作为应急管理部的综合性常备应急骨干力量，应使国家综合治灾能力迅速提升。因此，应急管理部应为综合防灾减灾救灾提供强有力的组织保障与行动力量，亦为集中问责创造了条件。我们为应急管理部的成立点赞，也有很高的期待。

3. 面向未来的综合治灾建议

多年来，笔者在多个场合多次呼吁，灾害集中管理应走向灾害综合治理。灾害管理之目标在于追求理想之减灾效果，集中管理需走向综合治理。因管理是单向、单一的主动，余皆被动，而治理是多向、多元的互动，均可主动，因此要树立灾害治理理念。涉灾主体包括政府、企事业单位、社会组织、家庭及个人，只有充分调动各方治理灾害的积极性，才能实现分工协作、相得益彰的综合治灾效果。应急管理部消除了灾种分割的体制性缺陷，但需强化综合灾害治理职责，同时摆脱以往政府包办灾害管理的传统，在调动各主体特别是市场主体与社会组织方面多下功夫。

（1）打破灾种分治思维定式，牢固树立综合治灾理念，追求灾害损失最小化，实现损失补偿多元化，提供稳定安全预期。

笔者始终坚持这样一个观点，即理念优于制度，制度优于技术。如果确立了正确的理念，那么制度就变成最重要的，如果确立了科学的制度，那么技术就变成最重要的。美国的防灾减灾救灾技术强，前提是他们的制度比较科学，法治比较健全。我国目前依然是灾种分割的思维定式，不是综合防灾减灾救灾的理念。希望应急管理部能转变理念，打破过去的思维定式，调整职责，整合资源，取得理想的效果。

（2）将综合治灾纳入国家治理体系和治理能力现代化建设目标。

应急管理部解决了传统体制分割之弊端，但不能只限于应急，须完善综合治灾机制。主要包括以下几个方面。一是内设机构设置合理并能高效协同。个人认为，综合协同应是应急管理部的重要特征，自然灾害和人为灾害的治理有很大不同，但是其致因有很大交叉，在经济社会效应上存在共性，在适当分工的基础上应高效协同，在机构和职能设置上不是简单的组合，而应当是体制优化的同步，综合防灾减灾救灾的机制要得到高度的强化。二是综合治灾规划与方案之设计。应急管理部的成立，使灾害综合治理比过去跨部门衔接更加便捷，应急管理部门可集中问责，但仍需要科学处理与自然资源部、卫生健康部、生态环境部、民政部等相关部门的关系，在部委之间形成有效协同。三是应急管理部门与市场、社会主体之有效协同，应当能够调动市场与社会的力量，这样才能持续壮大应对灾害问题的能力。四是公共资源配置及对其他资源的有效撬动。需研究如何通过政府购买服务等方式，调动起来社会力量有序行动、相得益彰。五是灾害信息共享平台、科技支撑、防灾减灾救灾教育与宣传平台构建等。过去国家减灾委在这个方面发挥了非常重要的作用，应该得到进一步强化。

（3）完善综合治灾之法制与财税政策，进一步明确灾害综合治理之行为导向。

应重视综合治灾的法律法规和公共政策制定。一是必须加快推进综合治灾法制建设。尽管《中华人民共和国突发性事件应对法》早已颁布，但我国仍需要加强综合防灾减灾的立法，这一轮机构改革为我们提供了比较美妙的想象空间。由国家立法机关主导立法，是我们国家依法治国总的取向，也可以给我们提供比以往更好的想象空间。二是必须充分调动市场主体、社会组织和家庭及个人参与灾害治理之积极性。如果灾害保险不能参与并发挥充分的作用，综合防灾减灾救灾体制大打折扣，我国的灾害综合治理也不可能达到理想的效果。目前我们在全国各地开展巨灾保险的试点，但笔者认为试点不宜以县为单位撒胡椒面，可以选取几个省开展整体试点，因为一个省的灾害风险有规律可循，而且整个省的统筹能力、自我保障能力比较强。过去几年保险姓资，不姓保，任何一个新政策出来，保险公司都向国家要政策、要减税、要补贴，这不是保险公司应有的发展方向。三是必须改变守法成本高、违法成本低现象。尤其是针对在环境治理、灾害治理中存在的以邻为壑现象，要开展跨省的监测和监管。四是必须改变救灾超越发展的现象。我们提倡足额补偿，但不是跨越式发展，后者超过了灾害治理的范畴。

（4）强化灾害治理之行政问责。

应急管理部门统一行使灾害治理之行政权，是走向综合治灾的关键性步伐，更赋予其足够的权力、能力和资源，但若管理失当，顾此失彼或厚此薄彼而恶化灾害后果，必须强化行政问责。权责清晰，强化行政问责，才能有效地推动综合防灾减灾救灾体制按照习近平总书记的要求、按照科学的思维来构造。

我国地震次生山地灾害防治进展与未来方向

崔鹏[1,2]，葛永刚[1]，郭晓军[1]

（1. 中国科学院、山地灾害与地表过程重点实验室 / 中国科学院、水利部成都山地灾害与环境研究所；2. 青藏高原地球科学卓越中心）

摘要 系统归纳了汶川地震以来次生山地灾害理论和减灾技术方面的研究进展，以四川省为例，总结了我国地震次生山地灾害防治体制机制和防灾能力方面取得的进步和成就。经过震后10年的研究，系统揭示了地震次生山地灾害区域分布规律、形成机理、活动特征与演变趋势、运动力学和成灾机制，建立了次生山地预测预报原理和监测预警模式，提升了灾害风险定量评估和综合治理技术手段；历经数次市重大灾害减灾实践，政府在应急减灾组织管理机制、资源环境承载力评估和重建规划、灾害防治、技术保障能力和减灾教育与社区建设方面都取得实质性进展，减灾能力与减灾效率明显提升。展望未来，地震次生山地灾害防治还面临一系列重大挑战，应积极贯彻“两个坚持，三个转变”的主导思想，切实依据自然规律，着重突破关键科学问题，以灾害形成–演进过程为基础，协同互动，构建科学、高效的减灾模式、体制、机制，实现综合减灾与科学减灾。

关键词 地震，次生灾害，研究进展，防治成就

1. 引言

我国地处世界地震活跃地带，境内分布23条地震带，构造活跃、地震频发，20世纪以来，我国死于地震及其次生山地灾害的人数高达68万人，是受地震及其次生灾害损失和影响最为严重的国家之一。2008年以来，先后发生“5 · 12”汶川8.0级地震、2010年“4 · 14”玉树7.1级地震、2013年“4 · 20”芦山7.0

级地震、2013 年“7 · 22”岷县 6.6 级地震、2014 年“8 · 3”鲁甸 6.5 级地震和 2017 年“8 · 8”九寨沟 7.0 级地震等，都造成了重大人员伤亡与财产损失，2015 年“4 · 25”尼泊尔 8.1 级强震也对我国西藏自治区及毗邻地区造成重大灾害与财产损失。除了地震本身，次生山地灾害，如崩塌、滑坡、泥石流、堰塞湖与溃决洪水均是造成重大损失与威胁灾区安全的主要因素。据统计，我国地震次生山地灾害导致的死亡和失踪人数可达山区地震灾害人员伤亡总数的 1/3 以上，如汶川地震死亡和失踪的 8.7 万人中，约有 1/3 是地震次生山地灾害造成的，直接经济损失 8451 亿元中，约有 1/4 源于地震同期的次生山地灾害。

地震往往造成强震区山地自然环境破坏明显，形成有利于崩塌、滑坡、泥石流、堰塞湖发育与活动的条件，导致山地灾害在较长时间段内大范围广泛发育、频繁活动。汶川地震后灾区先后经历了 2008-9-24、2010-8-13、2012-8-18、2013-7-10 等群发性山洪泥石流，以及 2013-7-10 都江堰中兴镇和 2017-6-24 茂县叠溪镇特大山体滑坡等重大灾害，其中 2013-7-10 群发性山洪泥石流造成直接损失 400 多亿元，超过同年“4 · 20”芦山地震造成的损失。玉树地震、芦山地震、鲁甸地震、尼泊尔地震及九寨沟地震一再证实地震次生山地灾害是造成重大人员伤亡和财产损失，并威胁灾区安全与灾后重建的主要原因。

汶川地震发生后，针对强震灾害及其次生山地灾害防治面临的重大挑战以及防灾减灾实践中的突出问题，国家从防灾减灾科技支撑与体制机制转变层面进行全方位的布局，地震次生山地灾害区域分布规律、形成机理、预测预报、风险分析、监测预警与灾害治理技术研究取得系列创新成果，同时在应急救灾、资源承载力评估、灾后重建规划、灾害风险管理与综合减灾能力等防灾减灾体制与模式取得突破，防范灾害风险的能力得到全面提升，大幅减轻了灾害风险与损失。文章系统分析、归纳、总结汶川地震以来我国在地震次生山地灾害防治方面取得的重大进展，并提出未来发展方向，科学指导地震及其次生山地灾害综合减灾，服务国家重大减灾需求与战略。

2. 地震次生山地灾害研究进展

2.1 系统分析地震次生山地灾害空间分布特征，揭示灾害区域分布规律，奠定灾害预判、预测理论基础

以汶川地震区 2 万余处崩塌、滑坡、不稳定山坡，1000 余处新增泥石流沟谷和 256 处堰塞湖[1-6]等灾害为对象，结合玉树地震、芦山地震、鲁甸地震、尼泊尔地震及九寨沟地震震区次生山地灾害类型与空间分布，系统分析地震次生山地灾害分布与主控环境因子的关系，揭示区域分布规律，为次生山地灾害预测与判识提供了理论基础。

"5 · 12" 汶川地震具有震级高、震源浅、破坏性强、次生山地灾害严重的特点，崩塌、滑坡是汶川震区分布最广、数量最多的灾害类型[1-6]。分析研究表明，地震次生崩塌、滑坡主要分布在高（Ⅷ - Ⅺ）烈度区，约占统计滑坡（含崩塌）总数的 99%，且距发震断层越近，分布越多（见图 1）；高程和地形效应明显，主要多分布于海拔 800 ～ 1800m 的中、低山区，和坡度在 20° ～ 30° 范围的山体，在靠近山脊的位置密集分布，如位于上坡位的崩塌滑坡约占 65%；地震次生崩塌滑坡发育与活动具有明显的上下盘效应，前山断裂和中央断裂带上盘滑坡面积和发生密度均大于下盘，后山断裂则正好相反，下盘滑坡面积和发生密度大于上盘[6-8]。

大范围、广泛分布的崩塌、滑坡、不稳定山坡为泥石流发育提供充足的固体物源，因此泥石流分布与崩滑体的空间分布有着密切关系。82% 以上的泥石流发生在 XI 和 X 烈度区，主要沿主破裂带发育，97% 泥石流分布在断裂带 30 km 以内，其中 58% 分布在断裂带 10 km 以内（见图 1）；降雨量及降雨强度决定了泥石流的形成，90% 以上的泥石流发生在年降雨量为 800 mm 以上的半湿润区和湿润区；受构造和地震活动共同影响，泥石流沟谷往往沿河谷呈不对称分布。另外，泥石流更易发生在小流域内，68% 发生在 5 km^2 以下的小流域，其中 43% 发生在 1 km^2 以下的极小流域[9]。

地震次生大型崩塌、滑坡、泥石流容易堵断山区河流，形成堰塞湖。同震时主要以崩塌、滑坡堵江形成堰塞湖为主，震后多以大型泥石流堵江形成堰塞湖为主。汶川地震形成的 256 个崩滑型堰塞湖呈现出沿主破裂带呈带状分布，数量分布与地震破裂带距离对数衰减[6]（见图 1）。群发性大型泥石流往往导致堰塞湖沿河流呈串珠状分布，形成梯级堰塞湖，导致河流地貌发生快速变化，如汶川境内岷江干流映秀－汶川段及其支流渔子溪映秀－耿达段震后分别发育泥石流形成的堰塞湖26个和10个。

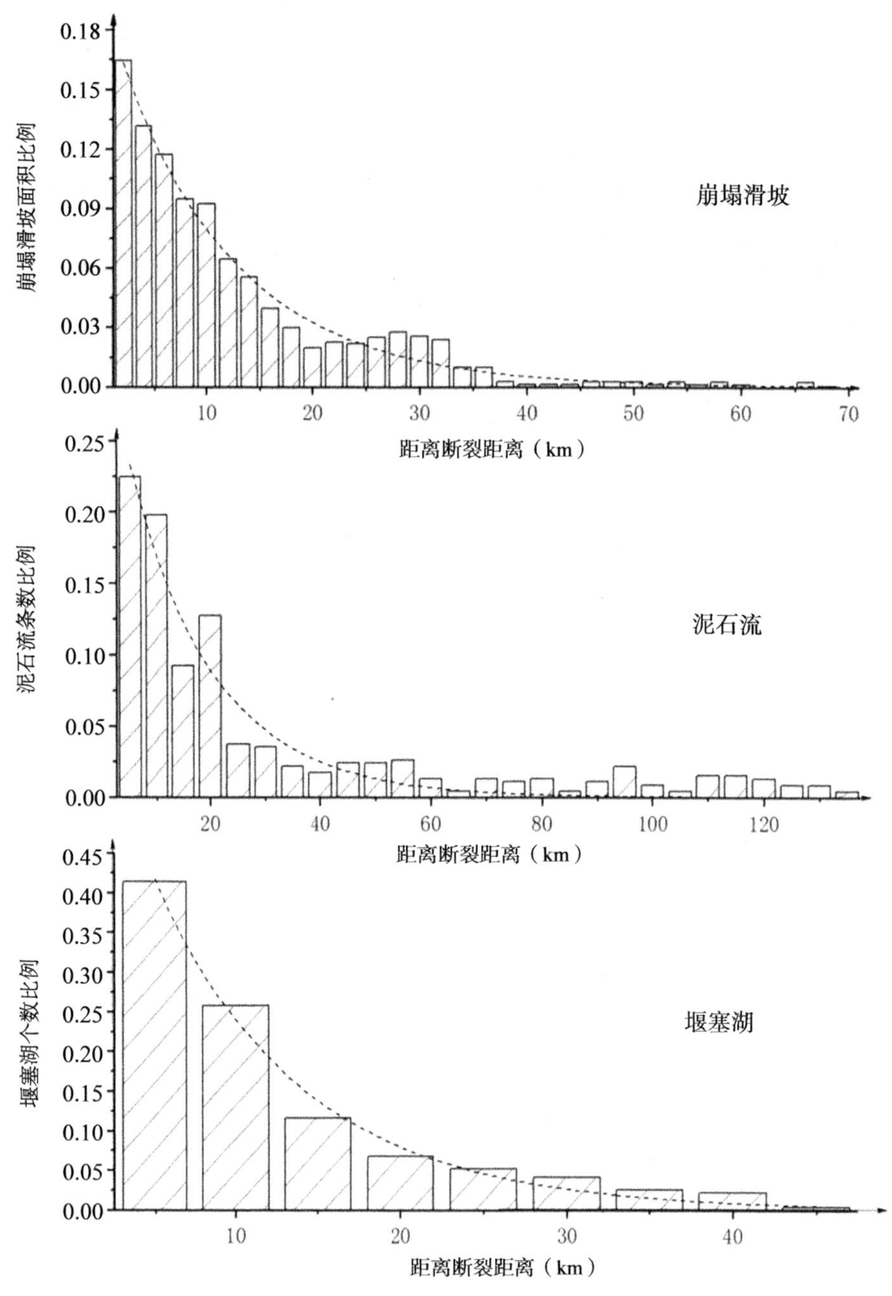

图1　距断裂带不同距离的主要次生山地灾害分布比例

2.2 分析地震次生山地灾害形成机理，阐明震后山地灾害活动特征演变趋势，支撑震后次生灾害预警预报和灾后重建

汶川地震诱发了 30 多处极具代表性的大型高速远程滑坡[10-15]，如大光包、文家沟、东河口等滑坡，为系统认知地震次生滑坡灾害提供了典型的实例。与常规条件滑坡形成不同，同震滑坡的原动力和激发条件来自地震过程中短时、持续、高强度的地震动作用，斜坡失稳和滑坡触发是瞬间的，形成时伴随强烈的震裂、溃滑、向临空面高速抛射等复合作用方式，滑坡主体迎面受到阻挡后，折返向下游侧冲沟堆积而成的碎屑物具远程、高速的运动特征[12-14]。震后 5 ～ 10 年内，崩塌、滑坡处于活跃期，随着时间的推移，坡体逐步稳定，滑坡和崩塌活动呈现逐渐减弱的趋势，但隐蔽性较强的滑坡仍造成了巨大危害，如 2013 年“7 · 10”五里坡滑坡和 2017 年“6 · 24”茂县新磨村滑坡[16-18]。

震后泥石流的形成主要是通过降雨 – 径流诱发而成，由于山坡和沟谷内覆存的崩滑堆积物量多、强度低、稳定性差，其破坏和形成泥石流的径流临界条件大幅降低[19]，导致泥石流形成所需的降雨条件也随之大幅降低[20-22]，并且低强度的降雨便可形成大规模的泥石流[23]。总体而言，震后初期泥石流活动表现为大范围、高频率、大规模、群发性、中高密度、灾害链效应明显等特点。随着时间的推移、崩滑堆积体稳定性的降低及松散堆积物的减少，泥石流活动特征与演变趋势表现为:（1）可供形成泥石流的松散固体物质来源总量下降，总体活动强度呈下降趋势，总量减少;（2）活跃期—平静期交替、活跃期逐渐缩短、平静期逐渐延长;（3）活动类型表现震后一段时间内为输移控制型、然后为输移控制型向松散固体物质控制型过渡，最后将发展成为松散固体物质控制型。对于面积较小（<10km^2）的泥石流沟谷，泥石流活动在震后 5 年内极度活跃，随后逐渐衰减;但对于面积较大（>10km^2）的泥石流沟谷，在震后 5 ～ 10 年主沟的泥石流仍然极度活跃，并呈现周期性的活跃期—平静期交替，可能持续约 20 年。震后对于岷江上游洱沟（40km^2）泥石流的实际观测已经证实了这一点[24-25]：2008—2013 年间，流域内支沟泥石流频发，主沟以洪水为主，2013 年 7 月 10 日特大降雨过程中发生大规模黏性泥石流，从 2014 年至今，也已暴发多次稀性泥石流，由此可以看出泥石流频率与性质的演化过程，大流域泥石流进入活跃期，但其密度和黏性有所降低。

2.3 剖析大型次生山地灾害运动力学特征，构建运动力学模型，揭示次生山地灾害成灾机制，支撑次生灾害风险定量分析与灾害重建规划

山地灾害形成之后，在运动过程中其特性不断变化，规模逐级放大，导致容易低估灾害的危害性。如震后多次大规模滑坡 – 泥石流过程中均出现了沟道下切、堵塞 – 溃决、规模放大等效应，进而对山区城镇、道路和厂矿设施造成严重损毁。2010 年“8 · 13”文家沟滑坡 – 泥石流和“8 · 14”红椿沟泥石流即为典型案例[26-28]。厘清山地灾害运动机理和动力学机制，构建考虑灾害运动特征的动力学模型，对于灾害动力学模拟和风险评估尤为重要。

滑坡 – 碎屑流体在过程中往往分为不同阶段，不同阶段的运动力学不同，由于对运动过程的不了解和运动机理的不明确，往往造成错误的参数选择和模拟效果。震后探索了颗粒间相互作用方式和颗粒体宏观的流变特性之间的关系，分析了碎屑流不同发展阶段体内颗粒温度沿深度方向的分布规律，实现了碎屑流全过程流态的科学界定，建立了适用于高速远程的滑坡 – 碎屑流的新理论模型[29-30]。

山洪、泥石流在运动过程中，往往冲刷沟道中滑坡堰塞堆积体及其他松散固体物质，新冲蚀沟道中的泥石流汇合并向下游运动，形成规模放大效应，有效考虑运动过程中的物质侵蚀是合理评估灾害危害性的保障。针对此现象，欧阳朝军等人[31-32]推导重构了考虑沟床侵蚀的广义深度积分模型，建立了浅水流 – 侵蚀动量守恒方程，揭示重力地表流运动过程中沟床侵蚀或沉积、地形效应、剪胀或压缩等现象。崔鹏等人[33]则从初始的 Navier-Stokes 方程推导并发展了泥石流的动力学控制方程，综合考虑泥石流固液两相介质相互作用及其沿程侵蚀影响，构建了泥石流运动 – 侵蚀耦合模型，揭示了泥石流运动过程中流态与固相体积分数的时空演化规律。何思明等[34-36]则破解了大型崩塌、滑坡、泥石流等山地灾害运动演进过程中的摩擦弱化机理、侵蚀与规模放大机制，碎裂解体与分选机制，细颗粒迁移与孔压演化机理，揭示了大型山地灾害超强运动机理，构建了动力学物理模型与数值模拟平台，实现了大型山地灾害运动演进全程预测，初步建立了基于动力过程的山地灾害定量风险评估体系。

2.4 以形成机理为基础，提出次生灾害预测预报理论与方法，构建基于灾害过程关键节点的精细化监测预警模式，提升重大山地灾害预警预报能力

预测预报回答灾害发生的可能性、发生时间、发生地点、暴发规模等问题。比起泥石流防治手段，有效的监测和即时的预警更有效、投入更小，因此在世界

范围内都受到防灾减灾工作者的重视。震前对于滑坡、泥石流等山地灾害的预报主要通过降雨条件来进行[37-39]，其核心是预报模型的选择和预报阈值的确定，由于震后成灾环境条件的快速变化，预报模型与阈值难以满足震后灾害的预报需求。经过10年的研究，山地灾害的预测预报理论和监测预警模式有了长足的发展。

汶川地震强烈的扰动作用导致震后山地灾害的发生降雨阈值大幅下降，这一点已被研究所证实[20-22]。郭晓军等[9, 20, 40-41]通过对震后2008—2013年间200余次泥石流事件进行分析，得出地震灾区泥石流的降雨阈值，研究了降雨阈值的空间分布及其影响因素，建立了不同区域的降雨阈值模型和阈值。值得一提的是，降雨阈值随时间动态变化，逐年回升，预计在2020年左右达到稳定，但该阈值仍将低于震前水平[20]。

基于灾害形成的水文过程进行预报和基于灾害演进过程进行预警是一种新思路。如结合震后下垫面变化对小流域产、汇流过程的影响，运用水文模型模拟不同频率暴雨条件下小流域的产汇流情况，发现山洪激增的不同机理及其临界条件[42]，进而基于云计算和智能手机互动，设计了基于智能手机网络并面向当地居民的山洪灾害预警系统[43]，是对小流域山洪灾害进行精确预警的初步探索。严炎等[44]则基于山洪－泥石流灾害转化的临界条件，开发针对演进过程关键参数的准确监测手段，实现灾害的精细化分级监测预警（见图2），并在都江堰市龙溪河进行了监测预警示范。

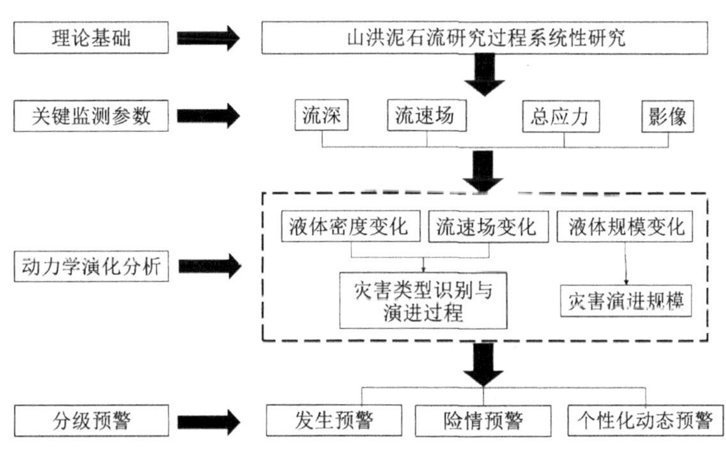

图2　基于山洪－泥石流演进过程的精细化监测预警体系

遥感、雷达、光纤等高新传感监测方法，和卫星等信息无线传输手段，已是目前山地灾害监测预警工作中使用的热门手段。学者们也提出了相应的应用设想，结合3D-WebGIS、数据库技术等，开发基于网络环境条件下的地质灾害实时动态监测预警系统，实现灾害三维真实地形展示、信息查询、数据分析、实时监测、自动预警等功能，可大大减少人力物力投资，提高监测和预警效果[45-46]。

2.5 建立了基于灾害动力过程的次生山地灾害定量风险分析与评估方法与技术体系，实现重大灾害风险精细分析与精准管理

震前的山地灾害风险分析多通过基于经验性的指标因子方式对单灾种进行评价，这些方法远不能满足震后复杂灾害的要求。尽管震后伊始便有大量学者对滑坡、泥石流等灾害进行危险性分析和风险评估，但并未实现理论和方法上的突破。风险分析和评估需从定性－定量，单灾种－复合型灾害，经验方法－物理过程等目标发展。

基于灾害动力过程的危险性评估理论和技术，使风险分析从定性评价到定量分析、经验估算到物理过程模拟迈进，如结合 Arc-SCS 模型，模拟山洪－泥石流的形成过程，对震后北川县城周边泥石流的堆积过程进行了预测分析[47]；通过对灾害运动过程的描述，对清平场镇文家沟泥石流的运动过程与致灾范围进行了定量模拟，实现了更精准的危险性评价结果[33]。

灾害体与承灾体的相互作用机制是易损性评估的关键，震后也逐步向物理化、定量化方向过渡。如通过实验手段，开展了不同性质泥石流和不同结构构筑物的响应关系研究，建立了构筑物对灾害体的响应模式，发展了易损性评估手段，提高了结果的准确性[48]。

基于以上进展，提出了一种针对山区城镇、公路、铁路等承灾体，综合灾害冲击、淤埋、淹没等多种作用，且基于流体动力学，可用于模拟群发性、链式效应的灾害风险定量评估方法[33]，并将其应用于2010年“8 · 13”清平特大泥石流的风险评估中（见图3）。

表达式如下：

$$R = R_e + R_h + R_i + R_f$$

其中：R 为总风险度，R_e 为由泥石流冲击破坏引起的危险，用泥石流最大动能表示；R_h 为由泥石流淤埋引起的危险，用泥石流最大淤积深度表示；R_i 为泥石流堵江造成的回水淹没危险，用回水淹没深度表示；R_f 为泥石流堰塞湖溃决洪水造成的淹没危险，用洪水淹没深度表示。其中，泥石流的冲击破坏和淤埋破坏应用泥石流堆积区二维运动模拟的方法确定；堰塞湖回水上涨淹没危险根据堰塞湖与公路的相对位置和堰塞坝溢流口高度确定；堰塞湖溃决洪水危险根据堰塞湖与公路的相对位置和溃决洪水最大流量确定。

数值模拟的泥石流直接危害

数值分析的洪水淹没区

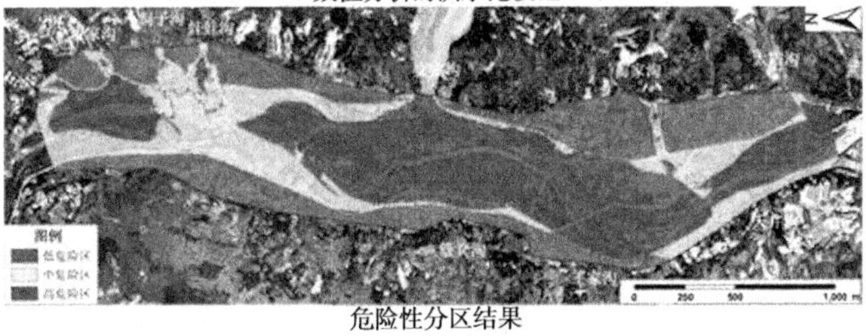

危险性分区结果

易损性分区结果

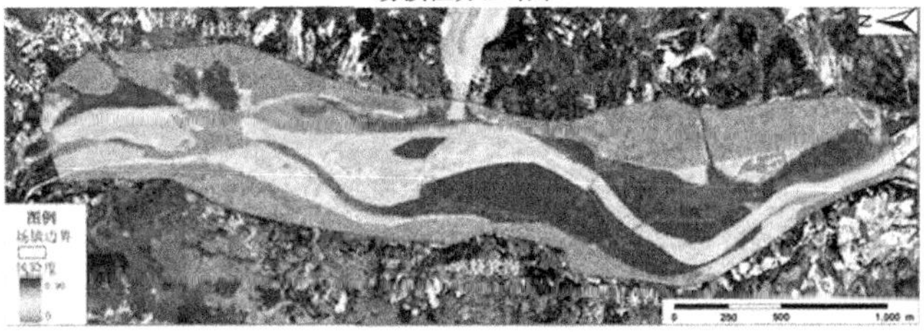

清平场镇的风险度分布

清平场镇风险分区结果

图 3　基于动力过程的泥石流风险评估（“8 · 13” 泥石流，清平场镇）

2.6 提出基于过程与主河输移能力调控的重大泥石流防治原理，研发特大泥石流防治关键技术与崩塌滑坡预处置技术，构建重大灾害岩土工程与生态技术结合的综合调控模式，支撑山区发展

陈晓清等[49]在汶川地震后提出：在重灾区和一般灾区，可以在震后立即实施工程防治；而极重灾区，不宜在震后3年内，而应在3～5年内，开始实施大量的防治工程。在震后即刻实施大批的防治工程，可能得不到预期的防治效果，这一点已被震后个别治理工程中发挥效果不尽理想所证明。出现上述被动局面的主要原因是震后灾害发生的环境背景条件大幅变化，导致震前防灾减灾的技术、方法和参数估算都难以满足震后大规模灾害的防治要求。

汶川震后10年，山地灾害的治理工程技术有了显著改观。针对地震区大量的崩塌滚石灾害，何思明等[50-52]提出了滚石运动路径预测方法，利用赫兹模型理论构建冲击力计算模型，并开发了耗能减震的防治新型结构，建立了高烈度区边坡位移控制设计与柔性防护技术体系，在都江堰－汶川高速公路减灾中成功应用；针对震后特大规模的泥石流，以及可能堵断主河形成堰塞湖造成二次灾害的问题，崔鹏等[53]提出了以主河输移控制为核心的大规模泥石流防治原理；在此基础上，陈晓清等[54-57]提出了一系列控制物源、梯级拦淤、阶梯－深潭结构等泥石流防治方法，和一系列关于拦沙坝、排导槽等防治工程的新结构，以及相关的参数确定方法，形成了一套相对完善的大规模泥石流防治技术体系，在汶川地震区开展了减灾示范[58-60]，取得良好效果。针对地震出现的堰塞湖危害，提出了以人工结构控流为核心的人工可控排泄新方法[61]，包括开挖排泄能力最佳的泄流槽、采取措施确保排泄中期泄流量稳定增长、在排泄后期针对流量超过设定阈值时向泄流槽中置入人工结构体调控流量等手段，该方法还成功应用于跨国减灾案例中，如2010年巴基斯坦北部阿塔巴德滑坡堰塞湖的应急处置[62]。上述工程减灾理论和技术的发展大大提升了山地灾害的防治能力。

综上所述，历次大地震造成的特殊次生山地灾害事件为科学研究提供了样本，经过10年的努力，在次生山地灾害的区域分布规律、灾害特点、形成机理、演化规律、运动和成灾规律等方面均有了长足的发展，在灾害的风险评估、预报预警、防治理论和技术方面也有了很大的创新。这些理论和技术上面的突破，科学地支撑了防灾减灾工作的开展，保障了灾害重建的效果。

3. 地震次生山地灾害防治成就

汶川地震以来，我国地震次生山地灾害防治工作取得全面、系统的进步，以四川省地震次生山地灾害防治为代表，针对地震活跃、极端天气气候事件增强条件下山地灾害大范围、高频率、群发性暴发的严重挑战，科学、有序应对和处置历次地震及后续的山洪、泥石流、滑坡等次生灾害事件。面对自然灾害的不期而至，四川省政府逐步加大防灾避灾投入，各级部门认真履职，高效合作，围绕应急救灾、转移安置、灾后重建、灾害治理和减灾能力保障等各个方面都作出了大量卓有成效的工作（见表 1），防灾减灾体制、机制更加优化，科技保障能力持续提升，专业防灾减灾队伍不断加强，全省防灾减灾综合能力得到极大提升。

表 1　四川省 2012 年以来每年自然灾害受灾情况和投入资金

时间（年）	受灾人次（万人）	死亡人数	示踪人数	直接经济损失（亿元）	紧急转移安置人口（万人）	国家资金投入（亿元）	省级资金投入（亿元）
2012	3154	163	59	415.5	132.1	6.7	4.2
2013	3293.4	362	215	2765.2	178.9	47.31	25.04
2014	1611.9	55	6	205.4	33.9	6.93	1.76
2015	1008.6	67	19	131.8	26.6	7.15	1.26
2016	741.79	65	14	77.41	10.86	3.49	0.57
2017	393.27	175	13	376.19	15.95	5.69	1.01

3.1 减灾救灾体制和机制及重大灾害应急管理模式持续优化，应急救灾减灾效率明显提升

2009 年，四川省在全国范围内率先成立省减灾委，充分发挥综合协调职能，从体制机制建设着手，构建起全省自然灾害救助领域“分级负责、上下互动”的新格局，形成了“统一领导、综合协调、分类管理、分级负责、属地为主”的新常态，为全省减灾救灾工作打下了制度化、规范化、法制化的基础。

2013 年，四川建成全国第一个省 – 市 – 县 – 乡四级互联互通的综合减灾救灾应急指挥体系，实现与国家减灾中心、省减灾委成员单位、地方各级政府的紧

密衔接。同时建成覆盖全省的205个应急指挥平台和四级灾情信息网络，为各级政府提供防灾减灾救灾所需数据支持和应急处置技术支撑，构建起了覆盖减灾、备灾、救灾和灾后救助四个领域的灾害救助政策体系。

2016年至2017年9月，四川省民政厅先后牵头编制完成《四川省“十三五”防灾减灾规划》和《中共四川省委、四川省人民政府关于推进防灾减灾救灾体制机制改革的实施意见》。这些举措标志着四川省在应急减灾组织管理方面已逐步完善，在灾情统计、生活保障、趋势研判和灾损评估等各领域发挥主导性职能，健全了救灾准备、应急指挥、抢险救援、医疗救护、灾后重建、灾害救助、军地联动等机制，有效提高了应急减灾的效率。

从汶川地震到芦山地震，再到九寨沟地震，从地震与应急管理的相互关系看，越是大型的地震越可能推动应急机制的发展[63]。近年来，四川省在救灾应急机制方面取得了较大进步：

（1）地方政府适度“提前”，分工协作关系明确化

这是我国地震应急机制最大的进步。汶川地震时，我国地震灾害管理重心偏高，应急组织中心是“国务院抗震救灾总指挥部”，地方政府既不拥有相应的决策权力，又不具备丰富的物资、人才、经费等资源，因而管理职责模糊，积极性和实际能力相对不足。芦山地震中，占据应急救灾主导地位的是四川省人民政府和“四川省抗震救灾指挥部”，明确了地方政府管理职责和权力，充分发挥了其救灾积极性和责任主体作用，而中央政府则在资源动员、部门协调方面为抗震救灾提供了保障。这种分工协作的关系既发挥了中央政府协调和资源调动能力强的优势，也发挥了地方政府信息充分、响应快速的优势。

（2）政社互动、全民参与的新格局

汶川地震应急救灾中大量的社会组织、志愿者参与灾害救援，凸显了社会力量参与应急管理的潜力，而芦山地震应急救灾中，以社会组织、志愿者、爱心捐赠企业和个人为主的民间力量再次发挥了重要作用，表明一个政社互动、联手抗震救灾的新格局已经形成。

（3）信息沟通快速、透明、人性化

信息沟通是双向的，分为信息发布和信息报送。相比于汶川地震，芦山地震和九寨沟地震信息发布的途径更丰富、更及时，公众参与度更高；新闻媒体对于突发灾难性事件的报道更成熟和专业化，更能体现出对人性的尊重与关怀。

（4）应急救援效率提高

应急救援体系更趋成熟，救援效率不断提高。尽管各次地震在震级、地理环

境等方面有不同，但在地震的应急处置上，无论是交通“生命线”的打通、通信恢复速度，还是救援人员进驻、物资到达速度等方面，政府的应急机制都取得了进步。如芦山地震和汶川地震应急处理比较见表2。

表2　汶川地震和芦山地震的应急处置对比

应急处置	汶川地震	芦山地震
首场新闻发布会	震后26小时	震后3个半小时
交通抢通	3天零7个小时	8个小时
应急响应时间	72分钟	58分钟
通信恢复	48小时	28小时
供电恢复	4天	27小时
救援队抵达	6小时	3小时
医疗救援	6小时	近3小时
心理救援	13天	24小时内
地震快讯发布	震后16分钟	震后53秒
第一批物资抵达	40小时 （国家调集物资）	8小时 （四川省红十字会调集）

资料来源[64]：杨文彦，常红．芦山、汶川地震应急救灾处置十方面情况对比．人民网．2013-12-5访问。

3.2 震后资源环境承载力评估技术方法持续优化，灾后重建规划与实践科学化程度不断提升

汶川地震之后，四川省政府即刻开展了对灾害范围、灾情损失和资源环境承载能力的评估，对灾区耕地资源、水资源、生态系统、地震及次生灾害影响、资源环境容量、产业及经济社会发展等方面进行综合评价，在此基础上，解决了山区人居问题、灾害风险性的升级、人口聚集度和人口适宜性分级等关键问题，确定了恢复重建区域可承载的人口规模，提出适宜居住的城乡居民点建设范围。经过数年的努力，在房屋重建、产业重建和文化重建等方面，都取得了显著的成绩，且独具特色。如在房屋重建方面，体现了民族风格；在产业重建方面，促进

了震前工业向震后商贸、旅游业的转变；文化重建方面，注重民族文化的传承和保护，同时也促进了旅游产业的发展；在资金来源方面，举国体制下的对口援建模式既注重援建安置房、学校、医院、公共基础设施等一批“输血”工程，同时也注重工业园等“造血”工程，为灾区长期的经济发展提供了平台。

芦山地震健全完善了“中央统筹指导、地方作为主体、灾后群众广泛参与”的灾后重建体制，将灾后重建与脱贫攻坚相结合，有效整合资源，弥补短板，取得了显著成效：（1）围绕灾后设施重建，改善了贫困灾区人民生活条件；（2）围绕灾后产业重建，引导了贫困群众发展特色农业；（3）围绕灾后园区重建，拓宽了贫困群众就业创业渠道；（4）围绕灾后优势转化，帮助了贫困群众建设生态家园；（5）围绕灾后贫困村发展，推进了新农村建设。

九寨沟地震则借鉴和坚持芦山地震的重建经验，坚持“地方为主体”的机制，将重建与生态环境保护、旅游产业提档升级、脱贫攻坚和全面建成小康社会、民族文化传承和提升基础设施水平相结合，重点突出生态修复保护、景区恢复和产业发展。同时，各州（县）结合本地情况大胆探索适合当地的重建模式和发展道路，显示出更强的地方自主性。

3.3 基于灾害风险定量评估结果，针对不同风险区构建搬迁避让、监测预警与综合防治的次生山地灾害防治技术体系与模式，科学、高效推进灾害预防与治理，保障震区安全

汶川地震之后，四川省共排查了2万多处地质灾害隐患点，其中2000多处被率先列入重大隐患继续治理的工程名单，完成了39个重灾县（市）地质灾害详细调查、83个地质灾害重灾县集中安置区地质灾害危险性评估、地质灾害防治关键技术与方法研究，组织实施了2334项重大地质灾害防治工程和1248项应急排危除险简易治理，开展监测预警6494项，恢复重建群测群防体系3420处，完成28674户地质灾害避险搬迁安置工程。

从2014年开始，省水利、国土、地震、气象等相关涉灾部门，共同开展全省主要灾种风险点的排查与核实，编制了《四川省自然灾害风险地图集》，为地质灾害的防治提供了科学依据。

监测预警体系不断完善，应急信息预警预报网络已初步形成。包括山洪地质灾害在内的自然灾害预警预报、信息发布和共享机制不断完善，预警预报网络体系基本建成。地质灾害群测群防专职监测体系，将地质灾害隐患点的防灾责任落实到县、乡级政府具体责任人，建立健全岗位责任制。5万余名灾害信息员覆盖

了全省100%的行政村，灾害预警信息可直达乡村干部。同时，重点开展了绵竹市清平乡、汶川县映秀镇、都江堰市龙池镇、北川县曲山镇、安县高川乡、青川县红石河流域及康定、炉霍、金阳等县城典型地质灾害专业监测预警示范区建设。

重点工程建设项目不断增加，灾害防御功能得到加强。“十二五”期间，共投入地质灾害防治专项资金86.7亿元，对2928处地质灾害隐患点进行了工程治理和排危除险，有效保障了危险区人员生命和财产安全。

3.4 防灾减灾技术保障能力持续、全面、系统提升，防灾减灾效率与综合减灾能力日趋提高，经济社会保障能力大幅提升

“5·12”汶川特大地震后，四川省先后建成省减灾中心、省救灾物资储备中心、省防灾减灾教育馆，以发挥“作战处、军需处、宣传处”作用，为全省防灾减灾工作提供了技术装备支撑、物资保障支撑和社会参与支持。

经过几年的发展，四川省减灾中心已成为全国一流的具有减灾救灾及应急指挥等能力的综合性省级减灾中心。立足于示范引领和上下联动，以年度“民政救灾集中演练”为抓手，组织市（州）、县（区）采取整体实战的方式，充分利用卫星指挥车、便携式卫星通信站、无人机等先进应急指挥设备，开展视频指挥系统、市县3G图传通信系统、单兵图传、卫星通信集群等科目的集中演练，增强了应急反应和救灾能力。

四川省救灾物资储备中心以信息化建设为抓手，建成了以中央救灾物资成都储备库为中心、市（州）物资储备库为骨干、县（市、区）物资储备库为基础、灾害多发乡镇和边远村落建立的救灾物资储备点为补充的救灾物资储备体系，涵盖仓库管理信息系统、救灾应急指挥系统、远程视频会议系统、自动化办公系统、安防监控系统、车载GPS智能定位系统及海事卫星电话系统等多个先进的救灾、物资管理系统，可满足紧急转移安置86.6万人、救助21.65万人所急需的救灾物资储存和紧急调运需求，增强了防灾减灾救灾物资保障能力。

四川省减灾委成立了由高校、科研机构60名专家组成的专家委员会，以防灾减灾管理和专业人才队伍为骨干力量、以各类灾害应急救援队伍为突击力量、以防灾减灾社会工作者和志愿者队伍为辅助力量的应急救援工作体系框架初步形成。从2016年1月开始，建成“自然灾害大数据体系”和“灾害管理综合信息平台”，实现省减灾委相关单位之间各种灾害风险隐患预警、灾情及救灾工作信息共享。这些举措都大大提升了防灾减灾的技术保障能力。

3.5 重视普通民众防灾减灾意识的提升，减灾教育持续加强，主动参与式减灾社区建设全面开展，民众防灾减灾能力大幅提升

汶川地震后，四川省非常重视各级政府和基层民众的减灾意识培养，实现了防灾避险宣传活动常态化：（1）认真开展防灾减灾宣传工作，民众的减灾意识加强；（2）灾害信息员队伍扩大，业务水平提升；（3）创建减灾示范社区，社会减灾救灾能力加强。

将省级综合减灾科普教育基地纳入汶川地震灾后恢复重建项目，科普教育基地以地震、滑坡、崩塌、泥石流等地质灾害作为互动体验的重点和亮点，增强民众的安全防范意识。各地各部门以“防灾减灾日”和“国际减灾日”为平台，深入扎实地开展形式多样、丰富多彩的宣传活动和防灾减灾应急演练活动。

近 10 年来，全省各地共培训各类灾害信息员近 10 万人次，覆盖全省 100% 的行政村，尤其是 2013 年以来，每年培训包括各级民政救灾干部和村（组）干部在内的各类灾害信息员都超过 1 万名（见图 4），民众参与防灾减灾工作的积极性和效率都大大提高，自然灾害信息报送水平和防灾减灾工作素养得到有效提升，灾情报送及时性、准确性和规范性等各项指标均居于全国前列。

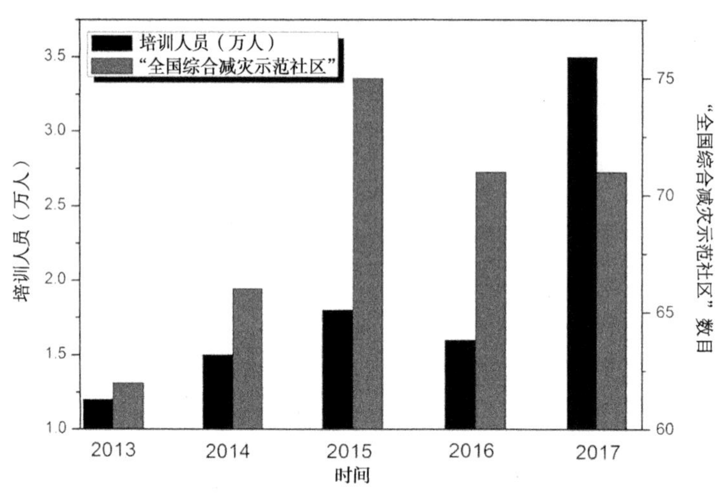

图 4　四川省近年来培训的灾害信息员数目（人次）和全国综合减灾示范社区数目

以创建全国综合减灾示范社区为切入点，针对机关、社区、学校和农村居民聚居区等人群相对集中的地方，建立常态化防灾减灾科普宣传制度，普及灾害避险和互救自救知识。在全省范围内全力推动了综合减灾示范社区创建工作，连续 4 年全省创建全国综合减灾救灾示范社区的数量稳居中西部第一，位列全国前五，

社会灾害风险防范意识和救助能力得到一定程度增强（见图 4）。

综上所述，近 10 年来，四川省在经历了多次大地震后，在震后应急减灾组织管理、重建规划、次生地质灾害的预防与治理、减（救）灾技术保障能力以及减灾教育和减灾社区建设方面都取得了长足的进步，为应对未来灾害的发生与灾后重建积累了宝贵的经验，可作为减灾示范，为其他各省（市）提供范本。

4. 未来次生山地灾害防治的关键科学问题与减灾方略

4.1　次生山地灾害需要解决的关键科学问题

4.1.1　灾害形成过程、机理和潜在灾害判识方法

减灾的理想状态是，事前就能够得到灾害发生的时间、地点、性质、规模、可能危及的范围和破坏程度，提前采取应对措施，最大限度地减少和避免灾害损失。而这其中的关键环节就在于潜在灾害的判识和风险预测。这个问题的解决依赖于对灾害成因和机理的深入认识，需要定量描述灾害形成因素的作用，确定灾害形成的动力学过程，以及关键因子受孕灾环境的影响关系，通过孕灾环境（及其组合状态）的变化判定灾害发生的时间、地点、性质和规模，从而为灾害预判提供必要的信息。

山地灾害的形成过程是一个复杂的科学问题。虽然经过数十年的研究，基于长期观测和试验数据的支撑，在滑坡和泥石流形成机理方面已有实质性进展，但针对目前越来越多的大型深层滑坡、流域尺度的泥石流、灾害形成过程中的放大机制等现象和科学难点，认识仍然不足。

4.1.2　山地灾害链形成演进机制与灾种转变的临界条件

近年来，因灾害链频繁出现，且造成损失严重，逐渐得到国内外学者的高度关注。对于灾害链的定义、类型、形成方式和典型灾害链案例等方面的研究不断涌现。然而到目前为止，灾害链的机理研究仍处于起步阶段，并未形成成熟的理论与方法体系；多灾种之间的转化条件、转化方式、能量传递和动力过程等方面的研究，都尚未涉及。

在今后的研究中，不能只对最后一种灾害进行计算与评估，而要从整体上注重灾害链的形成演化过程与灾害间的扩散传播机制，找出关键链生因子及其转化规律。在灾害链及其断链减灾工作中，更要注重多种减灾技术的有机结合，发挥多部门、多层次减灾措施的协调作用。

4.1.3 基于动力过程的山地灾害精细化风险定量评估方法与技术

进一步深化基于运动过程模拟的灾害风险评估分析，还需要解决如下科学问题：

（1）灾害运动方程改进与参数确定：由于灾害动力学机理认识的局限，目前的运动方程均为经过多重简化假设得到，难以实现预测功能。还需要不断深化对灾害运动机理的认识，针对不同类型、不同性质灾害确定适当的参数，不断完善模型，增强其危险性预测的能力。

（2）复合型灾害危险性定量评估：灾害的发生往往具有链生、共生的特点，需要以数值模拟方法和动力学参数为依据，进行复合型、群发性灾害的危险性定量评估。

（3）基于灾害体－承灾体相互作用机制的易损性定量评估：需要通过实际灾害案例调查、物理实验和数值模拟等手段，研究灾害体－承灾体相互作用的动力学机制、相互响应特征以及承灾体在时空上的损毁概率特征等，完善易损性动力理论和评价方法。

（4）基于形成和演进过程的精细化监测预警理论与技术

当前山洪泥石流灾害的监测预警方法主要是针对灾害已形成的事实发出预警信息，而考虑灾害形成和演进过程的还较少。在深刻认识灾害形成机理的基础上，严密监控山洪泥石流在形成过程中的关键参数变化，提供精确的基础数据和预报依据，进一步精细化地定量分析山洪泥石流的演进过程，获取流体密度、流速、规模等关键链生参数的变化，旨在实现灾害类型、灾害演进过程和灾害规模等的实时判别，实现分级动态预警，针对不同对象，设置不同预警方案，不但可在时间上进行提前预报，也可在预警的准确度上大幅提高。区别于现有监测预警方法，该模式有望进一步确定单点（流域）尺度灾害发生的时间、空间和强度等综合信息，从而大幅提高预报、监测、预警的科学性和针对性。其中的关键科学问题在于流体动力学参数的精准监测技术与快速获取方法、预警级别的科学界定和预警信息的快速传递。

（5）岩土措施与生态措施优化配置与密切结合的灾害综合调控技术

生态工程与岩土工程对灾害的调控作用各有优缺点。良好的生态工程可以调节孕灾环境因子，起到抑制灾害的作用，但植被的防护功能发挥缓慢且有限度；工程措施发挥作用快速，却有防治标准和适用寿命的限制，甚至破坏生态环境和景观。在未来的研究中，应重视三个科学问题：①研究植被的减灾原理，定量评价植被的防灾功能；②研究灾害与生态的相互作用机制；③科学配置植物措施和工程措施达到最优治理的目标。在实现基于机理的植物措施灾害防治功能定量评

价基础上，研究植物措施与岩土措施的协调互补机理和优化配置原理，可为建立沟道–坡面–小流域的灾害综合治理体系提供科学依据。

4.2 未来次生山地灾害防灾减灾方略与建议

4.2.1 深入贯彻落实“两个坚持，三个转变”的防灾减灾救灾体制转变方略，加强综合减灾能力建设，整体提升次生山地灾害风险防范能力，全面减轻次生山地灾害风险与损失

习近平总书记指出：“进一步增强忧患意识、责任意识，坚持以防为主、防抗救相结合，坚持常态减灾和非常态救灾相统一，努力实现从注重灾后救助向注重灾前预防转变，从应对单一灾种向综合减灾转变，从减少灾害损失向减轻灾害风险转变，全面提升全社会抵御自然灾害的综合防范能力。”

“两个坚持”的核心思想，就是要求做到防灾、减灾、救灾相统一，灾前、灾中、灾后相统筹。要着眼全局、考虑长远，全面提高防灾减灾救灾工作的整体效能。“三个转变”强调工作重心的转移。从工作环节看，要做到未雨绸缪、关口前移。灾后救助是被动应对，属于“治标”；灾前预防是主动出击，属于“治本”。只有加大灾前预防工作力度，才能有效降低救灾成本，起到事半功倍的效果。从工作内容看，要做到统筹协调、综合应对。既要做好单灾种应对，也要统筹考虑多灾种综合应对；既要运用“工程性”减灾措施，也要善于统筹运用行政、科技、教育等诸多“非工程性”减灾措施；既要加大政府投入，也要统筹发挥金融、保险等市场的作用，还要积极引导社会力量参与。从工作目标看，要做到防微杜渐、从源头上主动排查、评估和整治灾害风险，从而有效减少灾害损失。

4.2.2 充分利用国家机构改革与防灾减灾救灾体制改革，构建基于灾害形成演进过程与机理的防灾减灾机制与模式，实现科学减灾，提高防灾减灾效率

以往地质灾害防灾减灾被动局面的出现，很大程度上与各部门防灾减灾工作各自为政、互动机制缺失有关，难以完全从全流域角度按照灾害链演进过程的演化规律进行综合布设灾害预防和治理措施，灾害治理措施不能达到有机衔接与配套。在今后的工作中，建议按照上述科学过程，在省–地（市、州）–县（区）各级启动综合减灾示范区建设，摒弃各部门分割的理念，而要以小流域为整体对象，相互协同互动，科学规划减灾方案。注重以灾害本身为出发点，以其形成–演进–致灾过程为对象，寻找其链生关键点，从链生机制入手，研发破链关键技术，统一规划综合防治小流域的水文地质灾害，实现上下游协同、坡沟协同治理，各部门分步实施、政府统筹的综合治理。同时，充分发挥当地居民的治灾能动性，构

建社区自主减灾模式，调动居民的减灾积极性，参与减灾的相关工作，促进其在灾害监测预警、临灾避难、防治工程运行和维护中发挥更大的作用。

参考文献

[1] 殷跃平. 汶川八级地震地质灾害研究 [J]. 工程地质学报，2008，16(4)：433-444.

[2] 崔鹏，韩用顺，陈晓清. 汶川地震堰塞湖分布规律与风险评估 [J]. 四川大学学报（工程科学版），2009，41（3）：35-42.

[3] Cui P，Zhu YY，Han YS，et al. The 12 May Wenchuan earthquake-induced landslide lakes：distribution and preliminary risk evaluation [J]. Landslides，2009，6（3）：209-223.

[4] 崔鹏，韦方强，何思明，等. 5.12 汶川地震诱发的山地灾害及减灾措施 [J]. 山地学报，2008，26(3)：280-282.

[5] 崔鹏，何思明，姚令侃，等. 汶川地震山地灾害形成机理与风险控制 [M]. 北京：科学出版社，2011：107-114.

[6] Cui P，Chen XQ，Zhu YY，et al. The Wenchuan Earthquake（May 12，2008），Sichuan Province，China，and resulting geohazards [J]. Natural Hazards，2011，56（1）：19-36.

[7] Huang RQ，Li WL. Analysis of the geo-hazards triggered by the 12 May 2008 Wenchuan Earthquake，China [J]. Bulletin of Engineering Geology & the Environment，2009，68（3）：363-371.

[8] 许强，李为乐. 汶川地震诱发大型滑坡分布规律研究 [J]. 工程地质学报，2010，18（6）：818-826.

[9] Guo XJ，Cui P，Li Y，et al. Spatial features of debris flows and their rainfall thresholds in the Wenchuan Earthquake-affected area [J]. Landslides，2016，13（5）：1215-1229.

[10] 吴树仁，王涛，石玲，等. 2008 汶川大地震极端滑坡事件初步研究 [J]. 工程地质学报. 2010，18（2）：145-159.

[11] 黄润秋，裴向军，李天斌. 汶川地震触发大光包巨型滑坡基本特征及形成机理分析. 工程地质学报，2008，16（6）：730-741.

[12] 许强，董秀军. 汶川地震大型滑坡成因模式 [J]. 地球科学—中国地质大学学报，2011，36（6）：1134-1142.

[13] 黄润秋，裴向军，张伟锋，等. 再论大光包滑坡特征与形成机制 [J]. 工程地质学报，2009，17（6）：725-736.

[14] 黄润秋. 汶川 8.0 级地震触发崩滑灾害机制及其地质力学模式 [J]. 岩石力学与工程学报，2009，18（6）：1239-1249.

[15] 张永双，成余粮，姚鑫，等. 四川汶川地震 - 滑坡 - 泥石流灾害链形成演化过程 [J]. 地质通报，2013，32（12）：1900-1910.

[16] 杜国梁，张永双，姚鑫，等，都江堰市五里坡高位滑坡 - 碎屑流成因机制分析 [J]. 岩土力学，2016，37（S2）：493-501.

[17] Chen XC, Cui YF. The formation of the Wulipo landslide and the resulting debris flow in Dujiangyan City, China. Journal of Mountain Sciences, 2017, 14 (6): 1100-1112.

[18] 何思明，白秀强，欧阳朝军，等 . 四川省茂县叠溪镇新磨村特大滑坡应急科学调查 [J] . 山地学报, 2017, 35 (4): 598-603.

[19] 庄建琦 . 汶川震后孕灾环境下泥石流形成机理实验研究 [D] . 北京：中国科学院研究生院，中国科学院大学, 2011.

[20] Guo XJ, Cui P, Li Y, et al. Intensity-duration threshold of rainfall triggering debris flows in Wenchuan earthquake area, China [J] . Geomorphology, 2016, 253 : 208-216.

[21] Zhou W, Tang C. Rainfall thresholds for debris flow initiation in the Wenchuan Earthquake stricken area, southwestern China [J] . Landslides, 2013, 11 (5): 877-887.

[22] Tang C, Van AT, Chang M, et al. Catastrophic debris flows on 13 August 2010 in the Qingping area, southwestern China : The combined effects of a strong earthquake and subsequent rainstorms [J] . Geomorphology, 2012, 139 (2): 559-576.

[23] 胡凯衡，崔鹏，游勇，庄建琦，陈晓清 . 汶川灾区泥石流峰值流量的非线性雨洪修正法 [J] . 四川大学学报（工程科学版), 2010, 42 (5): 52-57.

[24] Guo XJ, Cui P, Li Y, et al. The formation and development of debris flows in large watersheds after the 2008 Wenchuan Earthquake [J] . Landslides, 2016, 13 (1): 25-37.

[25] Cui P, Guo XJ, Yan Y, et al. Real-time observation of an active debris flow watershed in the Wenchuan Earthquake area [J] . Geomorphology, 2018 (in press) .

[26] 黄河清，赵其华 . 汶川地震诱发文家沟巨型滑坡 - 碎屑流基本特征及成因机制初步分析 [J] . 工程地质学报, 2010, 18 (2): 168-177.

[27] 刘传正 . 汶川地震区文家沟泥石流成因模式分析 [J] . 地质论评, 2012, 58 (4): 709-716.

[28] 唐川，李为乐，丁军，黄翔超 . 汶川震区映秀镇 "8 · 14" 特大泥石流灾害调查 [J] . 地球科学—中国地质大学学报, 2011, 36 (1): 172-180.

[29] Zhou Gordon GD, Sun QC. Three-dimensional numerical study on flow regimes of dry granular flows by DEM [J] . Powder Technology, 2013, 239 : 115-127.

[30] Zhou Gordon GD, Ng Charles WW, Sun QC. A new theoretical method for analyzing confined dry granular flows [J] . Landslides, 2014, 11 (3): 369-384.

[31] Iverson RM, Ouyang CJ. 2015. Entrainment of bed material by earth-surface mass flows : review and reformulation of depth-integrated theory [J] . Reviews of Geophysics, 53 (1): 27-58.

[32] Ouyang CJ, He SM, Tang CA. Numerical analysis of dynamics of debris flow over erodible beds in Wenchuan earthquake-induced area [J] . Engineering Geology, 2015, 194 : 62-72.

[33] Cui P, Zou Q, Xiang LZ, et al. Risk assessment of simultaneous debris flows in mountain townships [J] . Progress in Physical Geography, 2013, 37 (4): 516-542.

[34] Ouyang CJ, He SM, Xu Q, et al. A MacCormack-TVD finite difference method to simulate the mass flow in mountainous terrain with variable computational domain [J] . Computers

& Geosciences, 2013, 52 : 1-10.

[35] He SM, Liu W, Wang J. Dynamic simulation of landslide based on thermo-poro-elastic approach [J] . Computers & Geosciences, 2015, 75 : 24-32.

[36] Lei X, Yang Z, He S, et al. Numerical investigation of rainfall-induced fines migration and its influences on slope stability [J] . Acta Geotechnica, 2017, 12 (6): 1431-1446.

[37] Caine N. The rainfall intensity–duration control of shallow landslides and debris flows [J] . Geografiska Annaler Series A. Physical Geography, 1980, 62 (1/2): 23-27.

[38] Guzzetti F, Peruccacci S, Rossi M, et al. Rainfall thresholds for the initiation of landslides in central and southern Europe [J] . Meteorology and Atmospheric Physics, 2007, 98 (3-4): 239-267.

[39] Guzzetti F, Peruccacci S, Rossi M, et al. The rainfall intensity–duration control of shallow landslides and debris flows : an update [J] . Landslides, 2008, 5 (1): 3-17.

[40] 郭晓军，范江琳，崔鹏，等 . 汶川地震灾区泥石流的诱发降雨阈值 [J] . 山地学报，2015, 33 (5): 579-586.

[41] Guo XJ, Cui P, Li Y, et al. Temporal differentiation of rainfall thresholds for debris flows in Wenchuan earthquake-affected areas [J] . Environmental Earth Sciences, 2016, 75 (2): 1-12.

[42] 钱群，冉启华 . 龙门山区小流域降雨产流数值模拟研究 [J] . 水利学报，2012，43 (S2): 35-40.

[43] 李铁键，李家叶，史海匀等 . 基于智能手机互动的资料缺乏山区洪水预警系统 [J] . 四川大学学报（工程科学版），2013, 45 (1): 23-27.

[44] Yan Y, Cui P, Guo XJ, et al. Trace projection transformation : A new method for measurement of debris flow surface velocity fields [J] . Frontiers of Earth Science, 2016, 10 (4): 791-771.

[45] 黄健 . 基于 3D WebGIS 技术的地质灾害监测预警研究 [D] . 成都：成都理工大学，2012.

[46] 张斌 . 滑坡地质灾害远程监测关键问题研究 [D] . 北京：中国矿业大学，2010.

[47] Cui P, Hu KH, Zhuang JQ, et al. Prediction of debris-flow danger area by combining hydrological and inundation simulation methods [J] . Journal of Mountain Science, 2011, 8 (1): 1-9.

[48] Cui P, Zeng C, Lei Y. Experimental analysis on the impact force of viscous debris flow [J] . Earth surface processes and landforms, 2015, 40 (12): 1644-1655.

[49] 陈晓清，崔鹏，赵万玉 . 汶川地震区泥石流灾害工程防治时机的研究 [J] . 四川大学学报（工程科学版），2009, 41 (3): 125-130.

[50] He S, Yan S, Deng Y, et al. Impact protection of bridge piers against rockfall [J] . Bulletin of Engineering Geology and the Environment, 2018 : 1-10.

[51] Li X, Wu Y, He S. Seismic stability analysis of gravity retaining walls [J] . Soil Dynamics and Earthquake Engineering, 2010, 30 (10): 875-878.

[52] Li X, He S, Wu Y. Limit analysis of the stability of slopes reinforced with anchors [J] . International Journal for Numerical and Analytical Methods in Geomechanics, 2012, 36 (17):

1898-1908.

[53] Cui P, Chen XQ, You Y, et al. A debris-flow prevention method by controlling debris-flow magnitude and avoiding to block main river[P] . 2013.08, USA, 8517633.

[54] 陈晓清，崔鹏，游勇，等 . 汶川地震区大型泥石流工程防治体系规划方法探索 [J] . 水利学报，2013，44（5）：586-593.

[55] 陈晓清，游勇，崔鹏，等 . 汶川地震区特大泥石流工程防治新技术探索 [J] . 四川大学学报（工程科学版），2013，45（1）：14-22.

[56] Chen XQ, Cui P, You Y, et al. Engineering measures for debris flow hazard mitigation in the Wenchuan earthquake area[J] . Engineering Geology, 2015, 194 : 73-85.

[57] Chen XQ, Chen JG, Zhao WY, et al. Characteristics of a debris-flow drainage channel with a step-pool configuration[J] . Journal of Hydraulic Engineering, 2017, 143（9）: 04017038.

[58] 杨东旭，游勇，陈晓清，等 . 强震 - 暴雨叠加区小岗剑泥石流灾害特征与防治关键技术 [J] . 兰州大学学报（自然科学版），2015，51（6）：898-903.

[59] 柳金峰，游勇，陈晓清，等 . G213 线都汶路豆芽坪坡面泥石流及其防治方案 [J] . 山地学报，2015，33（5）：611-618.

[60] 张钰，陈晓清，游勇，等 . 汶川地震后肖家沟泥石流活动特征与灾害防治 [J] . 水土保持通报，2014，34（5）：284-289.

[61] Chen XQ, Cui P, Li Y, et al. Emergency response to the Tangjiashan landslide-dammed lake resulting from the 2008 Wenchuan Earthquake, China[J] . Landslides, 2011, 8 : 91–98.

[62] Chen XQ, Cui P, You Y, et al. Dam-break risk analysis of the Attabad landslide dam in Pakistan and emergency countermeasures[J] . Landslides, 2017, 14（2）: 675–683.

[63] 马婧瑶 . 四川汶川与芦山地震应急机制研究 [D] . 成都：西南财经大学，2014.

中国应急管理的演化历程与当前趋势

童星

（南京大学）

摘要 “一案三制”的综合应急管理体系符合国情、基本可行，但也有两大弱点。一是没有目标规划，无法评价效果。总体国家安全观的提出弥补了这个弱点。应急管理的本质就是公共安全治理，评价其效果就要看公共安全水平是否提高、人民群众安全感是否增强。二是全灾种管理与全过程管理难以兼容。应急管理部的成立弥补了这个弱点，以全灾种管理适度的“退”换取全过程管理真正的“进”，并将形成以下发展趋势：应急管理的重点由信息、舆情扩展到预案、队伍和装备，由应急处置向前后两端延伸，由非常态转向常态。

关键词 综合应急管理，总体国家安全观，应急管理部，“一案三制”，公共安全治理，全过程管理

应急管理部成立以后，中国的应急管理实践及其理论研究都会出现新的发展趋势。为了更好地理解这一趋势，有必要简要回顾一下自 2003 年“非典”以来 15 年中国应急管理体系建设的历史。

1. “一案三制”的综合应急管理体系

“非典”之后，痛定思痛，中国按照应急预案、应急体制、应急机制、应急法制的次序，循序渐进地开始了综合应急管理体系的建设。所谓“综合应急管理”，就是指“对象上全灾种、过程上全过程、结构上多主体”：既然是全灾种，就要覆盖自然灾害、事故灾难、公共卫生事件、社会安全事件等各类公共突发事件；既然是全过程，就要贯穿预防与准备、预警与监测、救援与处置、善后与恢复等各个阶段；既然是多主体，就要调动各级政府、政府各部门、企事业单位以

及城乡社区的积极性。

为此，我们的应急预案就建成为一个“纵向到底、横向到边”的体系，既包括各级政府负责制订的总体预案、部门预案、专项预案、重大活动预案，也包括企事业单位预案和社区预案。相应地，一个地方能够把全灾种、全过程都管起来，能够把多主体积极性都调动起来的，只能是政府主官，于是就需要“统一领导”；但政府主官太忙、事太多，不可能事事亲力亲为，于是就在最靠近主官的办公厅（室）加挂“应急办”的牌子，实施“综合协调”；可是主官和应急办又不是通晓各类灾种治理的“万能型专家”，于是只好进行“分类管理”。那怎样才能在“分类”的同时不失“综合”呢？于是就有了“分级负责”。加上任何灾种都是发生在某一具体地点，首先对当地造成损失和伤害，也首先需要当地的政府和各种社会力量积极参与，这就形成了“统一领导、综合协调、分类管理、分级负责、属地管理为主”的应急管理体制。进一步而言，体制的顺畅运行依赖良好的机制，通过在预防与准备、预警与监测、救援与处置、善后与恢复各阶段，对政府、市场、社会各主体，特别是对政府系统内部领导机构、主责机构、协同机构进行责权利的划分，构建统一指挥、反应灵敏、协调有序、运转高效的应急管理机制。至于应急管理的法制，则是在法律层面对上述预案、体制、机制予以确立和规范，并制定相应的激励和惩罚办法，这集中体现在2007年通过并实施的《中华人民共和国突发事件应对法》（以下简称《突发事件应对法》）中。

“一案三制”的背后是综合应急管理理论，究其实质，该理论是一个“对象—过程—结构”的三维框架：对象维度覆盖全灾种，揭示不同灾种之间的共性；过程维度贯穿各阶段，将应急管理由突发事件应对向前后延伸；结构维度调动多主体的积极性，包括所有责任方以及所有利益相关者。

为了进一步揭示不同灾种应急管理全过程的共性，以笔者为首的研究团队曾提出“风险—灾害（突发事件）—危机演化连续统”的解释框架，以及“风险治理—灾害救援（应急处置）—危机管理”的“全过程应对体系”[1]。这一解释框架得到了学界的认同，全过程应对体系的建议也变成了政界的决策，如党的十八大报告就强调要“加快形成源头治理、动态管理、应急处置相结合的社会管理机制”[2]。

“一案三制”的综合应急管理体系建成10年来，经受了许多重大公共突发事件的严峻考验，如2008年汶川地震等自然灾害、2015年天津港火灾爆炸等事故灾难、2008年三鹿三聚氰胺奶粉等公共卫生事件，这些社会安全事件的处置都证明了“一案三制”的综合应急管理体系是符合国情、基本可行的。

当然，在应对一系列公共突发事件的实践中，也暴露出现行“一案三制”应急管理体系的弱点。其中特别有两大弱点十分明显、亟待解决。

一是该体系只有“对象—过程—结构”三个维度，缺乏效果的维度。这就导致整个应急管理工作事先没有目标、没有规划，事后无法客观评价。例如，在汶川地震中，地震灾区的安县桑枣中学2200多名师生仅用1分36秒的时间，全部安全疏散转移至学校操场，创造了师生无一伤亡的奇迹，就是因为此前在叶志平校长的带领下，该校每学期坚持进行应急疏散演练的结果。然而当年召开全国表彰大会表彰了那么多的集体和个人，竟然其中都没有桑枣中学和叶志平校长。推而言之，假设有两个相邻的县，前者平时注重兴修水利，疏浚排水系统，后者不搞水利工程，只是一心忙于招商引资、发展经济；结果一场暴雨下来，前者没有灾情，人民群众生命财产毫发无损，后者洪涝严重，人民群众生命财产损失巨大；但只要后者的书记、县长等领导不临阵脱逃，而是带领大家抗击洪涝灾害，渡过难关，以后上级提拔干部，当然会选后者，上级财政拨款援助，当然也会给后者。长此以往，乐于默默无闻地以精细的工作、踏实的作风从事防灾减灾的人便会越来越少；更多的人看到风险、危险、隐患会无动于衷，甚至坐等其爆发后再轰轰烈烈地救灾当英雄。

二是从实际操作来看，全灾种管理和全过程管理往往格格不入，常常难以兼容。理论研究的旨趣在于揭示事物的普遍性和共性，从而获取解释力强、适用性广的优势；实践操作的任务则是处理事务的特殊性和个性，从而达到解决具体问题的效果。用一个理论来解释所有不同灾种的应急管理全过程，应当说是可能的；然而以一个部门来负责所有不同灾种的应急管理全过程，恐怕是不太可能的。结果我们看到，在各级政府应急办的综合协调下，由于过于强调全灾种应对，所以集中精力于应急处置，而难以向前后延伸；在应急处置中，又是集中精力于“信息报送”和“舆情管控”，而难以解决实际问题，往往依靠临时成立的“应急指挥部”来解决问题；甚至“舆情管控”走向了反面，借口宣传“正能量”，掩盖存在的问题，一切工作不是着眼于解决问题，而是往往“解决”揭露或提出问题的“人”。这不仅违背了应急管理的初衷，而且在人民群众中引发了或不满或冷漠的负面情绪。

这两大弱点或缺陷的克服，第一个是靠2014—2015年总体国家安全观的提出和《中华人民共和国国家安全法》（以下简称《国家安全法》）的实施，第二个则借助于2018年国家应急管理部的成立。

2. 总体国家安全观下的公共安全治理

长期以来，国家安全主要是国防、外交、国安、情报等部门的职责，是与国内的公共安全、社会安全相分离的。2014 年，习近平总书记提出总体国家安全观，强调要统筹外部安全和内部安全、国土安全和国民安全、传统安全和非传统安全、自身安全和共同安全。在总体国家安全观的统辖下，包括应急管理在内的整个社会治理都被归入国家安全的范畴，其目标就是“维护国家安全，确保人民安居乐业、社会安定有序”（如党的十八届三中全会通过的《中共中央关于全面深化改革若干重大问题的决定》所表述），或曰“确保国家长治久安、人民安居乐业”（如党的十九大报告所表述）。甚至 2017 年党的十九大报告中都没有出现“应急管理”这个词，而改称“健全公共安全体系”（习近平，2017）。换言之，应急管理的本质被界定为“公共安全治理”。根据总体国家安全观，2015 年颁布实施《国家安全法》，具体提及政治安全、国土安全、军事安全、经济安全、文化安全、社会安全、科技安全、信息安全、生态安全、资源安全、核安全 11 类安全。总体国家安全观和《国家安全法》并非应急管理工作在操作上的依据，事实上，应急管理工作仍然没有超出《突发事件应对法》所确定的四类公共突发事件，没有企图也没有能力覆盖《国家安全法》所确定的 11 类安全。总体国家安全观对于应急管理的意义在于为应急管理指明了方向，将其确定为“公共安全治理”，确立了“生命至上、安全第一”的原则，从而为应急管理提供了评价和检验效果的标准。

这样一来，“三维度”的综合应急管理升级为“四维度”的公共安全治理，“三角模型”变成了“三棱锥模型”，所增加的结果维度就是指客观的公共安全水平以及人民群众主观的安全感受。

于是，应急管理就有了明确的目标和清晰的评价标准。如果客观上公共安全的水平提高了，人民群众的安全感也提升了，那么应急管理工作就是富有成效的。只要长久地坚持这一目标引领和评价导向，就会有越来越多的人乐于默默无闻地以精细的工作、踏实的作风从事防灾减灾，而不再会对看到的风险、危险、隐患无动于衷。这样，轰轰烈烈救灾出英雄的场面可能会减少，但应急管理的效果却得到了改进。

那么，什么才是安全呢？安全在中文里是一个词，在英文里却有两种表达，其含义完全不同。

第一个是“security”，指的是人与人的关系中的安全，文科讲的通常就是这种安全。包括：(1）人们组成了国家，在国家与国家之间就产生了主权、领土等安全问题，即国家安全（national security）；(2）人与人相处，群体与群体相处，就产生了公共秩序方面的安全问题，即公共安全（political security），又译为社会治安、社会安全；(3）在人的生命周期内，在人与人的竞争和人的职业生涯中，会产生诸如生老病死、失业、伤残等安全问题，即社会保障（social security）。

第二个是“safety”，指的是人与自然、与物、与技术的关系中的安全，理工科研究的通常就是这种安全。一般而言，理工科的研究要比文科先进、精确，值得文科借鉴。那么理工科又是如何认识“安全”概念的呢？这大体经历了以下三个阶段：(1）安全就是排除任何风险和隐患，确保不发生任何事故[4]，也就是说，安全的对立面就是风险和隐患；(2）后来发现上述目标达不到，如果所有的风险和隐患都完全予以排除，那么人们也就什么事都干不成了，所以某些程度较低的风险是可以接受的，只要事先有所准备，一旦风险爆发我们有一套应对办法就行[5]，也就是说，安全的对立面是突发事件或灾害；(3）最后又发现，不管事先的设计如何精细，准备如何充分，总难免会发生预想不到的灭顶之灾，日常生活秩序被打乱，社区社会系统出现瘫痪，也就是说，安全的对立面成了危机。从管理上来讲，上述第一阶段的认识要求管理越严格越好，否则难以确保安全；第三阶段的认识则允许管理可以适度宽松，通过被管理者自学习自组织、社会系统自适应自调整，从而提高韧性，达致安全[6]。

既然安全有三个对立面——风险、灾害（突发事件）、危机，相应地，公共安全治理就应当由三个部分构成，即风险治理、应急管理、危机治理。于是，“全过程应对体系”可以进一步细化为“公共安全治理框架”。应急管理中既然有“急”字，顾名思义，就应当有一定的时间界限。尽管应急管理不等于应急处置，需要以突发事件（灾害）为中心，向前向后延伸，但也不是无限度地延伸。应急管理主要包括三个环节：(1）准备。包括预案准备、队伍准备、资金资源的准备、装备技术的准备、场地的准备等。(2）响应。既有主动响应，即根据监测的数据发现到了临界值时进行响应，也有被动响应，即在灾害事件发生以后迅速响应，开展各式各样的救援抢险处置工作。(3）恢复。经过救援抢险处置，使自然社会环境和生产生活秩序恢复到原有的状态，应急管理就此基本告一段落。

危机治理也包括三个环节：调查、问责、改进。现在是将原因调查纳入应急管理阶段，规定在60天之内必须完成调查报告，苛刻的时间要求难以保证调查的独立和真实；实际操作中还常常出现调查结果尚未出来，行政问责就已开始，

这又难以保证问责的精准；问责不精准，就无法保证改进的科学性；没有科学的改进，就可能导致同样的灾害事件以后重复发生，反复对人民群众的生命财产造成威胁。也就是说，对调查、问责、改进等环节，并非一定要设严格的时限，慢工出细活，所以应该从必须有时限的应急管理阶段中分离出来，纳入危机治理阶段。原因调查必须独立、真实，是人的原因就是人的原因，不是人的原因，就要深究技术、流程、制度、管理、环境等方面的原因，从而发现真正的原因、漏洞、隐患、病根。独立而真实的调查可以保证精准的问责，是人的责任就处理人，不是人的责任就要避免以简单地处理人而掩盖技术、流程、制度、管理、环境等方面的问题；只有精准的问责才能促进科学的改进，即消除原因，堵塞漏洞，排除隐患，拔除病根。至于前期的风险治理，主要也有三个环节：（1）风险识别，即依靠经验总结、借鉴和直觉、想象，把所有能找出来的风险、危险、隐患都排查出来；（2）风险评估，即对所有排查出来的风险、危险、隐患都逐一进行评价，列出风险等级；（3）根据风险评估的结果，该消除的消除，该减少的减少，该预防的预防，该延缓的延缓，采用不同的办法予以对待。

如此一来，风险治理阶段的识别、评估、削减防患等环节之间，应急管理阶段的准备、响应、恢复等环节之间，危机治理阶段的调查、问责、改进等环节之间，既存有界限、相对独立，又紧密联系、环环相扣；风险治理、应急管理、危机治理三个阶段之间，也是既存有界限、相对独立，又紧密联系、环环相扣。通过这样一个循序渐进、循环往复的闭合环，风险—灾害—危机管理水平不断得到提高。

3. 应急管理部成立后的新趋势

上述“一案三制”综合应急管理体系的第二个缺陷，则随着应急管理部的成立，有望得到弥补。

如前所述，由于原来既要覆盖全灾种、又要贯穿全过程，只好选择政府统一领导，应急办综合协调，集中精力于信息报送和舆情管控。这样做下来当然有成果，比如，信息平台建设就很不错。2016 年 6 月 23 日，江苏省盐城市发生特大龙卷风灾害，国家公共卫生应急信息平台在第一时间报警，国务院应急办随即打电话询问当地市县政府，当地政府还不知道具体灾情。舆情管控在许多场合也有效防止了事态的进一步扩大和恶化，有利于社会稳定。但是，我们也要清醒，长期关注信息和舆情，在信息报送和舆情管控上做文章，以及几乎完全依靠临时成立的指挥部来搞应急处置，所带来的严重负面影响不容忽视：以“维稳”压“维权”，以“封锁消息”来“维护形象”，以讲“假话”“过头话”来“推动中心工作”，结果大大透支了党和政府的公信力。

早在 2013 年上一轮大部制改革以后，中央就明确深圳作为深化大部制改革的试点单位。在改革试点过程中，深圳市将四大类公共突发事件一分为二，社会安全事件归市委政法委负责，余下的自然灾害、事故灾难、公共卫生事件由市政府负责。市委政法委将综治办、维稳办、信访办、平安办的功能加以整合，做大做实综治办。市政府在原应急办的基础上，整合气象局、地震局、安监局、疾控中心、防汛抗旱指挥部等，组建应急管理局。深圳市应急办原本就不是在政府办公厅里加挂的一块牌子，而是一个直属市政府，且有人、有钱、有物、有装备的正局级实体单位。其主任一再声明，“在全国各地的应急办中，只有我们这个应急办是要亲临现场直接指挥、解决具体问题的。”可见，深圳市是在实体性的应急办基础上做大做实应急局。2015 年 9 月，我们撰写并报送国务院的关于进一步整合应急管理资源、成立应急管理部的建议，依据的就是深圳的经验。然而，好事多磨，深圳的改革碰到了坎坷。2015 年 12 月 20 日，深圳光明新区渣土受纳场发生特别重大滑坡事故，国家安监总局指责说这是因为深圳市撤销了安监局所致。于是，深圳市又在应急管理局加挂了安监局的牌子。其实，深圳的试点做法是正确的，这次国家应急管理部的成立，就是借助了深圳的试点经验。

应急管理部成立以后，体现了一个本质、三个趋势。

所谓一个本质，就是以“全灾种管理”适度的“退”，来换取“全过程管理”真正的“进”。既然“全灾种管理”与“全过程管理”二者难以兼容，那就要对二者进行权衡。“全灾种管理”依据的是各种不同的灾种之间有共性，“全过程管理”则体现出各种不同的灾种在其不同的阶段有个性。进行理论概括更看重共性，实施管理特别是精细管理则丝毫不能忽视个性。当在实践中遇到“全灾种管理”与“全过程管理”发生矛盾时，以“全灾种管理”适度的“退”换取“全过程管理”真正的“进”，不失为是明智之举。

其实，这种选择前些年即已开始。尽管《突发事件应对法》规定了公共突发事件有四类，但在实际管理中却分成了五类，即：对付自然灾害用减灾机制，对付事故灾难用安监机制，对付社会安全事件用维稳机制。但在对付公共卫生事件时出现了困难，因为公共卫生事件内含的疾病传染病和食品安全之间的差异实在太大，不得已分别采用了疾控机制和食安机制。后来的运行表明，相较于减灾、安监、疾控和维稳，食安机制的运转绩效令人很不满意。由于食品安全事件面

广、量大，原因错综复杂，涉及多个行业部门，由高层来抓效果并不好，即使是分管农业、工业、卫生的三个副总理、三个副省长、三个副市长、三个副县长共同来抓，也不行。后来，改变了食品安全的管理体制，食药分离，从基层做起，将食监、质检与工商合并，组建市场监督管理局。这样一来，食品安全变成了常态的市场管理，同打击假冒伪劣、维护市场秩序等一样，归市场监督管理局直接管理，不再属于应急管理的范畴。2018 年中央和国家机构改革中，高度肯定了这种做法，在国家层面，也将质量监督与检验检疫总局和工商行政管理总局合并，组建新的国家市场监督管理总局。

这次中央和国家机构改革中，又把疾控留给了卫健委，维稳留给了政法委，剩下减灾和安监两大职能，涉及国务院的 13 个部委机构，统统整合到一起，组建国家应急管理部。可见，其实质就是舍弃了公共卫生事件和社会安全事件，专管自然灾害和事故灾难，以“全灾种管理”上适度的“退”，去真正实现对自然灾害和事故灾难的“全过程管理”。

应急管理部的成立是中国应急管理领域的一件大事。预测今后，中国的应急管理会发生以下三个重大转变。

3.1 应急管理的工作重点将会由信息、舆情扩展到预案、队伍和装备

在各级政府办公厅（室）加挂应急办的牌子综合协调应急管理的体制下，这种扩展很难想象；在消防、安监、减灾专业机构和专业人员的主导下，这种扩展已成必然。

在应急预案体系建设方面，各级政府都有四套应急预案——总体预案、部门预案、专项预案、重大活动预案，此外，各企事业单位、城乡社区也都有自己的预案。首先，在学界看来，其中的“龙头”应当是专项预案，部门的、单位的、社区的各种预案都应当是专项预案的“配套文件”。2008 年初，南方那场冻雨雪灾之所以导致应对措手不及、后果极其糟糕，其原因之一就在于南方各省都没有雪灾专项应急预案。可是在各级政府办公厅（室）应急办的主导下，始终把总体预案视为“龙头”，其他各种预案（重大活动预案除外）向总体预案看齐，“下抄上”“左抄右”，结果号称数量有数百万个的应急预案都是“一个面孔”，几乎没有针对性、专业性、科学性。其次，在学界看来，既然专项预案是“龙头”，就应当由负有综合协调之责的应急办牵头制定。可是长期以来，专项预案都是由与该专项事件关联较大的业务部门牵头制定，从而专项预案同部门预案的界限不清，因为以前的应急办从其职责和人员结构方面来看，都不能胜任专项预案的制

订工作。应急管理部成立后，专项预案的“龙头”地位将会被确立，专项预案的制订也会由应急管理部担当起来。

应急管理部将会高度重视应急队伍建设，包括“多类型”的队伍建设，如综合的、专业的、业余的应急救援抢险队伍，以适应不同自然灾害和事故灾难的应急抢险救援需要；“多环节”的队伍建设，如组建、培训、考核、演练都会一一落实到位；“多角度”的队伍建设，如制定发展规划、确立准入标准、规范行动指南、完善奖惩制度等。

应急管理部还将会非常重视装备，以后恐怕不再会出现赤手空拳上一线、全凭热情来应急的事情，而是注重装备、技术、标准、资金、物资、场所等；将来，应急领域的产业发展规划和产业促进政策可能也会由应急管理部负责制定并监督执行。

3.2　由应急处置向前后两端延伸，使全过程管理真正落到实处

应急管理部的构成中有两支力量在主导，即消防和安监。长期以来这两支队伍都非常强调全过程管理：消防历来既重视消、又重视防，任何建筑物竣工后，无论是厂房、商场，还是公寓、民居，只有拿到消防部门颁发的合格证书后才能投入使用；安监历来从隐患排查到抢险救援，再到调查问责并监督整改，一路常抓不懈。养成这种工作风格、积累丰富全程管理经验的这两支力量，一旦主导应急管理部门的工作，相信会改变原先“应急”的惯习，重视起前期的预防和后期的整改。

此外，自然灾害治理也迫切需要由救灾向防灾减灾延伸。自然灾害的应急管理原来由民政部门牵头，民政部门本身的职责主要是救助灾民，灾害预防并非是其强项。水旱灾害的预防完全靠水利部门，况且旱灾一旦发生，应急那一套办法是失灵的[7]；2010 年西南五省（市、区）大旱以后，2011 年中央 1 号文件破例没有留给农业，而是发了一个《关于进一步加强水利工作的决定》，从源头夺取防汛抗旱的主动权。至于地震灾害，其实没有几个人是直接被地震给震死的，都是因建筑物坍塌而被砸死，或是被掩埋窒息而死。也就是说，建筑物的防震标准及其切实执行是降低地震灾害人员伤亡和财产损失的关键。现在，建筑物防震标准的制定及其执行是住建委的职责，而住建委并不在应急管理系统内。今后，建筑物防震标准的制定及其执行有可能转移到应急管理部，显然这有利于对地震灾害的全过程管理。

应急管理部的成立标志着应急管理话语权由办公厅（室）做文字秘书工作出

身的人手中转移到了应急抢险救援专业技术力量的人手中，这也有助于推进自然灾害和事故灾难的全过程管理。我们注意到应急管理部主要负责人在讲话中提到，“应急管理”这四个字中，“应急”为“管理”的改革和优化提供动力，“管理”给“应急”效率的提升奠定基础。的确，假如不出突发事件需要应急，日常搞管理的人还可能扬扬自得，自己发现不了问题，感觉良好；一旦出了大事，日常管理中的问题便凸显出来，管理者也就会意识到需要改革。同理，如果日常管理基础扎实，应急过程中队伍才会拉得出、顶得住，指挥才会有条不紊，保障才会到位、有力；否则，日常管理松垮混乱，待到需要应急时，一定不会获得成功。

3.3 应急管理由非常态转向常态，一般不再设立非常设的应急指挥部

例如，2018 年 5 月 28 日凌晨，吉林省松原市发生 5.7 级地震，在当地就没有临时成立抗震救灾指挥部，而是由应急管理部主要负责人即刻坐镇部应急指挥中心，直接通过视频指挥系统实时遥控。当然也不排除今后如果发生类似汶川地震那样的巨灾，还是要在属地成立现场应急救援指挥部，统筹各方面力量应对巨灾。可以预见，将来会建立自上而下的应急管理指挥体系，而以前各级政府应急办之间基本没有垂直的关系。按照中央的要求，2018 年年底前，地方各级政府也要对标国务院的机构设置，完成应急管理厅、局的组建，此后，应急管理系统内部的垂直关系将进一步加强。当然，我们的应急管理仍然会有中国特色，但应急管理部的运作方式也会越来越接近美国的应急管理局（FEMA）、俄罗斯的紧急状态部的运作方式，因为各国的应急管理毕竟有着许多普遍性和共性。

4. 需要探索和研究的新问题

应急管理领域所有这些新变化、新趋势，必然会给社会参与带来新启示。以民间灾害救援队伍为例，像现在这样停留于一般的热情和志愿精神上，显然就不行了，必须加强自身的专业化建设，提升参与各项应急管理的能力。其实，灾害救援与事故灾难救援在许多方面是相通的，现在这两项工作都归口同一个应急管理部负责，所以民间灾害救援组织不仅要考虑自然灾害救援，也要将自己的业务范围扩展到事故灾难救援领域。此外，目前民间灾害救援组织主要涉足灾害救援和部分的灾后恢复重建工作，遵循上述思路，还可以向前期的风险治理延伸，比如参与重大工程项目的风险评估，包括经济效益评估、技术安全评估、环境影响

评估和社会稳定风险评估等；向后期的调查、问责、整改环节延伸，比如参与事故原因调查、致力于后期危机化解等；并且还可以涉足于应急产业的发展，开展群众性自救互救的科普活动等。所有这些新的发展空间，既可以由已有的民间灾害救援组织来填补，也可以扶持一大批新生的社会服务机构来发挥积极作用。

当然，旧的矛盾解决了，新的矛盾又会产生。围绕着新成立的应急管理部，尚有如下问题亟待明确、期待解决。

第一，有一些应急功能没有能够整合进来。例如气象部门，现在各级预警信息发布中心多半设在气象部门，而且全世界真正完全达到大数据标准的，首推气象信息，它比国家安全信息、社会公共安全信息、安全生产隐患信息，要丰富且精确很多倍。但也可能就是因为气象信息是标准的大数据，气象部门信息公开是所有公共部门中做得最好的，所以没有把气象部门整合进来也不要紧，相关信息数据照样能得到。又如一些特殊的应急功能和资源没有整合进来，环境灾难、核安全等就在此列。

第二，原本一些承担部分应急管理功能的部门，现在这部分功能整合进了应急管理部，那么这些部门今后和应急管理还有没有关系？这里又分两种情况，一是该部门仍然归应急管理部管理，如中国地震局，这不会有什么问题；二是该部门不归应急管理部管理，且与应急管理部级别相同，如水利部，这就有问题了。当然在发生洪涝灾害时，应急管理部可以用国家防汛抗旱总指挥部的名义协调水利部承担某些职责，但毕竟与该总指挥部设在水利部时不同，最起码的表现就是水利部在规划水利发展、开展相关工作时，恐怕不会像以往那样关注防汛抗旱了。

第三，撇开数量较少的疾控不谈，原本的应急管理现在分成了两大块：应急管理部和政法委。以前同属政府主管统一领导、应急办综合协调，而且两者间还共同依托公安部门的时候，二者关系的协调就存在一定的困难；现在已经分成相对独立的两大块，协调起来恐怕会更加困难。例如，原本消防属于武警编制、归公安指挥，基层社区的防火工作由公安代管，基层民警承担了大量的相关工作，现在消防进入应急管理部，不再接受公安的指挥，那么基层社区的防火工作又由哪家来管呢？况且现在的大城市、特大城市，本身就是一个超大系统，往往很少有某一类纯粹的灾害灾难发生，通常都会以“跨界”的形式出现，这就对应急管理部和政法委的相关工作进行协调提出了更高的要求。

第四，最后也是最重要的一条。原本“属地管理为主”，以下四种情况都被列入问责范围：(1) 因工作失职，致使本地区、本部门、本系统或者本单位发生

特别重大事故、事件、案件，或者在较短时间内连续发生重大事故、事件、案件，造成重大损失或者恶劣影响的；（2）政府职能部门管理、监督不力，在其职责范围内发生特别重大事故、事件、案件，或者在较短时间内连续发生重大事故、事件、案件，造成重大损失或者恶劣影响的；（3）在行政活动中滥用职权，强令、授意实施违法行政行为，或者不作为，引发群体性事件或者其他重大事件的；（4）对群体性、突发性事件处置失当，导致事态恶化，造成恶劣影响的。在“属地管理为主”和严肃的问责制的约束下，各地党政主要领导高度重视公共突发事件的防范和处置。现在由专业化的应急管理部来主导应急管理，各级党政主要领导是不是还会像以前那样重视公共突发事件的防范和处置？

所以这些新问题、新挑战，都需要应急管理的实践者勇于探索，研究者积极创新。

参考文献

［1］童星，张海波．基于中国问题的灾害管理分析框架［J］．中国社会科学，2010（1）：132-146.

［2］胡锦涛．坚定不移沿着中国特色社会主义道路前进为全面建成小康社会而奋斗——在中国共产党第十八次全国代表大会上的报告［M］．北京：人民出版社，2012.

［3］习近平．决胜全面建成小康社会 夺取新时代中国特色社会主义伟大胜利——在中国共产党第十九次全国代表大会上的报告［M］．北京：人民出版社，2017.

［4］Nancy Leveson. A new accident model of engineering safer systems. Safety Science，2014，42（4）：237-270.

［5］Terje Aven. What is safety science. Safety Science，2014（67）：15-20.

［6］朱伟，刘梦婷．安全概念再认识：从间接到直接［J］．风险灾害危机研究，2017（6）：10-24.

［7］陶鹏，童星．我国自然灾害管理中的“应急失灵”及其矫正——从2010年西南五省（市、区）旱灾谈起［J］．江苏社会科学，2011（2）：22-28.

从灾害链到气候变化影响链 *

郑大玮，潘学标

（中国农业大学资源与环境学院）

摘要 由于孕灾环境、致灾因子与承灾体之间存在复杂的相互作用与正负反馈，为实现科学、高效的减灾，需将灾害链概念扩展到灾后影响。在分析灾害链正反馈放大效应与负反馈衰减效应的基础上，总结了两种反馈机制的减灾基本途径。针对气候变化带来的灾害新特点，将灾害链概念引申到气候变化领域，提出气候变化影响链的概念，从外部环境胁迫与受体系统脆弱性两个方面阐述了气候变化背景下灾害风险加大的原因，并提出了适应气候变化的减灾对策思路。

关键词 灾害链反馈机制，气候变化影响链，减灾基本途径，适应性减灾对策

1. 灾害链理论的提出与发展回顾

随着国内外各类灾害频发和灾害学研究的深入，人们意识到研究单一灾种和发生过程远不能满足需要，灾害链概念及理论应运而生。继郭增建首提灾害链概念之后[1]，陈兴民、黄崇福、史培军、高建国、肖盛燮等也都把灾害链看作一种灾害引发其他灾害的现象[2-6]。在国外，Menoni 最先提出用灾害损失链的概念代替目前使用的简单耦合灾害损失观念[7]。

实际在灾害发生之前链式效应就已经在孕灾环境、致灾因子与承灾体之间出现；灾害过程基本结束后还可能发生次生或衍生灾害，有些灾害的影响还长期存

* 基金项目：夏玉米应对气候变化的关键技术效应与适应性栽培途径，2017YFD0300304。

在并链式传递。为此，我们将灾害链概念扩展为：孕灾环境中致灾因子与承灾体相互作用，诱发或酿成原生灾害及其同源灾害，并相继引发一系列次生或衍生灾害，以及灾害后果在时间和空间上链式传递的过程[8]。

灾害孕育、发生、演变和消退的全过程中，诸多致灾因子和影响因子之间，以及它们与承灾体之间存在复杂的相互作用与反馈，有些属正反馈，产生使灾害破坏力增大或损失加重的放大效应；也有一些属负反馈，产生使灾害破坏力削弱或损失减轻的衰减效应。考虑到灾害链式反应存在多个支链和不同反馈形式，从减灾的实际需要出发，我们又提出广义灾害链网的概念：灾害系统在孕育、形成、发展、扩散和消退的全过程中与其他灾害系统之间，各致灾因子和影响因子之间，以及这些因子与承灾体之间各种正反馈与负反馈链式效应的总和[8]。

2. 灾害链反馈机制及减灾途径

正确认识和利用灾害链的反馈机制可以帮助我们实现科学、高效的减灾。

2.1 灾害链的正反馈放大效应与断链减灾途径

2.1.1 灾害链的正反馈放大机制

灾害链正反馈效应对于自然灾害，主要表现为破坏性物质与能量在生态系统传递过程中的增大；对于人为灾害，在经济系统中主要沿产业链传递，表现为经济损失的累积；在社会系统中主要表现为虚假和歪曲信息传播诱发社会破坏性能量的释放与爆发。如郑乐把风险放大分为直接效应（物理放大）和波及效应（社会放大）两大类，自然灾害以前者为主，人为灾害以后者为主[9]。灾害链正反馈效应现象主要有：

（1）原生灾害引发次生、衍生灾害。如汶川地震引发山体崩塌、滑坡、泥石流等，继而诱发堰塞湖溃决、疫病流行等；城市地震引发火灾与触电等。

（2）两种不同性质灾害的叠加效应。如风助火势，高温加剧旱情，干旱加重大多数虫害，潮湿加重大多数植物病害等。

（3）生命线系统因灾受损导致次生灾害与损失放大。交通、供电、供水、排水、通信、供热等以管线和网络形式分布，其枢纽或重要环节因灾受损可产生一系列连锁反应。现代社会由于高度依赖生命线系统，在减灾能力增强的同时脆弱性也空前增大。2008 年初南方低温雨雪冰冻灾害的损失惨重，主要是交通、供电、通信三大系统的瘫痪导致灾区大面积生产停顿、生态失衡、生活困难甚至短期生存危机[10]。

（4）灾害损失沿产业链的放大效应。上游产业受灾影响下游产业的原料、设备、器材供应，当季受灾后因农时贻误、缺乏种子、农田破坏等影响下季生产。经济全球化背景下一国经济危机通过商品贸易链和市场价格波动影响他国相关产业。

（5）灾害社会影响沿信息链传播的放大效应。准确及时的灾害信息可以为减灾决策提供科学依据，信息不畅甚至隐瞒灾情使谣言有机可乘，引发社会恐慌甚至动乱。如1976年唐山地震后谣言一度满天飞，到处搭棚防震或盲流外地；2003年SARS疫情引发社会恐慌从广东和北京迅速蔓延到各地。

（6）应对措施不当引起的灾害放大效应。农谚“久旱无好雨”，如对天气突变估计不足，暴雨到来前仍然浇水抗旱，洪涝损失会更大。又如2008年12月22～23日黄淮麦区遭受较强寒流袭击，叶片普遍受冻，少数麦苗死亡。有关部门误认为干旱所致，有些麦田盲目抗旱，隆冬浇水，反而加重了死苗[11]。

2.1.2 遏制放大效应的断链减灾基本途径

按照灾害发生演变过程可分为灾害发生链和灾害影响链，其断链减灾途径不同。

（1）从灾害源入手。切断或削弱破坏性物质、能量、信息的传递渠道。

对于灾害发生链，一是设法消除致灾因子的触发条件，如疏导滑坡体或泥石流沟上方雨水，森林和草原防火期严禁携带火种进入等。二是针对火灾和病虫害等初始破坏性能量很小的灾种，在孕育或初起时及早扑灭切断灾害链。破坏力中等的灾害难以完全切断灾害发生链，但采取防范措施仍可削弱其传递强度，如水土保持、水利工程与节水灌溉等。

对于灾害影响链，关键是确定灾害链传递的薄弱环节。如建立城市生命线系统的应急抢修与备份系统，一旦突发灾害能迅速排除故障或立即启动备份系统。为防止灾害损失沿信息链的放大，要加强舆情监测分析，发布准确的灾情与减灾信息，尽早辟谣并依法惩办造谣者。

（2）从承灾体入手。破坏力极大的巨灾通常无法从源头断链，但可将承灾体与致灾因子进行时空隔离。不够巨灾但减灾成本过高的灾害也可采取规避策略。如调整种植结构、作物布局、播种期或移栽期，发展设施农业等。2008年奥组委采纳北京减灾协会建议，将原定北京奥运会期时间延两周，明显减轻了高温中暑与暴雨洪涝风险[12]。

实际工作中往往存在多个灾害链，要抓住主要矛盾与关键环节断链减灾，表1简要说明了干旱链的正反馈效应与断链关键措施。

表 1 农业干旱链的正反馈效应与断链关键措施

农业干旱的正反馈效应	断链关键措施
气候干旱→生态恶化→植被退化→气候更加干旱	农业生态工程
干旱缺水→超量提水→水源不足→更加超采→水源枯竭	农业节水
干旱缺水→减产减收→贫困→水利失修→缺水减产	水利扶贫
干旱缺水→无序争夺水资源→更加缺水	全流域统一管理优化配置

2.2 灾害链的负反馈衰减效应与利用途径

2.2.1 灾害链的负反馈衰减效应

灾害演变过程中的负反馈衰减有以下几种情况：

（1）灾害破坏性物质与能量的自然衰减。如台风登陆后与下垫面摩擦使风力逐渐减弱，洪水下泄后江湖水位逐步降低，可燃物燃尽后自然熄灭等。

（2）生物自身的适应机制。即孕灾环境诱导生物产生或增强抗逆性，如干旱促进植物根系下扎，动物在秋季随着天气变冷体内积累脂肪和生长绒毛。

（3）灾害过程中某些有利因素在一定条件下转化为主导方面。如棉铃虫只造成少量蕾铃脱落反而有增产效果，干旱时如能满足作物需水，由于光照充足和昼夜温差大反而获得超常高产。

（4）同时存在性质相反的两种灾害相互抵偿使灾害减轻。如雨雪与火灾，低温与高温，久旱之后的暴雨等。

（5）灾害刺激某些商品需求增长，促进相关产业发展。如汶川地震促进了救灾物资与恢复重建产业，1998 年长江流域洪涝促进了一大批水利工程的实施。

（6）吃一堑长一智，总结灾害经验教训促进人类减灾科技与管理水平的提高。

（7）将灾害破坏力转化为人类有用的资源。如风能、潮汐能利用与水力发电。

2.2.2 灾害链负反馈衰减效应的利用

充分利用灾害链的各种负反馈效应可以降低减灾成本，增大减灾效益。

（1）灾害破坏力自然衰减时应正确评估灾情趋势，避免不必要的过度投入。

（2）生物自适应机制来自生物多样性及其遗传基因，但往往需要一定环境条件的诱导。可以选用具有较强适应性或抗逆性的物种或品种，也可以创造局部有利环境诱导适应性与抗逆性的形成。如温室育苗移栽大田前放风降温，作物苗期中耕促进根系发育和抑制基部节间伸长，增强后期吸收水分养分和抗旱抗倒能力。

（3）善于利用各种有利因素与时机，如发生森林、草原火灾时利用多云天气人工增雨，严重干旱时有限的灌溉水用于高产田，争取多增产来弥补低产田的损失。

（4）自然灾害的经验教训经系统总结可以变为巨大的精神财富，正如恩格斯所说："没有哪一次巨大的历史灾难不是以历史的进步为补偿的。"[13] 汶川抗震救灾凝聚的伟大民族精神已成为中华民族伟大复兴进程的一笔宝贵财富。2003 年发生 SARS 疫情后，国务院全面启动突发事件应急体制、机制、法制建设与应急预案编制，极大提高了中国减灾管理水平。

（5）创造促进转化的条件。灾害发生和演变过程往往同时存在多种正负反馈机制，通常负反馈机制要比正反馈机制隐蔽，需要一定的转化条件才能实现断链减灾效果。表 2 以农业干旱为例说明各种负反馈效应及转化利用途径。

表 2　农业干旱的负反馈效应与转化关键措施

农业干旱的负反馈效应	转化关键措施
适度干旱→促进根系发育基部茁壮→抗旱抗倒能力强	蹲苗锻炼
克服干旱→充足光照较大温差→高产优质增收→增加抗旱投入	抗旱技术
适度干旱→耐旱作物品种生长良好→高产优质节水高效	结构调整
适度干旱→低洼地水分状况改善→高产优质→抗旱能力增强	因地制宜管理

3. 从灾害链到气候变化影响链

3.1　气候变化影响链的含义

气候变化已成为人类面临的最大环境挑战，可以将灾害链的思路引入气候变化研究。由于气候变化影响有利有弊，不能直接套用灾害链的概念，影响对象也不能称为承灾体，而应称为受体或承载体。但气候变化的正负影响都存在链式传递现象，可称为气候变化影响链（impact chain of climate change），即气候变化的正面或负面影响在自然系统或人类系统中链式传递的现象[14]。

3.2　气候变化影响链的表现形式

气候变化影响链的传递方式，在生态系统中主要表现为从光合作用到沿食物链的物质能量流；在经济系统中主要沿产业链传递，表现为产品—商品—货币形

式的物质能量流，在社会系统中沿社会关系链，主要以信息流方式传递。某些气候变化趋势可产生多种影响，形成若干支链并相互交叉和发生反馈，从而形成复杂的影响链网。气候变化影响往往同时存在利和弊，两者相互交织，一定条件下可相互转化。

研究气候变化影响链，对于正确选择和运用适应对策，实现有序、高效的适应具有重要指导意义。气候变化与受体的相互作用会产生一系列正反馈或负反馈。前者起放大作用，使不利影响雪上加霜或使有利影响锦上添花；后者起遏制作用，抑制负面影响或制约正面影响。在有利影响链的关键环节促进正反馈和遏制负反馈，或在不利影响链的关键环节促进负反馈和抑制正反馈，都可取得显著的适应效果。

3.3 气候变化影响链的实例

气候变化的实际影响十分复杂，需要针对当地情况具体分析。我们以气候变化对华北地区的影响链为例，可以看出，华北气候暖干化有利有弊，但总体上不利因素较多，最严重的是造成水资源短缺，节水是最重要的适应措施（见图 1）。

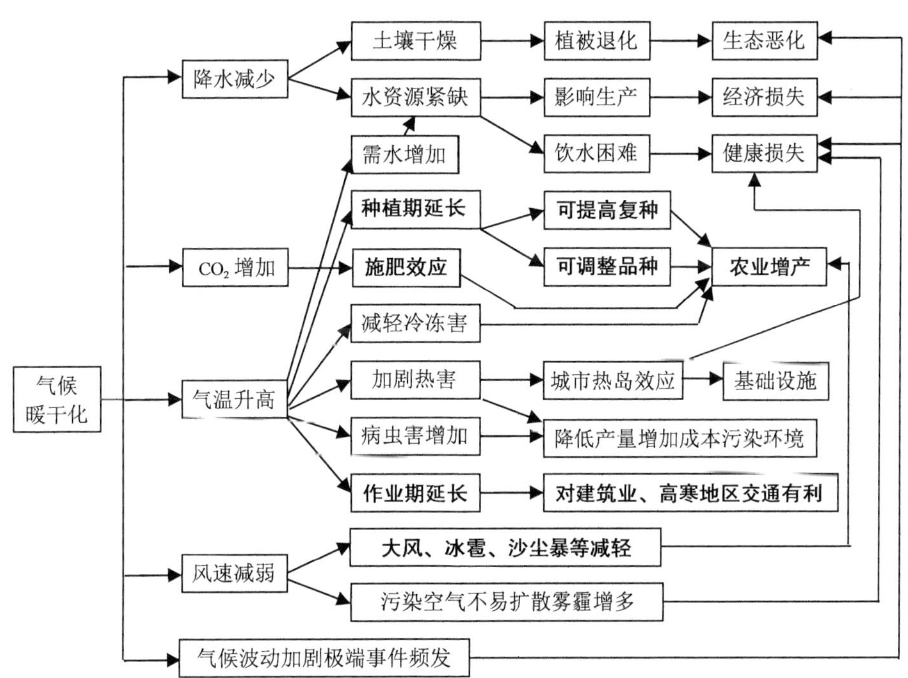

图 1　华北气候暖干化的影响链

注：粗体字为有利影响，经济损失包括对农业的不利影响。

4. 气候变化对灾害链的影响与减灾对策

虽然目前大风、冰雹、沙尘暴、某些低温灾害及部分地区的旱涝减轻，但总的看全球自然灾害有加重趋势，这是气候变化外因与承灾体脆弱性内因共同作用的结果。

4.1 外部环境胁迫增大的原因

（1）全球变暖的同时气候要素的波动也在加大，极端天气气候事件频繁发生。

（2）气候变化速率日益超过受体系统适应能力。

（3）由于大气圈在地球各圈层中最活跃多变，气候变化常引发其他环境要素的异常和多种地质灾害、海洋灾害与生物灾害。

4.2 受体脆弱性增大的原因

（1）受体系统长期适应于常态气候，气候平均状况快速显著改变使之与环境明显不协调。如气温升高导致生态系统与人类系统耗水增多，对干旱更加敏感；海平面上升使原有海岸防护工程负荷明显增大。

（2）气候变化诱发受体脆弱性。虽然有霜期明显缩短，但自然物候同步改变，在温带和亚热带，霜冻只是发生时间在春季提前，秋季延后。加上气温波动加剧，许多地区的霜冻灾害反而有加重趋势。如 2018 年 4 月上旬的霜冻从低温强度看与历史上同期发生相比并不突出，但 3 月下旬气温异常偏高，有些地方甚至达到初夏水平，致使植物发育提前，北方多地小麦与果树严重受冻减产。

（3）社会经济发展产生某些新的脆弱性。由于高度依赖生命线系统，一旦受损瘫痪造成的损失更加惨重。城市不透水地面增大了内涝风险，高层建筑增大了火灾风险。农业生产上对水资源、无霜期等自然资源利用越充分，对其亏缺就更加敏感。

（4）过度适应或适应不足产生的脆弱性。如气候变暖使种植期延长，可改种生育期更长品种以挖掘增产潜力，但如使用过晚熟品种仍然不能在秋霜冻前成熟。如使用原有品种，则会因生育期缩短而减产。

4.3 适应气候变化的减灾对策

（1）预估气候变化情景下的灾害风险。综合分析灾害新特点和受体脆弱性新

变化，准确把握灾害链特点和断链减灾途径。

（2）原有布局与标准根据过去气候平均状况确定，现在必须考虑未来气候情景调整修订，修建青藏铁路解决不稳定冻土层难题就是科学适应气候变化的范例。

（3）针对气候变化增加灾害发生的复杂性与不确定性，研发构建智能化适应性减灾技术体系。如农业看天看地看苗调整品种、播期与水肥耕作等措施。

（4）建设适应型弹性受体系统，既能适应气候变化带来的风险与机遇，又能增强灾害防抗能力。比如，增加建材隔热性能既防暑又防冻；建设海绵城市，改造不透水地面，增加绿地与水体，不但削弱暴雨径流防洪排涝，又能蓄留雨水和补充地下水。弹性社会经济系统包括人的弹性与物的弹性，其中增强人的弹性是关键，包括建立健全适应气候变化的减灾管理体制，促进减灾技术进步，加强减灾工程与生态建设，提高全民的减灾意识与技能。

参考文献

[1] 郭增建，秦保燕 . 灾害物理学简论 [J] . 灾害学，1987（2）：26-33.

[2] 史培军 . 灾害研究的理论与实践 [J] . 南京大学学报，1991（专刊）: 37-42.

[3] 陈兴民 . 自然灾害链式特征探论 [J] . 西南师范大学学报（人文社会科学版），1998（2）：117-120.

[4] 黄崇福 . 综合风险管理的地位、框架设计和多态灾害链风险分析研究 . 应用基础与工程科学学报，2006，14（S）：2937.

[5] 高建国 . 苏门答腊地震海啸影响中国华南天气的初步研究——中国首届灾害链学术研讨会文集 [C] . 北京：气象出版社，2007：43-56.

[6] 肖盛燮，冯玉涛，王肇慧，等. 灾变链式阶段的演化形态特征 [J]. 岩石力学与工程学报，2006，25（Supp.1）：2629–2633.

[7] Menoni S. Chains of damages and failures in a metropolitan environment: some observations on the Kobe earthquake in 1995 [J]. Journal of Hazardous Materials, 2001, 86（1）: 101-119.

[8] 郑大玮，李茂松，霍治国 . 农业灾害与减灾对策 [M] . 北京：中国农业大学出版社，2013：54-58.

[9] 郑乐 . 风险的社会动力学机制——基于中国经验的实证研究 [M] . 北京：社会科学文献出版社，2012.

[10] 郑大玮，李茂松，霍治国 . 2008 年南方低温冰雪灾害对农业的影响及对策 [J] . 防灾科技学院学报，2008，10（6）：3-6.

[11] 赵敬领，梁大保，任德超，等 . 小麦冻害的发生规律及防御与补救措施 [J] . 农业

灾害研究，2012，2（6）：15-17.

［12］张梦男．北京公共气象服务的问题与对策［J］．科技信息，2013（10）：456.

［13］恩格斯．马克思恩格斯全集（第39卷）［M］．北京：人民出版社，1974：49.

［14］郑大玮，潘志华，潘学标，等．气候变化适应200问［M］．北京：气象出版社，2016：100-102.

江西开展综合减灾示范县创建工作的实践与探索

吴继波[1]，邱伟[1]，饶金波[2]
（1. 江西省民政厅救灾处；2. 江西省民政厅减灾备灾中心）

摘要 综合减灾示范县创建工作是推进防灾减灾救灾体制机制改革的重要内容，也是提升自然灾害防范应对能力、减轻自然灾害风险的重要举措。江西省率先开展综合减灾示范县创建工作，在制度建设、资金保障和创建实践等方面积累了经验，有力提升了全省综合防灾减灾能力，为制定全国创建标准和兄弟省份开展创建工作提供了实践参考。

关键词 综合减灾示范县，体制机制改革，灾害风险，防灾减灾

当前，我国防灾减灾救灾工作处于重要转型期和发展机遇期。党中央、国务院更加重视防灾减灾救灾工作。特别是习近平总书记关于防灾减灾救灾工作的系列重要讲话，为新时代防灾减灾救灾工作提供了遵循、指明了方向。江西省认真贯彻习总书记关于防灾减灾救灾系列讲话精神，积极落实国家减灾委、民政部的决策部署，顺势而为、高位推动、先行先试，率先探索综合减灾示范县创建工作，努力开创基层综合减灾工作新局面。

1. 综合减灾示范县创建工作的江西实践

1.1 顺势而为，把握方向定好位

一是把握上级精神，找准工作定位。中共中央、国务院《关于推进防灾减灾救灾体制机制改革的意见》明确要求“开展全国综合减灾示范县（市、区、旗）创建试点”。国家减灾委、民政部对综合减灾示范县创建工作予以高度关注，特别是救灾司领导多次在有关会议上进行安排部署，多次深入江西瑞昌、井冈山等

地调研基层减灾工作，对江西省综合减灾示范县创建工作给予精心指导。中央和民政部的决策部署都为江西省开展综合减灾示范县创建工作指明了方向，提供了条件。因此，笔者认为开展综合减灾示范县创建既是认真贯彻落实中央精神、推进防灾减灾救灾体制机制改革的必然要求，也是提升基层综合减灾工作层级、完善综合减灾工作体系的重要手段。

二是立足江西省情，统筹协调推进。江西是自然灾害较为严重的省份之一，灾害种类多，洪涝灾害突出，发生频率高，造成损失大，这是基本省情。据统计，灾害每年造成的直接经济损失都超过 100 亿元，灾情严重年份 2010 年直接损失超过 600 亿元，占当年全省 GDP 的 6.48%，也就是说经济发展的成果被灾害直接“抵消”了一部分，自然灾害已经成为直接制约江西省经济发展的重要因素。此外，江西省灾贫叠加现象非常明显，因灾致贫、因灾返贫的情况比较突出。2017 年江西省国定贫困县修水县先后遭遇三次严重洪涝灾害，大量公共服务设施（水、电、路）被冲毁，全县有近 3000 户群众因灾致贫、返贫。为此，省领导在 2016 年省减灾委全体会议上强调，要牢固树立“防灾就是支持富民强省、减灾就是推动生态保护、救灾就是发展人民幸福”的思想。因此，开展综合减灾示范县创建工作不仅是提升自然灾害防范应对能力、减轻自然灾害风险的有效途径，也是改善民生、保障经济持续发展的重要举措。

三是聚焦基层呼声，补齐工作短板。近年来，全省积极开展综合减灾示范社区创建工作，已成功创建 404 个全国综合减灾示范社区和 631 个综合减灾示范社区，取得了一定成效。但全省基层防灾减灾能力建设仍然存在诸多短板，如防灾减灾救灾管理机制和运行机制尚不健全，自然灾害监测预警时效性不足，覆盖面不广，存在“最后一公里”瓶颈问题。基层应急救助能力不足，部分县区没有建设救灾物资储备库，有些已建成的标准低、储备物资少、种类单一，救灾应急装备建设相对落后。大部分城乡社区缺少应急避难场所，防范和抵御自然灾害的能力较弱，公众防灾减灾意识和自救互救能力有待提高。从实践来看，目前大部分市县在救灾方面已积累了成熟经验，应急处置和灾后救助比较得力，但防灾减灾能力建设仍然缺乏有效抓手。因此，开展综合减灾示范县创建工作是顺应基层防灾减灾救灾发展、补齐工作短板的实际需要。

为此，我们审时度势，坚持政策导向、问题导向和目标导向，全面检视灾害管理体制和防灾减灾能力上的不足，提出创建综合减灾示范县。我们认为，综合减灾示范县既是开展改革创新试点的试验田，又是引领示范乡镇和示范社区创建的龙头，更是加强防灾减灾能力建设、补齐防灾减灾救灾工作短板的重要平台，以重点突破带动防灾减灾事业全面发展，更好地推动实现防灾减灾救灾工作“三个转变”。

1.2 高位推动，多措并举促创建

一是高位推动。省委省政府高度重视防灾减灾工作，省委书记、省长刘奇多次强调，要“加快健全综合防灾减灾体系、提高防灾减灾救灾能力”。省民政厅把示范县创建工作作为创新重点，强化组织领导，加强顶层设计，高位推动，力争抓出成效、抓出典型、打造品牌。厅主要领导和分管副厅长多次对示范县创建进行具体部署，并多次深入试点县调研指导。我省《实施意见》和《江西省综合防灾减灾规划（2016—2020 年）》明确将示范县创建作为综合减灾能力建设的重要内容，提出要扎实推进示范县创建活动，“十三五”期间争取创建 10 个以上示范县、70 个以上示范乡镇、800 个国家级和省级示范社区，逐步形成以示范社区为基础、以示范乡镇为重点、以示范县为引领的基层减灾能力建设体系。

二是制定标准。2016 年，经过基层实地调研、精心起草完善、广泛征求意见，出台了省级综合减灾示范县创建标准和管理办法。明确示范县要达到综合减灾工作机制完善、应急预案和工作规程实用、基础设施配套齐全、救灾款物储备与管理规范、减灾救灾人员体制建设完备、宣传教育培训经常、防灾减灾工作成效明显、管理考核制度健全、创建活动特色鲜明等 9 项标准。为增强创建工作的实际操作性，我们还进一步提炼出“七个一”创建活动，即示范县（市、区）要探索开展以“建立一个减灾委及其办事机构、健全一项监测预警机制、出台一个自然灾害救助应急预案、制作一幅灾害风险地图、组建一支统一的应急力量、建设一个综合性的物资储备库、强化一个防灾减灾和保险意识”为主要内容的防灾减灾活动。

三是试点先行。为提升创建工作的可操作性，我们提出“两步走”工作思路，其中 2016—2017 年为先行示范期，选择 1 ～ 2 个县先行先试、打造亮点、总结经验，2018—2020 年为发展提升期，充分发挥先行试点县的示范作用，推动其他地区开展示范县创建工作，打造江西品牌。赣北地区的瑞昌市和赣南地区的大余县都是我省灾害频发地区，其中 2005 年瑞昌遭遇“11 · 26”5.7 级地震，2009 年大余遭遇“7 · 3”特大洪灾，造成严重损失。两地党委政府和群众对自然灾害都有深刻认识和切身体会，一直以来也很重视和支持防灾减灾工作。为此，省民政厅选择瑞昌市、大余县作为首批综合减灾示范县创建试点，一方面便于上下联动形成合力容易出成效，另一方面也能以点带面，对周边地区起到示范引领

作用。2017 年底，经考核评估，省减灾委、省民政厅正式命名瑞昌市、大余县为首批“全省综合减灾示范县”。

四是强化保障。开展创建工作需要一定的资金保障，但我省大多数县级财力有限，资金投入成为影响创建成效的制约因素。为加强对综合减灾示范县的支持力度，我省《关于推进防灾减灾救灾体制机制改革的实施意见》明确规定，各级财政要安排防灾减灾救灾资金预算，不仅用于灾害生活救助，也可用于综合减灾示范单位创建等防灾减灾工作。省民政厅以《实施意见》规定为依据，积极加强与省财政厅沟通，建立示范单位创建经费列支机制，2017 年从省级防灾减灾救灾资金预算中安排 500 万元作为综合减灾示范单位资助资金，其中给予每个综合减灾示范县 50 万元到 80 万元资金资助。

1.3 先试先行，改革创新显成效

一是体制机制改革有突破。瑞昌市升级减灾委规格，成立以市长为主任、常务副市长为常务副主任、20 多个部门为成员单位的新一届减灾委，大幅提升了减灾委的统筹指导和综合协调作用。同时，成立以市长为组长的创建领导小组，将示范县创建工作纳入全市深化改革的重要内容，明确各部门责任。大余县也成立了以党委、政府主要领导担任组长的工作领导小组，高位推动创建工作。同时，不断健全财政投入机制，县财政新增防灾减灾工作经费预算 62 万元（按辖区人口人均 2 元），各乡镇根据辖区人口数按每人 0.5 ～ 1 元标准安排本级财政防灾减灾工作经费。逐步落实基层灾情信息员工作补贴（通信、交通、装备）制度和培训考核制度（培训考核合格的灾害信息员每年每人 1200 元）。建立了灾害保险长效机制，连续 4 年共投入 124 万元用于自然灾害公众责任险和政策性农房保险。

二是备灾能力建设有进展。瑞昌市推动救灾物资管理整合，按照一库多用的思路建立市级综合救灾物资储备库，建成了 700 平方米市本级救灾物资储备库，并储备了救灾帐篷等 11 类救灾物资；同时，积极推进乡镇储备库建设，按照建设资金 10 万元、库房面积 120 ～ 130 平方米的标准，完成了 4 个多灾易灾乡镇储备库建设，2018 年实现 21 个乡镇全覆盖，建成后的乡镇储备库还作为防灾减灾宣传阵地，统一设置了习总书记重要讲话精神和我省体制机制改革意见宣传栏。在全省率先实施了废旧救灾帐篷销毁试点，仅用 3 天时间就完成了 1600 多顶储存达 10 年之久的废旧帐篷，创造了“依规处置、垃圾填埋、全程摄像、阳光操作”的瑞昌模式。大余县按 3 元 / 人、5 万元 / 个、0.3 万元 / 个

的标准推进县、乡、村居三级储备库（点）体系建设，2017 年实现 323 国道乡镇全覆盖。

三是应急队伍建设有成效。瑞昌市积极整合乡、村两级信息员队伍，纳入统一管理，为 216 名乡、村两级灾害信息员配备“六个一”器材（即一套雨衣、一双雨靴、一个口哨、一面铜锣、一个手电、一台喊话器），提升应急救援和灾情报送水平。同时，在全省率先配备工作防护、应急通信、计算机网络、音像录制等四大类救灾装备 135 套（件），为乡镇配置了手持报灾终端。大余县精心打造三支队伍：组建县乡两级专业应急抢险队伍，其中县本级组建了 40 人的应急抢险大队，各乡镇都组建了不少于 20 人的应急抢险中队和志愿者服务队伍；新建赣南公益救援队直属一队（大余大队），发展 60 名队员，开展防溺水、消防等防灾减灾知识培训讲座，培训师生上万人次；搭建农村社区综合减灾理事会 118 个，发展理事会成员 1023 人，广泛引导群众参与防灾减灾活动。

四是防灾减灾宣传有亮点。瑞昌市以 2005 年 5.7 级地震灾害为教材，投资 700 万元建成 1800 平方米的综合防灾减灾宣传教育馆，利用声光电等手段再现地震灾害场景，多手段、全方位、多层次展示综合防灾救灾知识，为开展综合减灾知识科普教育提供了平台。瑞昌市武蛟乡小月社区还组织开展防灾减灾示范家庭评选活动，引导村民主动参与学习防灾减灾知识，发挥了带动示范作用。大余县正积极推动将防灾减灾救灾教育和提升领导干部应对重大灾害能力纳入县委党校、县教师进修学校等县内培训机构主体班次教学的重要内容，计划按照每人 10 元 / 课时标准从减灾救灾资金预算列支经费。同时，县里相关单位形成工作共识，正在积极制订工作方案，探索开展全县综合减灾示范学校创建活动，全力将防灾减灾宣传打造成“大余特色品牌”。

2. 开展综合减灾示范县创建工作的体会

在综合减灾示范县创建工作中，我们有四点体会。一是必须提高政治站位，凝聚思想共识。综合减灾示范县创建是贯彻落实习总书记关于防灾减灾救灾工作的系列重要讲话精神的必然要求，必须要从讲政治的高度认识做好综合减灾示范县创建的重要性，提高政治站位，凝聚思想共识，强化责任担当，以强烈的责任感和紧迫感做好综合减灾示范县创建工作。二是必须争取领导重视，借势强力推进。综合减灾示范县创建是一项创新工作。要主动向党委、政府请示汇报，积极争取各级党委政府重视，将防灾减灾救灾工作纳入各级党委政府重要议事日程抓紧抓实，强力推进防灾减灾救灾体制改革，切实把综合减灾示范县创建工作落到实处。三是必须整合各方资源，形成工作合力。综合减灾示范县创建是综合性工作，仅靠单个部门的力量远远不够。既要整合水利、国土、气象等部门的防灾减灾资源，也要主动引导社会力量、市场等主体在常态减灾的补充作用，同时动员志愿者、群众发挥主观能动性，形成多元主体共同参与格局，合力推进基层综合减灾工作。四是必须层层落实推进，打牢创建基础。综合减灾示范单位创建是防灾减灾救灾的基础性工作。必须将综合减灾示范县和示范乡镇、示范社区创建统筹起来，协同联动推进，分解细化任务，形成一级抓一级，层层抓落实的创建工作机制，有条件的地方还可以探索开展综合减灾示范学校、示范家庭创建活动，进一步丰富综合减灾手段和内涵，形成全方位、立体化的基层综合减灾能力建设体系，切实提升公众防灾减灾意识和能力。

3. 下一步推进综合减灾示范县创建工作的思路

开展综合减灾示范社区创建工作，我们还处于探索阶段。下一步，我们将认真落实好上级部门的部署要求，扎实推进综合减灾示范县创建工作，争取创建水平再上新台阶。一是完善标准办法。根据示范县创建的经验和问题，按照群策群力的思路，广泛征求意见，进一步修订完善我省示范县标准和办法，提升标准科学性和可操作性，为制定全国创建标准和兄弟省份开展创建工作提供可靠参考。二是打造典型样板。继续抓好瑞昌、大余两个试点工作，力争在整合资源力量、形成统一高效的应急管理体系、乡镇救灾物资储备点建设、社会力量参与、灾害信息员队伍整合等方面取得新突破，同时以点带面，推动其他地区开展创建工作，共同打造典型样板。三是加大资金投入。建立示范单位创建资金投入常态化机制和资助资金追加机制，同时充分发挥省级资金的带动作用，推动市县配套，进一步夯实资金保障。

参考文献

[1] 中共中央、国务院关于推进防灾减灾救灾体制机制改革的意见［N］. 人民日报，2017-01-11（009）.

[2] 顾朝曦. 着力推进体制机制改革 扎实做好新时期防灾减灾救灾工作［J］. 中国减灾，2017（05）：8-13.

［3］庞陈敏 . 以党的十九大精神为指导 持续推进防灾减灾救灾体制机制改革意见和规划落实［J］. 中国减灾，2018（01）：14-19.

［4］殷本杰 . 全国综合减灾示范社区创建工作思考［J］. 中国减灾，2017（05）：34-37.

［5］吴继波，饶金波 . 努力打造综合减灾示范社区的江西品牌［J］. 中国减灾，2017（07）：28-30.

新时代提升我国海冰防灾减灾能力的思路与措施

袁本坤，郭敬天

（国家海洋局北海预报中心）

摘要 海冰灾害是我国渤海及黄海北部等北方海域的主要海洋灾害之一。严重的海冰灾害不仅对当地人民群众的生产、生活造成很大危害，也直接影响和妨碍着我国北方沿海地区经济社会的健康有序和可持续发展。因此，大力提升我国海冰防灾减灾能力，对于保障和促进新时代我国沿海经济社会发展、加快建设海洋强国有着十分重要的意义。通过对我国海冰灾害及其影响、海冰防灾减灾能力现状及其存在的主要问题进行分析，就新时代如何提升我国海冰防灾减灾能力进行探讨和思考，给出了提升我国海冰防灾减灾能力的总体思路和具体措施，希望能够有助于新时代我国海冰防灾减灾事业的更好发展。

关键词 渤海及黄海北部，海冰灾害，新时代，海冰防灾减灾，能力，提升

1. 引言

海冰是所有在海上出现的冰的统称，包括直接由海水冻结而成的咸水冰和由陆地进入海洋中的河冰、湖冰及冰川冰[1,2]。受气候和地理条件影响，我国的渤海及黄海北部等北方海域每年冬季都有不同程度的结冰现象[3]，并造成损失。据统计，仅2009/2010年冬季，我国因海冰造成的直接经济损失就高达63.18亿元[4]。严重的海冰灾害，对人民群众的生产、生活以及国民经济建设和国防建设等都造成了很大危害[5]。同时，随着我国海洋经济的快速发展，海冰灾害造成的损失亦呈上升趋势，直接影响着沿海地区经济社会的健康有序和可持续发

展。由此可见，海冰防灾减灾与沿海地区经济社会发展紧密相连。

包括海冰防灾减灾在内的海洋防灾减灾工作不仅是我国海洋事业的重要组成部分，也是我国综合减灾体系的主要组成部分，同时也是服务海洋强国建设的一项重要工作。当前，我国已经迈入中国特色社会主义新时代，党的十九大也明确提出要“加快建设海洋强国”。毫无疑问，这对我国的海冰防灾减灾工作提出了新的更高的要求。本文在对我国海冰灾害及其影响、海冰防灾减灾能力现状以及存在的主要问题进行分析的基础上，针对新的形势、新的战略所赋予的新要求，就新时代如何进一步提升我国海冰防灾减灾能力进行探讨和思考，给出了提升我国海冰防灾减灾能力的总体思路和具体措施，希望能够有助于新时代我国海冰防灾减灾事业的更好发展。

2. 海冰灾害及其影响

海冰灾害是指由海冰引起的影响到人类在海岸和海上活动实施和设施安全运行的灾害，特别是造成生命和资源财产损失的事件[6]。例如，海冰会对海上交通运输、油气开采、水产养殖以及其他各类海上生产作业造成严重影响，冰情严重时，还会封冻港口码头、损坏海上设施和海岸工程、损毁船只等。历史上，我国渤海及黄海北部等主要结冰海区曾多次发生严重海冰灾害，并对人民群众的生产、生活以及国民经济建设和国防建设等造成了很大危害。据不完全统计，仅在1950年到2010年间，我国渤海及黄海北部等结冰海区就有二十二个年度发生过不同程度的海冰灾害[1]。严重的海冰灾害不仅造成了巨大经济损失，而且还危及人们的生命安全，甚至酿成重大灾难。例如，1969年渤海发生特大冰封，导致“海二井”生活平台、设备平台和钻井平台被海冰推倒，“海一井”平台支座拉筋被海冰割断；进出塘沽和秦皇岛等港口的123艘客货轮受到海冰严重影响，其中有58艘受到不同程度的破坏。根据统计，我国严重的和比较严重的海冰灾害大致每五年发生一次，而局部海区出现海冰灾害几乎年年都有发生。因此，海冰灾害是我国渤海及黄海北部等北方海域的主要海洋灾害之一[7]。

3. 我国海冰防灾减灾能力现状分析

我国历来高度重视海冰防灾减灾工作。新中国成立后，尤其是1969年渤海发生特大冰封以来，我国逐渐加大了海冰防灾减灾的工作力度，采取各种措施预防和减轻海冰灾害造成的损失，并且取得了显著成效，同时也积累了应对重特大海冰灾害的宝贵经验，使我国的海冰防灾减灾能力得到显著提升。党的十八大以来，国家有关部门和结冰海区沿岸各级政府认真贯彻落实党中央、国务院关于防灾减灾工作的一系列重大决策部署，积极推进海冰防灾减灾体制机制改革，不断总结经验、改革创新和完善体制机制，使海冰防灾减灾工作取得了新的重要进展。但是，面对我国进入新时代和加快建设海洋强国的新要求，现有的海冰防灾减灾能力已经不能完全满足结冰海区经济社会发展的实际需求。主要表现在：海冰监测能力依然比较薄弱、精细化海冰预报和海冰灾害预警产品相对欠缺、海冰灾害风险管控能力不足、海冰灾害应急处置能力不强，以及海冰灾害损失评估技术不高，等等。

4. 提升海冰防灾减灾能力的总体思路与具体措施

4.1 总体思路

4.1.1 指导思想

海冰防灾减灾工作要以习近平新时代中国特色社会主义思想为指导，认真学习贯彻党的十九大精神，深入落实国家防灾减灾体制改革，围绕新时代海洋工作“一个定位、三个聚焦、五大体系、八个方面调整改革”总体部署，全力推进新时代海冰防灾减灾事业创新发展。

4.1.2 总体要求

我国的结冰海区主要集中在渤海及黄海北部海域。众所周知，环渤海地区不仅经济发达、人口众多，而且是我国北方地区通向海洋的重要门户，在我国的国民经济发展和国防建设中占有举足轻重的地位。随着我国中国特色社会主义开启新时代、“一带一路”和“海洋强国”战略的深入实施，以海洋资源为依托的各类海洋开发活动必将更加迅猛地发展，无疑会使海冰灾害损失上升的概率增大。因此，海冰防灾减灾能力提升必须充分体现我国新时代、新形势、新战略所赋予的新要求，紧扣我国社会主要矛盾变化，坚持新发展理念，准确把握海冰防灾减灾工作的新定位，科学规划新时代海冰防灾减灾事业的路径选择，扎实做好海冰防灾减灾各项工作，切实提升新时代海冰防灾减灾能力和水平。这是新时代提升海冰防灾减灾能力的总体要求。

4.1.3 基本原则

作为一种自然灾害，海冰灾害同样具有自然和社会两种属性。因此，新时代提升海冰防灾减灾能力必须坚持并遵循以下基本原则。

客观与科学性原则：海冰防灾减灾能力建设应尊重客观事实，始终贯穿自然科学与社会科学两大科学体系，做到标准化、系统化、数值化。

自然属性与社会属性并重原则：海冰防灾减灾能力建设应根据结冰海区的海洋、气候、地理等自然环境条件，综合考虑国家和结冰地区经济与社会发展的基本需求。

统筹兼顾原则：既应考虑国家经济社会发展的宏观部署和防灾减灾的总体要求，也应兼顾地方或区域经济社会发展需求和海冰防灾减灾的实际状况，上下结合，统筹兼顾，使海冰防灾减灾能够满足各个层面上的不同需求。

因地制宜原则：应遵从结冰海区的冰情特点和客观规律，做到因地制宜。

可靠性原则：对基础资料来源、数据精度及数据质量等应有明确的要求，对不同来源的基础资料应该进行标准化，保证所用数据权威、可靠。

系统性原则：基于海冰灾害系统组成，综合考虑致灾因子危险性、承灾体分类、分布及脆弱性、海冰灾害防御能力等因素。

4.2 具体措施

提升我国海冰防灾减灾能力的具体措施主要包括基础资料获取、海冰预警报服务、海冰防御体系、海冰灾害风险评估和区划、海冰灾害损失评估、海冰灾害应急预案以及宣传教育等。

4.2.1 基础资料获取

基础资料是海冰防灾减灾的工作基础。因此，应不断提升基础资料获取的能力和技术水平。

基础资料的获取应通过海冰监测和历史资料收集等方式进行。其中，海冰监测方式应当包括岸基海洋站、沿岸巡视、卫星遥感、岸基雷达（包括车载雷达）、航空、船舶以及海上平台等。同时，应加大先进海冰监测技术的研发力度，并及时引进国外的先进技术和设备。

4.2.2 海冰预警报服务

多年的实践表明，海冰预报和海冰灾害预警，可以使各级政府、企（事）业单位以及社会公众及时了解和掌握冰情变化信息，并为各级政府提供海冰防灾减灾决策依据。因此，必须切实加强海冰预报及海冰灾害预警能力建设，尤其是要切实提升小区域、精细化海冰预警报能力和技术水平。

4.2.3 海冰防御体系

第一，应当建造一定数量的破冰船，以加强防范和开展应急工作；第二，应开展海冰物理力学性质研究，为海洋工程建筑物的抗冰能力提供合理的海冰荷载设计参数；第三，应加强结冰海区冬季生产作业安全管理，做到防患于未然；第四，要进一步健全海冰灾害应急指挥系统和日常防御海冰灾害的行政管理体系。

4.2.4 海冰灾害风险评估和区划

通过开展不同尺度的海冰灾害风险评估和区划，不仅可以为结冰海区沿岸发展规划、防灾减灾、工程设计及选址等提供科学依据，还可以对各级政府的海洋灾害应急预案制（修）订及实施等提供理论指导，并对海冰灾害应急期间的政府决策提供技术支撑。因此，必须进一步加强不同尺度的海冰灾害风险评估和区划能力建设。

4.2.5 海冰灾害损失评估

对海冰灾害损失进行评估是制定海冰防灾减灾政策和灾后恢复重建、补偿和救助等工作的重要依据[8,9]。因此，要根据有关法律、法规的要求，努力提升海冰灾害损失评估的工作能力和水平，并加大对评估技术方法研究资金投入等。

4.2.6 海冰灾害应急预案

海冰灾害应急预案可以科学规范海冰灾害应对处置工作，合理配置海冰灾害应急的相关资源，并提高海冰灾害应急决策的科学性和时效性。因此，要根据国家有关法律法规，及时制订相应的海冰灾害应急预案。对已有的预案，要根据当前海冰防灾减灾面临的新形势和新要求，及时进行必要的修订和完善。

4.2.7 宣传教育

海冰防灾减灾是一项系统性、长期性的工作，需要全社会的参与。因此，要通过各种渠道广泛开展海冰防灾减灾的宣传教育工作，并定期组织专家队伍深入社区、学校和企业进行海冰防灾减灾知识的普及，以增强社会公众的海冰灾害风险防范意识和自救互救能力。

5. 结语

我国的海冰虽然大都出现在渤海及黄海北部等北方海域，且仅为一冬冰[10]，却依然会给当地海洋资源开发利用、海洋生态环境以及沿岸经济社会发展造成严重影响[11,12]，甚至造成灾难，直接妨碍了结冰海区沿海地区经济社会发展。因此，切实提升新时代海冰防灾减灾能力，对于保障和助推我国结冰海区乃至全国的经济社会健康有序和可持续发展都具有十分重要的意义。

海冰防灾减灾是一项复杂的系统性工程。面对新时代、新形势和新战略所赋予的新要求，如何加强海冰灾害防御和风险管控，最大限度减轻海冰灾害损失，是国家相关部门和结冰海区沿海各级政府所面临的新的历史责任。笔者认为，新时代海冰防灾减灾只有以服务和助推海洋强国建设为工作主线，全面提升各项能力，进一步完善体制机制，认真落实各项具体措施，才能在海洋强国建设中发挥更大作用。另一方面，海冰灾害有其自身的变异规律。因此，新时代提升海冰防灾减灾能力必须在充分尊重这些自然规律和我国海冰灾害的实际状况的前提下，把顺应自然规律与加强海冰灾害防御的各项措施相结合，从制约海冰防灾减灾事业发展的突出问题入手，加快建设速度，使其尽快满足和适应新时代中国特色社会主义建设的新形势和新要求。

参考文献

[1] 于福江，董剑希，许富祥，等．中国近海海洋——海洋灾害［M］．北京：海洋出版社，2016.

[2] GB/T 19721.3—2006，海洋预报和警报发布 第3部分：海冰预报和警报发布［S］．北京：中国标准出版社，2006.

[3] 张方俭．我国的海冰［M］．北京：海洋出版社，1986.

[4] 国家海洋局.2010年中国海洋灾害公报．

[5] 杨华庭，田素珍，叶琳，等．中国海洋灾害四十年资料汇编［M］．北京：海洋出版社，1993.

[6] 李志军．渤海海冰灾害和人类活动之间的关系［J］．海洋预报，2010，27（1）：8-12.

[7] 王相玉，袁本坤，商杰，等．渤黄海海冰灾害与防御对策［J］．海岸工程，2011，30（4）：46-55.

[8] 高庆华，马宗晋，张成业，等．自然灾害评估［M］．北京：气象出版社，2007.

[9] 原国家科委国家计委国家经贸委自然灾害综合研究组．中国自然灾害综合研究的进展［M］．北京：气象出版社，2009.

[10] 丁德文，等．工程海冰学概论［M］．北京：海洋出版社，1999.

[11] 白珊，宋学家，刘钦政，等．渤海海冰灾害［C］．中国科协2002年减轻自然灾害研讨会论文汇编之六，2002：6-10.

[12] 陆钦年．我国渤海海域的海冰灾害及其防御对策［J］．自然灾害学报，1993，2（4）：53-59.

完善综合防灾减灾体系的思考及对策

——以“东方之星”沉船事件为例

黄秋菊，高学浩，段永亮，闫琳

（中国气象局气象干部培训学院）

摘要 “东方之星”沉船事件反映出我们国家应急救援工作相对高效成功，但是事件全过程反映出我们国家在防灾减灾思维和观念、地方政府部门防灾减灾的主体责任、相关体制机制、能力建设方面还存在短板。解决上述问题的根本途径在于要健全长江流域统筹协调的综合防灾减灾体制，完善长江流域综合防灾减灾资源共享机制，加强长江流域监测预报预警体系建设和自然灾害风险综合防范能力建设，强化防灾减灾科技支撑，加强社会力量和市场参与能力建设等，进一步强化气象部门依法有效履职。

关键词 东方之星，综合防灾减灾，体制机制，依法履职

1.“东方之星”沉船事件基本情况

2015 年 6 月 1 日 21 时 30 分许，重庆东方轮船公司所属的“东方之星”号客轮由南京开往重庆，当航行至湖北省荆州市监利县长江大马洲水道时，突遇恶劣天气袭击而翻沉，船上 454 人遇险，12 人获救，442 人遇难。事发后，国务院高度重视并迅速成立了“东方之星”号客轮翻沉事件调查组，对事件展开了科学、客观、全面的调查。调查认定，“东方之星”客轮翻沉事件是一起由突发罕见的强对流天气（飑线伴有下击暴流）带来的强风暴雨袭击导致的特别重大灾难性事件。在该事件中，突遇飑线天气系统、船体抗风能力不足、船长应对不利是导致事故的直接原因。同时，也反映出重庆东方轮船公司管理制度不健全、执行

不到位，重庆市有关管理部门及地方党委政府监督管理不到位，长江航务管理局和长江海事局及下属海事机构对长江干线航运安全监管执法不到位等深层次问题。针对这一事件，国务院调查组强调要深刻总结吸取教训，牢固树立安全发展观念，健全完善相关法制体制机制，编织全方位、立体化的公共安全网，并提出防范和整改措施建议。其中特别强调进一步加强长江航运恶劣天气风险预警能力建设。气象部门要针对中小尺度强对流天气强度大、突发性强、致灾重等特点，进一步加大科研投入，加强监测预警方法研究，提高监测预警能力。适应长江航运安全保障需求，进一步加强长江沿岸天气雷达、自动气象观测站网建设，并加强船舶自动气象探测系统建设，提高恶劣天气预测预警能力。完善气象部门与海事部门信息快速共享机制，强化短时临近预警信息的快速发布，健全长江水上交通安全广播电台甚高频气象广播、手机短信等多种接收方式，确保海事监管机构和航行船舶及时准确获取灾害性天气预报预警信息。制定“中华人民共和国气象灾害防御法”，进一步提高全社会防御气象灾害的能力。

2.“东方之星”沉船事件反映出的主要问题

2.1 防灾减灾思维和观念亟待转变

党的十九大指出，树立安全发展理念，弘扬生命至上、安全第一的思想，健全公共安全体系，提升防灾减灾救灾能力。在唐山大地震 40 周年之际，习近平总书记针对当前防灾减灾救灾形势指出：“坚持以防为主、防抗救相结合，坚持常态减灾和非常态救灾相统一，从注重灾后救助向注重灾前预防转变，从应对单一灾种向综合减灾转变，从减少灾害损失向减轻灾害风险转变。”这指明了新时期我国防灾减灾救灾工作的改革方向。

“东方之星”沉船事件反映出我们国家应急救援工作相对高效成功，但是仍然造成了 400 余人遇难，损失巨大，事件全过程反映出当前我们的防灾减灾工作还存在重抗救轻预防，重视灾害发生后的减少灾害损失，忽视灾前的风险剪除工作，相关部门的风险意识和预防准备工作还需进一步加强。因此，需要从灾害救助向灾前预防转变，将常态防灾同非常态救灾相结合，树立风险意识，做好风险管理工作，实现防灾减灾工作的关口前移，切实把综合防灾减灾理念落实到实际工作的每一个环节。

2.2 地方政府部门防灾减灾的主体责任不够明确

2007 年 11 月,《中华人民共和国突发公共事件应对法》确立了国家建立统一领导、综合协调、分类管理、分级负责、属地管理为主的应急管理体制。但从整体意义上来讲，我国的应急管理发展还处于初级阶段。从中央现有的应急管理体制看，当前的应急管理体制呈现高度分割化的特征，每一个部门只应对一个特定的行业或某种特殊的自然灾害，缺乏应对各种突发事件的协调机制，“东方之星”沉船事件突出反映在现有高度分割化的防灾减灾体制下，统筹协调体制尚待健全，地方和各部门在防灾减灾工作中事权划分不明确，因缺乏综合管理机制和部门之间有效协调机制，必然带来部门分割和条块分割问题，并具体表现在防灾减灾职能交叉、缺位、空位以及防灾减灾资源错配、分割、浪费上，这些都与综合防灾减灾理念背道而驰，也不利于我国防灾减灾工作的开展。

例如，“东方之星”沉船事件反映出长江经济带安全保障是一项系统工程。在传统的“部门本位”体制下，长江沿岸各省市的管理机构与行业部门基本上是按照各自职能，自成体系地承担相应的安全保障任务。如气象部门是属地化服务的工作模式和长江海事部门分流域管理的工作模式，在气象预警信息接收以及转发过程存在对接错位的问题。国家在这方面缺乏系统性统一规划，一定程度上导致出现前面所说的保障能力水平不高、服务针对性不强等问题。目前，相对长江沿线的高速公路、铁路、航空和海洋气象服务保障水平，长江航道的气象服务保障已处于相对落后状态。

2.3 相关机制有待完善和理顺

2.3.1 信息上报机制不顺畅

“东方之星”沉船事件暴露出在现行体制下，信息上报机制存在需要改进之处。例如，翻沉事件发生后，重庆东方轮船公司第一时间将事件上报岳阳海事局，海事部门通过条条管理上报至交通运输部，但是作为事件发生所在地的荆州市政府没有第一时间获取上报信息，造成工作上一定的被动。荆州市政府应急办接到东方之星翻沉消息也仅来自湖北省政府应急办，这反映出条块分割的体制影响了信息向一些关键负责部门的及时有效传递。

2.3.2 监测预警系统不完备

“东方之星”沉船事件暴露出长江内河航运灾害管理方面存在监测预警机制不完备的问题。一是在监测环节长江上中下游之间目前还没有形成统一布局的沿江气象观测站网，沿江各省市专门为长江航道安全所布建的气象观测站较少。二是在预报预警方面，长江江面及南北两岸的气象要素变化差别较大，但目前无论是气象观测还是气象预报，都是用相距几公里或几十公里的县市城镇气象观测和预报信息代替，难以满足保障长江航道安全气象服务的需求。三是在预警响应与联动方面，事件中海事部门人员通过目测，发现降雨由小雨变成了中雨，甚至有向大雨发展的趋势，便向相关船舶通过甚高频无线电话（VHF）滚动播发预警，提醒船舶注意航行安全，采取必要的措施，确保自身的安全。预警信息发出后，相关船舶是否接收到了预警信息，采取了什么响应措施，作为政府部门并没有掌握。

2.3.3 资源及信息共享不充分

对于长江流域小尺度的极端天气现象预警非常重要的观测资料，包括长江气象监测、水文监测、航道监测、地质监测、地震监测、环境监测、生态监测等。这些监测信息彼此之间具有高度相关性，但长期以来这些监测数据基本上都是由各个部门自建、自用、自维护。由于不同部门之间的监测技术、数据标准、质量把控等存在差异，多数情况下难以实现部门间数据信息资源的充分共享。另外，面向社会的数据信息资源开放度也不够，共享发展水平很低。这不仅降低了长江监测数据的效用价值，也造成了重复建设和资源浪费。

2.4 制度建设相对滞后

“东方之星”沉船事件暴露出当前我国内河航运管理方面存在着制度建设相对滞后的问题。主要表现在：预案建设不科学，部分预案流于形式，针对性不强；恶劣天气等条件下船舶禁限航管理规定缺失（2016 年交通部补充出台了相关规定）；轮船公司管理制度不健全、执行不到位。如重庆东方轮船公司未建立船舶监控管理制度、配备专职的监控人员，监控平台形同虚设，对所属客轮未有效实施动态跟踪监控，未能及时发现“东方之星”客轮翻沉等。

2.5 能力建设存在短板

在自然灾害风险综合防范能力方面，当前海事部门和长江沿岸地方政府大都既没有针对长江流域水上航行安全做自然灾害风险与减灾能力调查，也没有开展灾害风险识别与评估，未编制灾害风险图、建立灾害风险数据库等。风险区划是评价水上航行风险空间分布程度的方法，科学完善的长江流域水上航行风险区划，对于提高长江流域水上航行安全风险管理能力，最大限度地降低水上航行安全突发事件具有重要的意义。在防灾减灾科技支撑能力方面，“东方之星”事件反映出目前我国在小尺度强对流天气的监测预警、内河航运安全信息化动态监管等方面还需要进一步加强关键技术的研发。在公众应急避险能力方面，在“东方之星”事件中船长在大风大雨的恶劣天气下依然选择冒险行船，反映出目前我国公众灾害及风险意识淡薄的问题。

3. 基于完善综合防灾减灾体系的反思及对策

3.1 健全长江流域统筹协调的综合防灾减灾体制

目前长江流域防灾减灾工作特别是内河航运管理工作仍然停留在以专业部门应对为主的阶段，尚未形成有效的系统联动机制。长江流域内河航运突发事件管理工作分散在多个不同部门，不利于落实“综合协调”职能，无法有效整合长江流域防灾减灾救灾的资源和力量，不利于不同部门对接。亟须加强有关部门之间、部门与地方之间协调配合和应急联动，统筹长江流域的防灾减灾救灾工作。

一是加强统筹，建立高效有力的综合协调机构。例如建立长江流域应急联动指挥中心，实现部门与地区之间的协同推进。二是健全属地管理体制。强化地方应急救灾主体责任，坚持分级负责、属地管理为主的原则，进一步明确中央、地方应对长江流域自然灾害的事权划分。对达到国家启动响应等级的自然灾害，中央发挥统筹指导和支持作用，地方党委和政府在灾害应对中发挥主体作用，承担主体责任。三是完善长江流域军地协调联动制度。完善地方、各部门、军队和武警部队参与防灾减灾救灾的应急协调机制，明确需求对接、兵力使用的程序方法。建立地方党委和政府请求军队和武警部队参与抢险救灾的工作制度，明确工作程序，细化军队和武警部队参与抢险救灾的工作任务。完善军地间灾害预报预警、灾情动态、救灾需求、救援进展等信息通报制度。四是加强地方领导干部及基层人员的防灾减灾培训指导，将防灾减灾和政府工作融合，纳入考核内容，明确考核标准。

3.2 完善长江流域综合防灾减灾资源共享机制

推进防灾减灾救灾工作，不仅仅意味着增加资源，更为关键之处在于整合资源，充分挖掘、合理高效地配置现有资源。以资源整合推动防灾减灾救灾工作的发展，是当前推进防灾减灾工作的现实选择。一是中央各部门间加强联动。整合部门间的防灾减灾资源，实现资源的最大化利用，如各指挥中心应急网络、通信设施、业务系统；各专项应急指挥部、有关部门以及各地现有应急物资、救援队伍等应急资源。二是强化信息资源整合，建立全面覆盖、反应迅速的信息平台。加强对相关信息的整合如长江沿岸视频图像、地理信息等数据信息等，从而提高资源的综合利用效率，快速形成长江流域内河航运与应急管理的综合能力。三是强化防灾减灾专业人才和队伍整合，着力实现统一指挥、协调有序的救援工作机制。四是强化物资装备和基础建设资源整合，为做好防灾减灾工作提供物质保障。

3.3 加强长江流域监测预报预警体系建设

一是利用国家突发事件预警信息发布平台，整合各类灾害监测数据，统一预警信息发布渠道，规范与加强预警信息发布。二是进一步完善群测群防体系。加强对群测群防体系的有效管理，健全以村干部和骨干群众为主体的群测群防队伍，将群测群防组织纳入防灾管理体系，建立群测群防员人事备案制度。三是建立普通话与方言之间的互译系统，提升灾害预警信息的发布效率。四是提升科学技术在灾害监测预报中的作用。包括加强灾害监测网络建设、运用先进技术手段加强监测预报工作、利用信息技术整合各类自然灾害监测数据等措施。五是健全灾害监测预警联动机制。加快构建国土、气象、水利、林业等部门联合的监测预警信息共享平台，建立健全灾害监测预报预警联动机制，实现灾情信息实时共享，从而保证各有关部门及时研判预警信息，科学安排部署防灾减灾工作。

3.4 强化防灾减灾科技支撑

一是从国家层面加强对防灾减灾救灾工作相关科学问题的研究；二是加强精细化天气预报及人工影响天气的科技研发；三是加强对灾害管理科研的资金投入，建立常态化科技支撑机制，保障政府预算中防灾减灾科技研发方面的资金投入比例；四是建立标准的防灾减灾救灾标准规范体系。

3.5 加强自然灾害风险综合防范能力建设

《国家综合防灾减灾规划（2016—2020 年）》对加强自然灾害风险防范能力建设提出明确指引。根据规划，“十三五”时期要加强灾害监测预报预警与风险防范能力建设，开展以县为单位的全国自然灾害综合风险与减灾能力调查。一是海事部门和长江沿岸地方政府需要针对长江流域自然灾害风险与减灾能力调查，摸清可能存在的风险点和当前具备的减灾能力；二是开展灾害风险识别与评估，对可能存在的风险进行科学评估，划分风险等级，编制灾害风险图，建立灾害风险数据库等工作；三是及时做好风险消除工作，对可能存在的风险未雨绸缪，早做准备，及时消除隐患；四是增强风险意识，做好相关培训工作。

3.6 加强社会力量和市场参与能力建设

长江流域的防灾减灾工作单靠政府的力量是不够的，必须充分发挥社会力量和市场机制的作用，社会力量是提升防灾减灾能力的有效增量。一是加大知识的普及力度。深入推进防灾减灾知识“进机关、进企业、进学校、进社区、进家庭、进村组、进课堂”等活动，普及气象知识特别是防灾减灾知识，提高全社会共同防灾减灾救灾的思想自觉和行动自觉；二是加大基层防灾减灾队伍力量的培训指导。通过集中培训、实地考察、经验交流、结对帮扶等形式，加强对县一级相关人才的培养，特别是乡镇、村（社区）一级干部的培训力度，强化防灾减灾救灾的基层力量，巩固第一道防线；三是鼓励支持社会力量全方位参与，加快防灾减灾保险制度建设，逐步形成财政支持下的多层次风险分散机制。

4. 基于强化气象部门有效履职的反思及对策

从国务院调查组调查结果来看，在本次事件中气象部门没有直接责任，但我们应对这次事件中反映出的问题进行深入研究并作出深刻反思，审视气象部门是否在日常管理及预防和应对气象灾害事件中能够有效履行自身职责，并从长远角度思考和规划如何强化气象部门的核心能力建设，以便更好地服务于保障人民群众生命财产安全，促进经济社会健康稳定发展。

4.1 坚持以人民为中心的履职理念

从政府公共管理角度看，政府的核心价值取向是视人民的利益为最高利益、全心全意为人民服务，实现公共利益最大化。就气象部门而言，关键是在气象预报、预警以及防灾减灾等工作中把保障人民群众生命财产安全放在首要位置，并切实贯彻到工作的每一个环节。习近平总书记在处理“6 · 1”沉船事件中强调“人命关天，发展绝不能以牺牲人的生命为代价”。我们应将此作为“一条不可逾越的红线”和政府职能履行的价值取向，将管理体系的构建与国家整体安全、深化改革和推进国家发展战略有机统一起来，通过科学管理，有效遏制因气象因素

导致的灾难，真正确保“人的安全”和维护社会稳定与繁荣。但是在实际工作中，这一理念并未落实到位。例如，2000 年 6 月 22 日武汉空难事故也是由下击暴流袭击引发的，但这场空难事故并未引起各有关方面的足够重视。对于下击暴流的具体内涵，形成条件以及在我国的分布状况缺乏深入的后续研究。在调研中，相关部门反映，如果真正秉持“把人的生命放在第一位”的理念，并在各领域将其落到实处，有可能会提高预警的级别和准确度，就可能降低灾害风险。

4.2 健全和完善气象部门履职的相关法规和制度体系

为支撑实现气象部门有效履职，还需建立一系列完备的规则和制度。首先，应依据《中华人民共和国气象法》的规定，依法履职，遵循法无授权不可为，法定职责必须为的原则，切实履行好职能。此外，各级气象部门还应有一套更为系统的制度体系来支撑依法履职。如《省级气象局三定方案》《省级气象灾害应急预案》《省级气象部门气象灾害预警信号制作发布管理办法》等，这些制度相应规定了气象部门的岗位职责、审批职责、预警预报服务、应急处置等工作。对于这些法律和制度的相关规定，需要进行深入研究。就本次沉船事件看，国务院调查的重点在于部门职责的履行和制度的落实情况。虽然气象部门在此次事件中没有被追责，但今后遭遇类似事件，被追责的风险可能会加大。气象部门不仅要完善相关的制度和规范，而且制度和规范的制定一定要符合实际，不能超出气象部门的职责和能力。关键要做到权责对应，有多大权，做多大事 。如果权责不匹配，气象部门在实际工作中就会出现职责不清、职责落实不到位等问题。

4.3 强化气象部门的服务能力建设

在明确履职理念和健全制度保障的基础上，要着力加强气象部门核心能力建设。

一是在技术上，提升对新技术、新方法的研究能力（从预报到监测）。预报本身具有不确定性，但是要通过科技进步和主观努力来提高预报的精准度。首先在强天气判断识别和分析其发生发展规律方面要加强研究。为提高下游的气象预报的精准度提供有力支撑。其次，要加强对预报之后衍生的一系列服务技巧进行研究和总结，对预报的技巧要做一些加强和拓展。

二是加强气象部门规划、沟通、组织、协调能力。目前，我国防灾减灾和应急管理工作遵循“政府主导，部门联动，社会参与”原则。在实践中，气象部门在加强部门之间的交流合作方面能力明显不足。就本次事件而言，长江海事局和气象部门在 2008 年签订了战略合作协议，且协议内容非常详细。但在实践中，这一协议尚未完全得到履行，对气象和海事的协调配合有一定影响。沉船事件发生后，气象局和海事部门进一步加强了合作，在信息共享、联席会议制度、合作交流机制等方面建立了联动机制，确保信息能及时互联互通。从本次调研的情况看，类似情况还有很多。气象部门需要对已经达成的协议落实情况认真进行调查和梳理，并进一步完善与相关部门的沟通，以便提高协调能力。

三是提高应急处置能力。主要包括加强应急管理体系建设、应急知识的宣传、应急预案修编完善和演练，特别是要加强多部门的应急联合演练。

四是强化底线思维能力。习近平总书记多次强调："要善于运用底线思维的方法，凡事从坏处准备，努力争取最好的结果，这样才能有备无患、遇事不慌，牢牢把握主动权。"气象部门要牢固树立底线思维，尤其是对重大气象灾害、突发性气象事件要做好充分预案和应急处置准备，以便有效履行气象部门保障人民生命财产安全，促进社会经济平稳发展的职能。

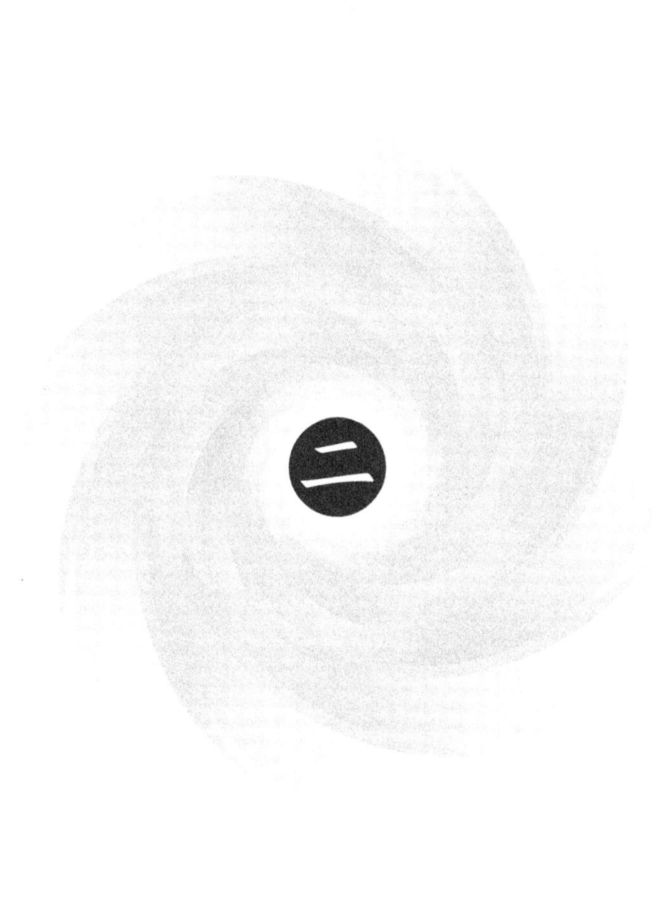
二

京津冀协同发展进程中水安全保障的压力与挑战*

程晓陶

（中国水利水电科学研究院）

摘要 京津冀协同发展自2014年提升至国家战略高度以来，在交通、物流、环境治理、检验检疫与产业合作等方面已突破一系列壁垒，同时水安全保障面临更高的要求并成为关键性的制约。本文针对京津冀地区自然地理演变与社会经济发展特征，分析新时代京津冀协同发展进程中水安全保障面临的压力与挑战，概要探讨在国家机构改革新格局下，以流域为单元推进山水林田湖生命共同体治理与保护、完善水安全保障体系的综合治水方略及其推进机制。

关键词 京津冀，协同发展，水安全保障，综合治水方略

1. 引言

京津冀是中国的“首都经济圈”，包括北京、天津两座直辖市，以及河北省会石家庄和保定、廊坊、唐山、承德、秦皇岛、邯郸、邢台、沧州、衡水、张家口等11座地级市，也将包括规划建设中的雄安新区，面积达21.6万km^2，人口逾1.1亿。

京津冀城市群偏重于政治、文化中心，反映区域经济发展水平的人均地区生产总值明显低于长三角和珠三角两大城市群，且区域发展不平衡不充分的矛盾更为突出，2016年河北省人均GDP仅4.3万元，不及京津的半数。京津冀所处的华北地区是半湿润向半干旱过渡的地带，年均降雨量仅约为长三角的1/2，珠三

* 原载：北京水利，2018（3）：3-7.

角的1/3，但夏季暴雨强度却不低于南方；且降水年内分布不均、年际变幅很大的特点更为显著，年降水量高度集中于6—9月，年际变幅可达3倍以上。京津冀大部分属于海河流域，不似长江、珠江有广阔的集雨范围可为三角洲区提供丰沛的过境水量，人均水资源量仅在250m^{3}上下，远低于国际公认的人均500m^{3}的极度缺水线标准。为了满足人口增长和经济发展的用水需求，长期依赖超采地下水和跨流域调水，加之污染负荷倍增与保护治理滞后，流域内“有河皆干、有水皆污”的景象积重难返。一旦遭遇连续数年降水量低于平均年份，更难以兼顾区域之间、人与自然之间的供水平衡。这些基本特征决定了京津冀地区水问题的复杂性，也注定了京津冀地区水安全保障的艰巨性。

自2014年京津冀协同发展提升至国家战略高度以来，在交通、物流、环境治理、检验检疫与产业合作等方面已突破一系列壁垒，同时，水安全保障面临更高的要求并成为关键性制约。北京城市副中心的水环境整治、冬奥会赛场的水系治理、南水北调的各类配套工程、海河流域的综合整治与遍布城乡的黑臭水体治理，以及雄安新区全方位的水安全保障体系构建等，任务都十分繁重和紧迫。在国家机构改革的新格局下，涉水部门间如何统筹运作、协调联动，持续推进京津冀协同发展中水资源配置、水环境治理、水生态修复、水旱灾害防治、海绵城市建设、大数据支撑下的智慧水务系统研发，以及河长制的不断完善等，都已成为业内和社会上普遍关注的问题。本文仅基于调研与对比分析，对此作概要的探讨。

2. 京津冀协同发展中水安全保障压力倍增

（1）高速城镇化背景下，粗放的发展模式增大了水安全保障的难度和复杂性。过去20年中，我国城镇化进程空前迅猛，在建成区面积急剧扩张的过程中，挤占河湖、扰乱水系，“先地上、后地下”的发展模式，使得“城市看海”几成常态；“水体黑臭”沦为顽疾；随着城市供水量与供水保障率的不断提升，区域之间、城乡之间、人与自然之间争水的矛盾日趋激化。城市扩张，聚集了财富，也聚集了风险。由于现代城市的正常运转极大依赖于各类基础设施与生命线系统（交通、通信、互联网、供水、供电、供气、垃圾处理、污水处理与排水治涝防洪等），这些系统在关键点或面上一旦因致灾因子强度超出防范能力，会在系统内部及系统之间形成连锁反应，以致出现损失与影响激增的突变现象，受灾范围远超出受淹范围，间接损失甚至超过直接损失。例如，北京市通常年份水灾损失仅达数百万元至数千万元的量级。2011年6月23日暴雨，最大雨量

192.6mm，雨强高达 128.9mm/h，平均面雨量 63 mm，全市交通严重瘫痪，因灾死亡 2 人，经济损失升至 13.83 亿元。而 2012 年 7 月 21 日暴雨再度来袭，最大雨量 460mm，最大雨强 110.3mm/h，城区面雨量达 215mm。尽管当时吸取 2011 年教训已根据气象预警采取了严阵以待的措施，但由于降雨量远超防灾能力，经济损失一下子跃升至 116 亿元，官方公布因灾死亡 79 人，充分体现了城市洪涝灾害的连锁性与突变性。若说洪涝灾害还有一定的发生概率与持续时间，而“水体黑臭”则是无时无刻不在困扰着周边的居民。这是污水排放负荷长期远超水体自净化能力的后果，不是单纯控源截污或雨水源头处理就能解决的问题。原本就资源型缺水的京津冀地区，面对供水需求激增、水质型缺水加剧的双重压力，不得不陷入超采地下水的恶性循环，对跨流域调水的依赖性也到了与日俱增、须臾不可或缺的地步。

（2）雄安新区建设面临水安全保障的极大压力。设立河北雄安新区，是党中央为深入推进京津冀协同发展作出的一项重大决策部署，旨在疏解北京非首都功能、产业和人口，规划面积 1770km^2；预计近期将有 10 万余人陆续迁入，并在远期形成承载 200 万～ 250 万人口的Ⅱ型大城市。雄安新区选址之初，依傍华北明珠白洋淀，水资源条件相对较好，是决策的重要依据之一。然而，白洋淀实际情况比常人想象的要严酷得多（夏军，2017）。首先，雄安新区所处区域水资源供需矛盾突出。在现状开发强度下，平水年（p=50%）总可供水量为 28.09 亿 m^3，总需水量共 34.88 亿 m^3，缺水 19.5%；偏枯水年（p=75%），缺水率高达 44%。1980 年至 1986 年，白洋淀 7 年中有 6 年降水量低于多年平均值，以致白洋淀 1983—1988 年连续 5 年干淀，淀区生态环境遭到毁灭性破坏。目前 9 条入淀河流都存在“有河皆干，有水皆污”的问题，天然来水接近枯竭。白洋淀大部分水域水质为Ⅴ类或劣Ⅴ类，属重度污染，水体仅适用于农业灌溉，21 世纪以来已有 2000 年、2001 年、2006 年、2012 年、2014 年和 2016 年因污染发生大面积死鱼事件。随着栖息地环境的持续退化，生物多样性显著减少，仅鱼类资源就由 63 种减少为 25 种，呈现出“杂鱼化、小型化”的现象。更令人担忧的是，当地不仅地下水已处于严重超采状态，而且半数以上地下水井的水质为Ⅳ—Ⅴ类。近 20 年来，白洋淀一直靠人工补水在维持，且依赖性日增。2004 年完成引岳济淀补水工程，当年从海河岳城水库累计引水 1.6 亿 m^3；2016 年开工建设引黄入冀补淀工程，自濮阳黄河渠村闸引水，规划每年向白洋淀生态补水 2.55 亿 m^3。2015 年南水北调中线工程输水以来，每年可给保定市域分配 5.5 亿 m^3 的清洁水源，缓解近期缺水压力，但遇枯水年份仍有缺口。随着雄安新区人口与企业的涌入，必将进一步增大生产生活取用水量，人类活动对白洋淀流域的干扰将更为显著，雄安新区水安全保障形势不容乐观。

（3）以景观打造为主要目标的水系治理及涉水工程建设，也可能加重水旱灾害的风险。目前我国不少城镇的地方领导，在水系治理中，往往热衷对景观构建提出“短平快”的要求，不惜投入巨资，以借此提高地价和房价，但往往忽视了由此可能改变的水旱风险分布特征。例如在蒸发量 2 ～ 3 倍于降水量的地方，盲目追求人造大水面，加剧供水保障的紧张，使亮点越亮，反差越大。再如 2016 年 7 月河北南部暴雨成灾，邢台市的大贤村与永年县的龙曹村都因伤亡严重，预警转移通知不及时，不满政府宣传与救援迟缓，而发生了村民拦堵京广澳高速的群体事件。大贤村位于邢台东南角的城乡接合部，邢台市南侧的七里河在此迅速由宽变窄。七里河历史上因距邢台城南 7 里远而得名，目前因城市扩张已成为城南侧的市区河段。七里河过去的面貌应与大贤村以东的乡村河道一样，设计行洪能力仅为 150m^3/s。2010 年为加快七里河开发建设，成立了七里河新区管委会，投入巨资加快七里河水环境治理，2013 年荣获了“中国人居环境范例奖”。2016 年暴雨洪水期间，七里河流域上游最大降雨 364.5mm，东川口水库溢流达到 382m^3/s, 另有西部山区南石门流域（面积 50km^2，累计雨量 427.8mm）的洪水经南水北调西侧排洪沟在城西侧汇入七里河，加上其他支沟的汇流，洪峰流量达 580m^3/s。加之 2016 年春邢台市启动了城区集中供暖工程，热力公司铺设的热力管途经大贤村，为了赶工期，挖出的泥土都堆在河道里，并遮挡了大贤桥下的涵洞，通过能力降至 40m^3/s 左右。以致洪水到此水位暴涨，冲毁河堤，造成 17 人死亡，1 人失踪。永年县东北 5 公里的龙曹村，也有相似经历。近年来永年县投资 10.5 亿元，打造“洺河经济带”，在河中打了三道橡胶坝。7 月 19 日晚因行洪不畅，洺河洪水漫溢出槽，原本会顺河向东蔓延的洪水受京广澳高速公路阻挡，沿公路西侧排水沟直扑数公里外的龙曹村而来，全村 3000 多人，都被困在村里，来不及撤离，损失惨重。这两个案例都告诫我们，京津冀仍处于大规模开发建设期，开发本身会改变灾害风险构成与分布，由于高强度暴雨的发生相对稀少，风险隐患容易被忽视。单凭经验应对超标准洪水，应急响应过程中就可能加大决策失误的风险。据报道，灾后邢台市经济开发区管委会主要领导被停职。

3. 京津冀协同发展中综合治水方略及其推进机制的探讨

面对水安全保障压力倍增的挑战，京津冀只有加强综合治水的统筹运作，才可实现有序疏解北京非首都功能、生态环境保护与产业升级转移的预期目标，突破水对区域协调发展的关键性制约。在国家机构改革的新格局下，亟待加强综合治水方略及其推进机制的探讨。

（1）必须高度重视水问题的基础研究，加快水利信息化的进程。水既有其资源属性、环境属性，也有其致灾属性。三者不可分割，且依自然与人为条件而转化。不同区域，自然与社会经济条件不同，水问题的表现与治水的侧重点不同；同一区域，随着自然环境的演变与经济社会的发展，治水的需求与水安全保障体系的构成也在发生变化。基于京津冀特有的发展定位、自然条件与社会经济条件，要构建与协同发展需求相适宜的水安全保障体系，有利于缩小区域间发展不平衡不充分的差距，既不能一味沿袭传统的治水模式，也不能简单照搬发达国家的先进理念，甚至都无法复制长三角、珠三角的成功经验。为此必须将水问题作为一个整体，来加强综合治水的法规政策、体制机制、科学认知与适宜技术的基础研究。由于水问题的复杂性与关联性，要认清其现实状态与演变趋势，在治水方案的协调与比选中，就需要有大量可靠的、成系列的数据来进行分析。然而现实中，即使拥有引进的先进模型，也常常因为缺少基础的监测数据而难以得出有价值的研究成果。忽视基础研究，缺乏基本数据，加之虚夸的不良风气，可能对重大决策造成误导、误判，这种状况，亟待避免。

（2）以流域为单元，推进山水林田湖生命共同体的建设。面对城市化进程中日趋复杂的水问题，我国近年来积极推进了海绵城市建设，要求采用“蓄、滞、渗、净、用、排”的雨洪管理措施，住房城乡建设部还出台了全面的绩效评价与考核指标，包括水生态、水环境、水资源、水安全、制度建设及执行情况与显示度等 6 大类别。但在试点城市的推进过程中，这些措施一度集中在小区尺度上，为能短期一步实现全部高指标，造价高至 1 亿元 /km^2 以上，以致目前试点城市的验收及其模式的可推广性都备受质疑。事实上，流域是体现山水林田湖生命共同体的基本单元，城市雨洪管理只有从城市局部区域分散管理的模式发展为着眼于整个流域的综合管理模式，才可能以较小代价获得可持续的预期效果。国外典型案例表明，在流域范围内优化蓄滞的基础上进一步采用 LID 入渗及雨洪利用措施，可将整个流域所需的蓄滞容积减少 60.3% 之多，并显著缩短高水位持续时间。

（3）积极推进“政府主导、部门协作、属地管理、社会参与”的综合治水模式，形成“道法自然、天人合一、良性互动、因地制宜”的运作机制。治水的公益属性和区域之间、人与自然之间的利害相关性，决定了治水事业的统筹规划需由政府来主导。在国家机构改革的新格局下，水管理的职责落实到了各相关部门，但任何部门单打独斗，都不可能使水安全保障迈上新的台阶。比如要解决水资源的问题，就需要建立对区域、部门间水资源合理配置的管理体制，依法对水资源利用的冲突进行有效协调，逐步推进市场化的水权交易；要解决水环境的问题，就需要建立水利与规划、环保、林业等部门协调运作的机制，健全水污染防治与水土保持的执法与公众监督体系，大力推进河长制，以发挥行政首长的统筹协调作用；要满足水景观构建的要求，就需要建立水利与城建、市政、环卫、园林等部门协调运作的机制，推动爱护河湖水域的全民教育活动；要发展生态水利，就需要建立有利于促进生态工程规划、设计、实施、维护的跨部门、多学科运作机制，提高全社会道德规范标准，等等。水利工程体系兼具防洪、抗旱、供水、灌溉、水环境保护、水土流失治理、水景观再造与水生态修复等综合性功能，是实现人与自然和谐的基础设施与基本依托。在京津冀协同发展中，水利工程体系不是标准越高越好、规模越大越好，而是要谋求标准适度，天人合一；统筹兼顾，布局合理；精心维护，科学调度；因势利导，因地制宜。由于任一涉水部门仅分管某一方面的治水职责，为了推进流域综合治水方略，就需要以分级设置跨区域、跨部门的流域综合治水协调委员会，作为河长制基础上深化改革的配套措施，并立法保障其行使跨区域、跨部门的水事统筹、协调以至仲裁的职能。其中各级水务（利）部门就需要认真思考并提出能够统筹协调相关部门力量的综合治水方略，为全面建成小康社会提供切实有效的水安全保障。

4. 结语

京津冀协同发展，在交通、物流、环境治理、检验检疫与产业合作等方面已突破一系列行政壁垒的情况下，水安全保障已成为实现预期目标的关键性制约。

党的十九大深刻指出，发展不平衡不充分是新时代的主要矛盾。以往在水资源配置与防洪问题上，历来强调保重点，这无疑是必要的；而在区域间协同发展进程中，又必须要以缩小差距为目标。为此必须以流域为基本单元推进综合治水方略，形成部门之间统筹运作，协同联动；区域之间，风险分担，利益共享。

京津冀协同发展进程中，河湖水系生态功能的保护和修复将面临更大的压力。与雄安新区建设密不可分的白洋淀生态修复系统，离不开整个流域生态环境的改善，同时也要特别注意避免人为盲目增大和轻易转移水旱灾害的风险。为此，各级水务（利）部门要认真思考并提出能够统筹协调相关部门力量的综合治水方略。

参考文献

［1］崔小浩，张晓妍，万超．提升京津冀区域水安全的思路［J］．北京水务，2015（1）：8-13.

［2］钱登高．北京水旱灾害［M］．北京：中国水利水电出版社，1999.

［3］夏军，张永勇．雄安新区建设水安全保障面临的问题与挑战［J］．中国科学院院刊，2017，32（11）：1199-1206.

［4］潘安君．创新防汛工作思路，推动社会防汛发展［J］．北京水务，2016（3）：1-2.

［5］王毅，王振宇．北京市防洪排涝应急管理及对策思考［J］．中国防汛抗旱，2017（4）：38-42.

［6］王虹，李昌志，程晓陶．流域城市化进程中雨洪综合管理量化关系分析［J］．水利学报，2015，46（3）：271-279.

崩塌滑坡灾害风险识别方法

刘传正[1，2]

（1. 自然资源部地质灾害应急指导中心；2. 中国地质环境监测院）

摘要 在陈述致灾因子、承灾体、易损性、风险识别、成因分析、变形破坏机理、破坏模式与成灾模式等术语基础上，作者提出了崩塌滑坡灾害风险识别的方法，包括历史对比法、直接观察法、间接反演法、遥感遥测法、动态监测法和综合分析法等。考虑斜坡边界形态（a）、成分结构（b）、初始状态（c）、引发条件（d）、环境因素（e）和成灾条件（v）及其随时间（t）的变化，建立了崩塌滑坡灾害风险综合分析计算模型：$R_t=[(f(a)+f(b)+f(c))d(t)+f(e)]f(v)$。以2017年四川省茂县“6·24”新磨村滑坡灾害为例，采用专家赋值法分别对初始、引发和临界灾害风险进行了追溯分析，结果比较符合实际。

关键词 致灾因子，承灾体，风险识别，成灾模式，综合分析法，计算模型

1. 引言

我国地质灾害调查评价、监测预警、综合防治与应急处置水平已取得显著的进步，十数年来因地质灾害造成的人员伤亡也呈现趋势性下降，但群死群伤的重大地质灾害事件仍几乎年年发生。事后调查分析，几乎所有的重大地质灾害事件在事前都是有迹可循的，是可以避免或大大减轻灾难的。每次崩塌滑坡灾害事件发生后的地质科学分析与描述是系统全面的，甚至是烦琐的，立足于防灾减灾方面的反思、感悟、学习与提高是不够的，崩塌滑坡事前的危险性预测与可能的灾害风险评估更是严重缺乏的。崩塌滑坡灾害风险评估不但缺乏科学认知，也缺乏

实用的方法。灾害风险识别要解决认识现状、预测未来和研判成灾可能性三个问题。正确的策略是，工作理念突出从灾害问题入手，而不是执着于或习惯于从地质问题入手。立足于认识论与方法论考虑问题，崩塌滑坡灾害风险是能够被认识或识别的，整合集成和挖掘应用现有技术方法是有效的[1]。

2. 理论认识

崩塌滑坡灾害风险的识别一要确定危险因素或致灾因子的存在及其变化，二要确定可能的承灾体存在及其易损性，三要研判致灾因子与承灾体遭遇的可能性或暴露度的大小。因此，理论认识上明确一些概念或术语的含义是必要的。

2.1 致灾因子

致灾因子指对财产、人的生存发展或环境安全具有危险的作用或现象，可能造成人员伤亡、财产损失、生活和服务设施破坏、社会和经济秩序被扰乱及生态环境恶化。致灾因子包括地质、气象、水文、海洋、生物和工程活动以及它们的共同作用[2]。致灾因子规模、强度及作用时间决定了破坏性的强弱或大小，如崩塌滑坡的规模与落差决定了解体后碎屑流的冲击速度和冲击距离。高速运动寓含着更大的摧毁力量，远程运动寓含着致灾因子与承灾体更大的遭遇概率[3]。

自然致灾因子指自然的变化过程或现象，用来表述现存的危险或有可能引发未来危险的潜在条件。地质致灾因子包括地球内动力与外动力作用过程，内动力如断裂活动、地震、火山喷发等，外动力如崩塌、滑坡、泥石流、地面塌陷等。水文气象致灾因子包括台风、暴雨、山洪等。人类工程活动失范是技术致灾因子或人为致灾因子。各类致灾因子常会同时或接续出现，彼此耦合作用会显著加剧致灾作用。

2.2 承灾体与易损性

承灾体（受灾体）指遭受自然灾害危害的对象，如人类、财产、资源或生态环境。承灾体数量、价值及其对致灾因子的抗御能力与灾后可恢复性不同，自然灾害造成的破坏损失程度也不同。在同等灾害强度下，受灾体数量越多，灾害的破坏损失越严重，对灾害的防御和灾后恢复能力越差。

易损性（脆弱性）是承灾体抵御致灾因子侵袭时表现出的属性，代表着抗损害能力或可能的损害程度。易损性与各种物理、社会、经济和环境因素相关，承灾体易损性越高，对灾害的抗御能力越差，遭受灾害侵袭时发生破坏的概率越大，造成的损失越严重。承灾体遭遇不同种类以及不同强度的致灾因子作用会表现出不同的易损性。暴露或暴露度指承灾体在某种致灾因子下的暴露程度，结合物体的脆弱性，可用来估算灾害的风险值。衡量暴露程度的指标一般是多少人或财产[2]。

2.3 风险识别

风险识别指在灾害事件发生之前，运用各种方法系统地、连续地感知或认识已有的或正在发生的致灾因子的变化，研判其对现存的或潜在的、内部的或外部的、静态的或动态的承灾体的危害可能性的工作过程。风险具有可变性，风险识别是一项持续性和系统性的工作，要求密切注意原有风险的变化，并随时发现新的风险。风险识别是研判致灾因子与承灾体遭遇的概率及其可能的危害程度，或者说研判致灾因子在未来某个时间、地点发生，并可能造成生命财产和工程设施损害的程度。实际应用中，要注意区分现状风险、引发风险和临界风险。

2.4 地质灾害成因与变形破坏机理

地质灾害成因指引发地质灾害的主要因素及其作用过程。地质灾害的发生原因包括内在因素和外在因素。内在因素包括地形地貌、岩土成分结构和区域地质构造活动性及其组合特点，外在因素包括各种自然和人为作用，内外因素耦合累积作用或随机引发达到某个临界值时就会引发地质灾害。崩塌滑坡的成因类型可分为降雨引发型、地震激发型、自然演化型、冻融渗透型、地下开挖型、切坡卸荷型、工程堆载型、水库浸润型、灌溉渗漏型和爆破振动型[4, 5]。

变形破坏机理指岩土体在内外因素作用下发生变形破坏的内在物理化学作用本质，包括应力集中导致结构损伤、溃屈、剪切、拉裂、压缩、蠕滑、弯曲、塑流、挤出、脆性破坏和塑性破坏等，固液耦合作用造成的软化、泥化、崩解、触变、液化、管涌、流土、渗透、侵蚀和溶蚀等。变形破坏机理分析的理论方法主要有残余强度理论、蠕变理论、孔隙水压力理论、刚体力学、弹塑性理论和断裂力学理论等。

2.5 破坏模式与成灾模式

破坏模式指岩土体在内外动力作用下发生变形破坏的表现形式。岩土体常见的变形破坏模式包括倾倒、滑移、错落、崩塌、滑坡、地面沉降、地面沉（塌）

陷、地面鼓起、地裂缝、岩爆等。例如，根据作用力源位置的不同，滑坡模式可分为推移式、牵引式和坐落式；根据破坏模式不同，崩塌可以分为倾倒式、滑移式、坠落式和错落式。推移式滑坡起源于斜坡后缘或上部动力作用，因后缘过量堆载或强度降低等引起斜坡失稳破坏而推动下部滑动。牵引式滑坡起源于斜坡前缘失去支撑，应力集中作用使变形破坏逐渐由下部向上扩展，直至整个斜坡体变形破坏发生滑坡。

成灾模式指岩土体变形破坏乃至运动产生的直接或间接危害形式[3]。崩塌滑坡直接压覆，整体运动冲击破坏或推挤覆盖，岩土解体形成的碎屑流碰撞冲击摧毁作用，气浪吹袭折断掀翻建筑，入江（湖）涌浪激流冲击掀翻作用，堵河形成堰塞湖淹没上游，滑坡坝溃决形成山洪冲击下游。崩塌滑坡直接冲入水体形成高速激流涌浪或翻坝（丘陵）形成“瀑布式”洪水倾泻灾害。液化土体沿斜坡奔涌推挤压埋建筑。地裂缝直接破坏建筑物。地面塌陷突然危害地面的人类生命财产。泥石流冲击摧毁埋没前进路径上的人员、房舍等。

3. 识别方法

风险识别既可以通过感性认识和历史经验作出判断，也可通过对各种调查观测资料的分析找出明显的或潜在的规律。崩塌滑坡灾害风险识别方法可概括为历史对比法、直接观察法、间接反演法、遥感遥测法、动态观测法和综合分析法等。

3.1　历史对比法

当地人或属地的专业人员，甚至曾经在此地生活工作过的人，能够敏感觉察斜坡地质环境的变化，并对其进行历史对比分析，作出灾害风险判断。斜坡前缘地面鼓胀、开裂，斜坡后缘开裂、下沉，斜坡两侧出现羽状排列的剪切裂缝，斜坡冲沟中的泉水变浑、流量变小以及水塘突然干涸以及建筑物变形、树木歪斜或枯死等，且斜坡下方存在人居建筑等危害对象，应列为在降雨、融雪、地震或人为作用下存在崩塌滑坡灾害风险的区域。

3.2　直接观察法

基于人眼目测的尺度观察问题，是最有效但在广度深度上常常受到局限的方法，包括地表面的和深部的工程勘查。目光所及的观察是直接接触式调查监测方法，可以直接观察感知斜坡表面的形态变化、岩土成分结构、初始状态和成灾条件，但视域受到一定局限，有时因地形障碍、植被覆盖或遮挡而可能观察不及时、没有看到关键变化，或因时间、责任人体力或职业操守不够而没有攀爬到斜坡中后缘关键地带，影响了及时正确地识别灾害风险。

借助工程技术方法如钻探、山地工程（探槽、浅井和钻探）可对局部地点的斜坡深部岩土体成分结构、地下水状况进行直接观察，深化地表观察的认知，对崩塌滑坡灾害风险区域与危害程度作出更全面的判断。

3.3 间接反演法

采用地球物理或地球化学勘探方法探测不能或不宜直接观察的斜坡岩土体成分结构状况，对存在的地球物理场、化学场异常、可能的地下水分布，特别是地下岩溶洞穴或采矿空区的存在形态等进行反演分析，从而对地表变化的原因、发展趋势和致灾因子引发灾害风险范围、强度等作出研判。

3.4 遥感遥测法

基于航天、航空或地面的遥感遥测技术，如卫星影像、天基或地基 InSar、航空遥测及无人机（UAV）、机载 LiDar 和三维激光扫描等，观测斜坡体表面特征及其变化的方法。基于天空地的遥感观测方法宏观视域广大，从整体上解决了视域的局限，可以实现全域掌控，可以与外围环境对比，进行定域多时相扫面、定点多时相聚焦，多种技术长时间序列观测图像对比，提取大型崩塌滑坡变形前兆信息，直接测算致灾因子与承灾体的关系。遥感观测是非接触式的远距离探测技术，克服了高陡地势人力攀爬的困难，省时省力。遥感观测的物理原理是运用传感器或遥感器对物体电磁波的辐射反射或光学特性进行探测，难免存在精度受限、影像多解、定域扫面多点异常同时存在等问题，同时，遥感遥测方法也常会受到天气、空域使用权限、时间周期或经济成本的制约。

3.5 动态观测法

采用 GPS、InSar、动态遥感遥测、地面激光扫描或地面地下观测技术对岩土体表面变形开裂、深部位移、地下水和地应力等的动态变化进行跟踪观测，实现基于时间序列的数据分析建模，研究崩塌滑坡静力学、动力学和运动学，用以研判致灾危险性和成灾风险性。动态观测分析的目的是通过捕捉致灾因子变化而研判危险的发展，针对承灾体预警灾害的风险。监测预警靶区（点）选择首先是威胁人居建筑、关键设施或公共场所的灾害风险区段。监测布置的点、线、面结合要考虑崩塌滑坡的前后缘、侧缘与关键地点的深部。监测要素的选择要结合实际需要而不求系统全面，数据处理、模型建立和预警判据确定要结合属地经济社会条件和技术支撑能力，避免过度追求所谓高精尖技术而脱离减灾宗旨。

3.6 综合分析法

综合分析涉及崩塌滑坡区域动态的历史对比、直接观察、间接反演、遥感遥测和动态监测等方面数据信息的整合集成和系统研究，全面解决崩塌滑坡灾害风险是什么（what）、为什么（why）和怎么样（how）的问题。“是什么”科学描述危岩或滑坡体的几何形态、成分结构与初始状态，是对静态的认识；“为什么”分析预测外在因素引发危岩或滑坡体的状态变化及其时间效应，是对动态的预测；“怎么样”研判成灾的可能性，包括致灾因子的冲击路径、加剧或减轻危害的环境条件和承灾体的易损性，为制定防灾减灾对策提供依据。

灾害风险一般用致灾因子发生概率与承灾体易损性因子的乘积表示[6, 7]，即：

$$R = H \times V \tag{1}$$

式中：R—灾害风险概率；H—致灾因子发生概率；V—承灾体的易损性及暴露度指标。

崩塌滑坡灾害风险（R_t）是六方面因素随时间变化的概率函数[8]，写成：

$$R_t = f(a, b, c, d, e, v; t) \tag{2}$$

式中：a—岩土体边界形态；b—成分结构；c—初始状态；d—引发条件；e—环境因素；v—成灾条件；t—各要素的变化时间。

a、b、c 三者基本决定了斜坡体在某一时刻的稳定状态，按累加效应并随时间变化处理。d 代表了引发作用的强弱及其随时间变化。e 代表崩塌滑坡运动过程中环境条件是加重还是减轻破坏作用。v 代表承灾体的易损性及暴露度。（2）式可写成：

$$R_t = [(f(a) + f(b) + f(c))\, d(t) + f(e)]\, f(v) \tag{3}$$

式中：$f(a)$—岩土体边界形状函数，代表着斜坡地形完整平缓还是陡峻突变，边界开裂情况和底部完整性，寓含着破坏规模大小；$f(b)$—成分结构函数，土体成分结构决定斜坡的休止角，岩体成分结构决定综合或等效摩擦角；$f(c)$—初始状态函数，反映斜坡体是否明显变形、地下水位和地应力集中的分布状态；$d(t)$—引发因素函数，代表着降雨渗透、蠕动损伤、冻胀融缩、地震或人为干扰等外界作用；$f(e)$—环境效应函数，崩滑作用冲击路径通畅或遭遇河塘水体激流加剧灾害，还是沟道曲折、显著跌坎、沟槽洼地阻遏而减轻灾害；$f(v)$—易损性函数，代表着崩塌滑坡碎屑流与承灾体的遭遇与否，承灾体的易损性及暴露度及其后果；R_t—某一时间崩塌滑坡灾害风险度（值），或动态风险指数。

$f(a)$、$f(b)$、$f(c)$、$d(t)$、$f(e)$、$f(v)$、$f(s_0)$、$f(h_t)$ 和 R_t 等可以基于专家经验定性判断赋值（打分）。条件具备时，应采用概率分析、数学物理解析计算或数值模拟等方法得到更准确的解答。实际分析评估时，必须结合具体情况进行具体分析。现状风险可以作为预防管理依据，降雨、地震或人为干扰状态下的引发风险可以作为预警和应急准备的依据，灾害事件即将发生时的临界风险可以作为应急响应的依据。

4. 新磨村滑坡—碎屑流灾害风险追溯分析

2017年6月24日5时41分，四川省茂县叠溪镇新磨村发生特大型山体滑坡—碎屑流灾害，造成83人死亡失踪。事后调查，滑坡变形破坏前兆是存在的，地质环境因素变化是可观察的，滑坡灾害风险是可以事先识别的，不一定能做到绝对避免灾难，但是可以大大减轻的[9-12]。采用综合风险分析法，可分别追溯分析不同时段的滑坡—碎屑流灾害风险。由于前期技术工作深度和时间局限，本文采用专家赋值法概略估算（表1）。

（1）滑坡两年前（2015年），山体破裂边界已经形成，板状岩体成分结构比较稳定，初始状态处于蠕动开始阶段，外界作用状态变化不大，冲击路径环境既无加剧也无减轻灾害效应，新磨村易于摧毁且完全暴露。相关函数取值后代入公式（3），得到 $R_t = 0.78$，对应着正常状态下斜坡滑动稳定系数 $f(s_0)$ =1.28。

（2）根据地表观察和遥感遥测资料分析，滑坡前3个月前（2017年3月），滑坡体已处于整体缓慢蠕动状态，初始状态函数取值增大，其他参数不变。相关函数取值后代入公式（3），得到 $R_t = 0.90$，对应着缓慢蠕动状态下斜坡滑动稳定系数 $f(s_t)$ =1.11。

（3）2017年6月15日后，持续降雨渗流及其滞后效应等改变滑坡初始状态并持续作用，滑坡临界状态函数和引发因素函数均增大，其他参数不变。相关函数取值后代入公式（3），得到 $R_t = 0.99$，对应着滑动状态下斜坡滑动稳定系数 $f(s_t)$ =1.01，滑坡灾害即将发生。

表 1　新磨村滑坡—碎屑流灾害风险分析评估结果

代号		$f(a)$	$f(b)$	$f(c)$	$d(t)$	$f(e)$	$f(v)$	R_t
时段	2015	0.3	0.3	0.18	1.0	0.0	1.0	0.78
	2017.3	0.3	0.34	0.25	1.01	0.0	1.0	0.90
	2017.6.15	0.3	0.34	0.32	1.03	0.0	1.0	0.99

可见，2015 年以来滑坡—碎屑流灾害风险随着时间逐步增大，地质安全性逐步降低。

5. 结语

（1）综合分析法基于斜坡边界形态、成分结构、初始状态、引发条件、环境因素和成灾条件及其时间变化求解灾害风险函数（R_t）是初步的探索，可以作为深化研究的基础，逐步建立基于概率分析或数学物理解析模拟的算法体系。

（2）专业工作应尽快从侧重地质问题研究向地质安全分析和防灾减灾决策支撑方面转化，避免过度追求地质问题精细描述分析的偏颇，指导提升属地或基层组织的风险识别、预警响应和应急避险能力，协同高效应对滑坡灾害风险。

（3）崩塌滑坡灾害风险识别、分析、评估与防控必须围绕有效防灾减灾开展工作。工作的对象是威胁人居建筑或关键基础设施的一级斜坡区或局地小流域，追溯斜坡稳定历史、观察目前状态、预测其随时间的变化和评估可能危害的范围与程度，避免“就滑坡论滑坡”的固化思维桎梏。

（4）科学技术方法的研发应用重在其服务减灾目的的有效性，应理性认识传统方法与现代观测技术各自的合理性和局限性，并结合工作对象的时空要求和社会经济成本考虑最佳选择。没有事先发现不等于“现代技术”更有效、“传统方法”已过时。

（5）法律上明确政府、企业、个人（利益相关者）、社会和科技界等基本对策是“五位一体”共同推进隐患识别基层化、调查监测实用化、风险管控科学化、信息共享实时化、预报预警超前化、公共服务多样化、防治效益最大化、应急处置属地化、培训演练常态化和防灾减灾法制化等“十化管理”。

（6）地质安全隐患是大概率的“灰犀牛”（gray rhino），地质灾害事件是小概率的“黑天鹅”（black swan），采取科学对策防控“灰犀牛”，就能减少乃至避免“黑天鹅”的出现。地质灾害防治应该成为人类生存与发展的一部分，防灾减灾应养成为公众社会的一种习惯，即文化。

参考文献

[1] 刘传正. 地质灾害防治研究的认识论与方法论 [J]. 工程地质学报，2015，23（5）：809-820.

[2] Secretariat of UNISDR. 2009，Terminology on Disaster Risk Reduction，https：//www.unisdr.org/.

[3] 刘传正. 论崩塌滑坡—碎屑流高速远程问题 [J]. 地质论评，2017，63（6）：1563-1575.

[4] Liu C Z. Research on the geohazards induced by "5· 12" wenchuan earthquakes in China. Proceedings of The First World Landslide Forum [M], 353-357. Tokyo. Japan，2008. Global promotion committee of the international programme on landslides（IPL）.

[5] 刘传正. 中国崩塌滑坡泥石流灾害成因类型 [J]. 地质论评，2014，60（4）：858-868.

[6] Varnes D J. Landslide hazard zonation：a review of principles and practice [M]. 1984. Paris：UNESCO.

[7] C. Jaedicke，M. D. Eeckhaut，F. Nadim et al. Identification of landslide hazard and risk "hotspots" in Europe. Bulletin of the International Association of Engineering Geology，2014. 73：325-339.

[8] 刘传正. 论地质灾害风险识别问题 [J]. 水文地质与工程地质，2017，44（4）：1-7.

[9] 温铭生，陈红旗，张鸣之，等. 四川茂县"6·24"特大滑坡特征与成因机制分析 [J]. 中国地质灾害与防治学报，2017，28（3）：1-7.

[10] 殷跃平，王文沛，张楠，等. 强震区高位滑坡远程灾害特征研究——以四川茂县新磨滑坡为例 [J]. 中国地质，2017，44（5）：430-444.

[11] 许强，李为乐，董秀军，等. 四川茂县叠溪镇新磨村滑坡特征与成因机制初步研究 [J]. 岩石力学与工程学报，2017，36（11）：2612-2628.

[12] 曾庆利，魏荣强，薛鑫宇，等. 茂县新磨特大滑坡—碎屑流的发育特征与运移机理 [J]. 工程地质学报，2018，26（1）：193-206.

我国历史上的防灾减灾与防灾规划学科发展概述

郭小东[1,2]，苏经宇[1]

（1. 北京工业大学北京城市与工程安全减灾中心；
2. 木结构古建筑安全评估与灾害风险控制国家文物局重点科研基地）

摘要 本文从防灾减灾学科发展的角度，总结中国古代、现代和当代进行防灾减灾活动的经验，探索未来城乡防灾减灾规划学科的发展。

关键字 防灾减灾，学科史，城市规划

1. 前言

中国历史上就是一个灾害多发的国家，据学界统计（如《中国救荒史》等书），自公元前18世纪至公元20世纪的三千多年间，中国发生各种自然灾害五千多次，平均每半年一次。在与各种灾害作斗争的过程中，我国人民积累了丰富的经验，无论是在理论思考还是在制度建设方面均展示了一种深刻的智慧。可以说，中华文明数千年的文明发展史，就是一部与各种灾害的斗争史。

防灾学是“研究人类行为与自然灾害的相互关系，探索防灾、抗灾、救灾、赈灾的理论、方法和技术”的科学。防灾规划学则是从规划的角度，探索预防和减轻城镇灾害损失及人员伤亡相关技术的一门学科。

2. 中国历史上的防灾减灾思想与萌芽

2.1 古代防灾思想的萌芽

防灾思想起源于“天人合一”理念。中国古代重视环境保护的意识来源于儒家、道家“天人合一”的思想。“天人合一”的实质是人与自然的协调统一、和

谐共存。显然，这一观念有助于构建一种健康的生态伦理，它强调尊重自然、顺应自然、保护自然，对人与自然的和谐发展有益，对预防自然灾害也有益。因为自然灾害往往由于人与自然的关系失调引起，与人对自然的过度开发和破坏有直接关系。因此，在人与自然之间构建一种和谐平衡的关系至关重要，它可有效预防自然灾害。

人们的物欲越强，发展的步伐越快，给环境带来的压力就越大，而环境的承受能力是有极限的。当没有极限的发展超越了环境的可承受能力时，人类将面临灭顶之灾。可见，儒家、道家的生态伦理思想不仅有助于环境的保护，还有助于预防自然灾害的发生。

2.2 古代防灾减灾预防为主思想

汉代大儒董仲舒在《春秋繁露·俞序》中说："爱人之大者，莫大于思患而豫防之。"这里的"爱人"指爱民，"豫防"即预防。这句话的意思是：能够爱民的统治者，应当时刻思考民众所面临的灾患并采取措施加以预防[1]。道家鼻祖老子的《道德经》第六十四章也提出了"为之于未有，治之于未乱"，其含义是"要在事物还未发生前先把它办完，要在事物还未混乱之前先把它理好"。这体现了一种防患于未然的理念，用今语言之即所谓重在预防[2]。这说明，在中华文明史上影响最大的两个学派——儒家与道家——在对待灾害的态度上都有一种重在预防的倾向。这一态度不仅对中国历代的防灾理念产生了积极影响，也为现今的防灾学科建设提供了最基本的理念。

2.3 鲧禹治水与防洪减灾

（1）从鲧禹治水说起

中国历代发生的灾害以水旱为最多，在经历了灾害打击后，历代也极为重视防灾工作，兴修水利就是预防灾害的一种有效途径。在《史记》《尚书》等古籍中均有关于鲧、禹治水的记载，其中疏导九河经验，奠定了治水理论。鲧治水采用"壅防百川、堕高堙庳"，推行"鲧作城""堙洪水"的防治方法，这在黄土高原地区和平原地区是适用的，只是鲧的治水方法不够完备。禹治水是以疏排为主，"予决九川距四海，浚畎浍距川"（《尚书·虞书·益稷》）。但一概用疏排之法，同样会引起严重危害。例如使黄河河道日益降低，水土流失日益严重。因此，鲧、禹治水各有所长、各有所短、各有利弊，对二者评价不可偏颇[3]。

后期荀子提出的"制天命而用之"的唯物自然观，奠定了治水理论的哲学基础。《荀子·王制》主张："修堤梁，通沟浍，行水潦，安水藏，及时决塞；岁虽凶败水旱，使民有所耕艾，司空之事也。"阐明了兴修水利的方法和意义。

（2）古代城市防洪思想[4]

①"防"

历代政治家、思想家都很重视水利问题。水既有利也有害，利在促进农业，害在水患致灾。通过兴修水利工程可以达到趋利避害、防御水旱灾害的目的。

《元史·河渠一》曰："水为中国患，尚矣。知其所以为患，则知其所以为利，因其患之不可测，而能先事而为之备，或后事而有其功，斯可谓善治水而能通其利者也。"只有"善治水"才能"通其利"，不仅如此，善治水还能防水患。以上言论体现了古代哲人对水灾以预防为主、防患于未然的学术思想。

②"导"

宋代对于城市水系的排洪防灾作用已有深刻认识。成书于北宋元丰七年的《吴郡图经续记》就已明确指出，苏州城发达的河渠水系具有重要的排洪作用，能够"泄积潦，安居民"，"故虽名泽国，而城中未尝有垫溺荡析之患"。

北宋绍圣初年吴师孟著有《导水记》，记载了成都疏导城内河渠的情况，又据《宋史·河渠志》，绍圣元年十一月，李伟言："清汴导温洛贯京都，下通淮、泗，为万世利。自元祐以来屡危急，而今岁特甚。臣相视武济山以下二十里名神尾山，乃广武埽首所起，约置刺堰三里余，就武济河下尾废堤、枯河基址增修疏导，回截河势东北行，留旧埽作遥堤，可以纾清汴下注京城之患。"可见，在将近千年之前，对于防洪减灾就有了这样的认识。

③"蓄"

一般而论，古城的河渠水系，既有导的作用，又有蓄的功能。明代宋濂在《行水金鉴》中论述了黄河水患比长江为多的原因："以中原之平旷夷衍，无洞庭、彭蠡以为之汇，故河常横溃为患。"清代学者魏源在《湖广水利论》中也谈道："历代以来，有河患无江患。河性悍于江，所经兖、豫、徐地多平衍，其横溢溃决无足怪。江之流澄于河，所经过两岸，其狭处则有山以夹之，其宽处则有湖以潴之。宜乎千年永无溃决。"魏源分析其原因，一是由于中下游筑圩围垦，二是上游过度开发，水土不保，泥沙下泄，由江达湖，水去沙不去，调蓄作用减少。

明清北京城的三海以及紫禁城的筒子河就拥有很大的蓄水容量，是城市重要的防洪空间。

④"高"

城市和房屋选址于低洼之处，洪水冲来，不仅受淹，且有被冲毁之患。故

《管子》提出城市选址的原则："高毋近旱，而水用足；下毋近水，而沟防省。"

历代帝王的宫城都居高而建，汉长安和唐长安的宫城分踞龙首原的北麓和南麓，地势高敞，利于军事防卫，利于排水和防洪。

⑤"坚"

古代选择城址，很注意城址之坚实。《管子·牧民》提出："错国于不倾之地。"《管子·度地》也提出："故圣人之处国者，必于不倾之地。"因此，古代城址选择有丰富的实践经验和科学思想，选址与防御洪灾相结合，避免在洪水直接冲击的河流凹岸上建城，城址多选在河流的凸岸上。

⑥"迁"

迁的思想一是让江河改道，远离城市；二是迁城以避水患；三是在洪灾发生之前，暂把百姓和财物迁出城外，以降低洪灾时的生命财产损失。

古代对于黄河的水患，历代统治者均少良策，往往不得不迁城以避河患。

2.4 古代城市防灾规划理念

（1）城市防洪规划

《国语·周语》中即提出"囿有林池，所以御灾也"。

古代城市选址注重防洪的学术思想，当以《管子》为代表。《管子》提出的城市选址防洪的原则可以归结为五点：一是选址地势稍高之处建城；二是河床稳定，城址方可临河；三是在河流的凸岸建城，城址可以少受洪水冲刷；四是以天然岩石作为城址的屏障；五是迁城以避水患。

在晚清时期，防灾思想有了重要突破。清末水旱灾害频繁，有识之士提出了植树防灾的思想，主张广植树木，改善被破坏的生态环境，以减少水旱灾害的发生。这种思想探究了引起灾害的深层原因，提出来保护生态环境，旨在从根本上抵御自然灾害频繁发生。

（2）城市防火设计[5]

火灾也是我国古代城市所面临的一项重要灾害。自周王城开始，我国古代城市建设就明确地用宽阔的道路和围墙划分城市防火单元；利用自然河道，组织城中通达的水系用于生活与防火；有明确的功能分区，将手工业区、市场区等火灾易发区与宫室区、居住区分开；城市道路采用方格网的空间布局，利于扑救与疏散，防止延烧；建设园林、开辟广场用于隔断火灾和疏散避难。

到了宋代，我国经济发展到了一个空前繁荣的阶段，随之而来的是城市建筑密集、街道拥挤、火灾频发。因此当时的汴州在城市改扩建过程中贯穿了防火思

想，增加城市绿地，拓宽道路，增设广场，增大了建筑物间的防火间距，疏浚汴河，沿街划定了植树地带。在一些中小城镇，创造了一种“火巷”，宽度很小，两侧建筑用封火山墙封闭，且不对其直接开窗，不仅节约了城市用地，还起到了较好的防火效果。此外，在宋代的部分城市中还建立了“望火楼”以及专救烟火的队伍——防隅军。

3. 现代防灾减灾规划的发展

从用科学观点研究防灾减灾到提出可持续发展，再到形成科学发展观，经历了漫长而艰难的探索过程，这个过程大体起自民国而至今。该过程又可分为两个阶段，即民国至 1990 年为探索科学防灾阶段，1990 年至今为探索可持续发展阶段。

民国建立后，西方先进科学技术的传入，为防灾减灾研究的发展创造了条件。民国时期在灾害研究方面有明显的进步，在天文学、气象学、水利学、地质学、农学等领域都取得了显著成绩，进而也大大提高了防灾减灾领域的认识水平。

民国期间，一大批留学生怀着“科学救国”的理念返回国内，有气象学、地理学家竺可桢，地质学家翁文灏、丁文江、李四光，水利专家李仪祉、张含英等。一系列的专业研究所、学会得以逐渐成立，如农商部地质研究所、地质调查所、中国水利学会、中国地理学会、中国气象学会等，这些研究机构定期召开学术会议，出版学术刊物；一批气象、地质、水利等科学著作相继出版，为防灾减灾提供科学依据。高等院校陆续设立地质、水利等专业，培养科技专才。1915 年南京河海水利专科学校成立；1917 年，北京大学恢复地质专业招生。1935 年建立于南京北极阁的气象研究所开始地震监测。

民国期间对防灾减灾的研究主要有两类，一类是灾害史研究，如邓拓的《中国救荒史》；一类是灾害现象规律的研究。根据这些规律对某种灾害的发生作出前瞻性的预测，为防灾减灾提供依据。

1949 年中华人民共和国成立后，科学、教育、经济全面发展，与防灾有关的林学、气象学、地质学、水利学等学科进入了蓬勃发展的新时期。

由于我国防灾减灾规划是分专业归口编制的，有关城市防灾的研究工作也是分口进行的。在灾种方面主要考虑抗震、防洪、防火（消防）等，很少涉及防御其他灾害方面的规划。其中有关抗震防灾规划的研究工作开始于 20 世纪 80 年代初。海城、唐山大地震以后国务院建设主管部门的领导和专家一致认识到城市是防御地震灾害的重中之重。震后的研究工作主要集中在新建设防和抗震加固的理论和方法方面，并在此基础上编制或修订了建筑抗震设计和加固规范。后来又把研究工作的范围扩大到生命线工程和重要设备设施。抗震工作的立足点应以预防为主，在城市的改造和发展规划中，不断增强城市抗震防灾的对策，逐步形成城市发展规划中一项必不可少的专业规划——城市抗震防灾规划。

20世纪80年代，中国建筑科学研究院工程抗震研究所的周锡元、刘锡荟等认识到现代化城市是一个大系统，为了充分发挥各种抗震措施的效果，需要统一规划和进行综合性的研究，因此首先开展了城市抗震防灾的理论和应用研究。研究内容包括城市地震危险性分析、土层地震反应计算方法，建筑和生命线工程的易损性和震害预测，抗震防灾规划的技术和指标，震损建筑鉴定与加固改造方法，抗震防灾对策和措施等，同时还明确了城市抗震防灾规划的目标、内容和编制程序。

同时期，在抗震防灾规划编制和推广过程中，中国地震局哈尔滨工程力学研究所、上海同济大学、冶金部建筑研究总院等许多单位也先后进行了许多工作。这一段时期的抗震防灾规划研究主要侧重于地震危险性分析和地震小区划方法，场地条件对震害和地震动的影响，震害预测和人员伤亡估计方法，对避震疏散场地和道路的基本要求，防灾资源配置和利用原则，指挥和应急管理体制等方面，与城市总体规划和专业规划结合得不够密切。

4. 当代防灾规划学科的技术进展

在1987年第42届联合国大会上，一致通过了第169号决议，确定1990—2000年在全世界范围内开展一个“国际减轻灾害十年”活动，其宗旨是通过国际上的一致努力，将当前世界上各种灾害造成的损失，特别是发展中国家因自然灾害造成的损失减轻到最低限度。我国也于1989年由28个部委组织成立了“中国国际减灾十年委员会”。

国际减灾十年的最大进展是，人们普遍认识到自然灾害和人们频繁的失控破坏活动，造成灾害危险增长的事实，并且认识到必须进行减灾。人们越来越认识到灾害是可以预防的，而且减灾不是专家们在灾害或一个事件临头时采取的行动，必须把增强灾害意识和风险管理责任列入所有社会正在进行的专门活动和社区工作中。对于防灾规划学科来讲，开展国际减灾十年以来的技术进展主要呈现以下几个方面：

（1）认识到灾害不能被视为通过紧急救援措施就可解决的独立的紧急事件。各学科、各部门的合作是应付自然、环境、技术灾害的必要措施。

（2）认识到防灾的最根本性问题应该是在制定国家或城市的发展规划时期。国家和地方政府当局在制定总体发展规划时应充分考虑灾害及易损性评估。

（3）风险评估成为减灾规划的重要部分，包括对灾害的预测和对其易损性影响的评估。这期间出现了很多对城市灾害风险评估的技术，如美国的 HAZUS-MH 软件、SHAKE-OUT 平台等。

（4）监测预警技术成为任何灾害综合预防战略的重要组成部分。

总体来看，20 世纪 90 年代初，虽然研究灾害、认识灾害、防灾救灾抗灾减灾早已引起国内外专家的支持和关注，城市规划、建筑设计的决策管理也从一定程度上纳入了诸如抗震、防洪、消防等项工程规范及标准，但防灾规划学科领域研究主要还集中在单灾种防灾规划上，未总结并注意到灾害间的关联性、连锁性和耦合性，还未上升到真正意义上的综合防灾减灾规划阶段。

1994 年国家自然科学基金会在国家科委支持下批准了“城市与工程减灾基础研究”重大项目，并选定鞍山、唐山、镇江、汕头和广州作为综合减灾试点和示范城市。

周锡元等（1995）在唐山市综合防灾示范研究中，深入分析了该市的灾害源分布，各种灾害的成灾模型及其并发、连发规律，以及抗灾防灾能力和薄弱环节；研究了城市抗灾资源的合理配置，并提出多灾种综合设防区划和综合防灾规划纲要；研究并开发了综合防灾信息管理系统，该系统除满足综合防灾需要外，还扩充了一定的工程地质、工程结构、市政公用设施等方面的信息，以满足城市规划建设方面的需要。唐山市综合防灾示范项目的完成，标志着现代城市防灾规划研究已经从过去单灾种的防灾减灾规划逐步过渡到综合防灾减灾规划的探索。

陈为邦（1998）提出城市综合防灾的目标是建立与城市经济社会发展相适应的城市灾害综合防灾体系，综合运用工程技术及法律、行政、经济、教育等手段，提高城市防灾减灾能力，进一步指出综合防灾规划是综合防灾的首要任务。

中科院院士马宗晋（1998）指出：减轻灾害和各项措施，包括检测、预报、防灾、抗灾、救灾、援建、管理等是相互衔接、相互依存、密不可分的整体。因此，是一个需要统筹安排的系统工程，而每一项措施则是减灾系统工程中的一个子系统，其中的任何一个子系统都至少可以形成一个新的灾害科学和分支科学。

在学科发展方面，1992 年 11 月，“安全科学技术”正式列入一级学科（代码 620）。现行“安全学科技术”学科框架有灾害理论、安全理论、安全工程技术、卫生工程技术、安全管理工程等 32 个分支学科。城市综合减灾规划作为一个城市灾害学的分支学科，其内容及发展态势正由单灾种防灾向综合防灾减灾转变。

5. 防灾规划学科的技术展望

（1）风险评估技术在防灾规划学科中的研究越来越深入

进入 21 世纪以来，越来越多的学者认识到，城市综合防灾规划应在灾害风险分析的基础上，确定防灾对策与措施。

2005 年联合国世界减灾大会发布了《2005—2015 年兵库行动框架：增强国家和社区抗灾能力》，采用多灾害的综合视角，对相关问题整合考虑，以及目标区域所有层面的政策、规划和任务的开展。为此，联合国国际减灾战略秘书处于 2007 年建立了全球减轻灾害风险的平台，旨在提高减轻灾害风险的意识，共享应对巨灾风险的经验。

2008 年有联合国国际减灾战略、联合国教科文组织、北美全球减灾联盟以及全球灾害信息网联合举办的“国际灾害风险大会”以“公私合作——综合风险管理与缓解和适应气候变化的关键”为主题，并围绕整合适应气候变化与减轻灾害风险的行动、关注主要基础设施的防护与提高其抗灾害风险的能力等五个方面的内容展开了一系列学术交流。2010 年该大会则以“灾害、风险、危机和全球变化——将威胁转化为可持续发展的机遇”为主题，围绕“全球危机——原因及影响”“发展、安全和气候变化——遭遇千年发展目标”“大城市与减灾”“变化时期的基础设施建设”等 12 个议题进行了研讨。

国际科学联合会（International Council of Scientific Unions，ICSU）2008 年正式提出了关于灾害风险综合研究科学计划（Integrated Research on Disaster Risk，IRDR）。该计划的着眼点集中在风险和减轻灾害风险，需要对各种灾害（链）进行多学科、多尺度的综合探讨，重视数据、信息服务能力建设及共享在该计划中的重要性。

2012 年，国家防灾减灾科技发展“十二五”专项规划发布，其中提出我国防灾减灾科技的薄弱环节包括灾害风险评估体系有待完善。灾害风险评估缺乏科学系统的指标体系，灾害风险调查、评估与相关标准有待完善，对致灾因子的危险性、社会经济系统的脆弱性等方面的研究比较薄弱，尚缺乏适合我国国情的灾害风险评估模型体系。

（2）大数据技术在防灾规划学科中的应用越来越广泛

高精度 GPS 技术已成为用来监测火山地震、构造地震、全球板块运动，尤其是板块边界地区的重要手段。GPS 技术目前已成为应急指挥系统重要组成部分，通过卫星定位，实时监控动态信息，可以有效地辅助指挥调度系统。

应用遥感技术（RS）对洪涝灾害进行监测在我国减灾应用领域开展得最早，也最为成熟。我国从 20 世纪 80 年代就开始研究用遥感手段监测和评估洪涝灾害。

地理信息系统（GIS）技术也逐渐应用到防灾规划领域。在减灾领域，GIS 技术的应用已从最初的数据管理、多源数据采集、数字化输入和绘图输出到数字高程模型、数字地面模型的使用发展为 GIS 结合灾害评价模型的灾害区划、风险管理与灾害保险、灾害损失评估和防灾减灾指挥决策支持系统等。

参考文献

[1] 董仲舒 . 春秋繁露 [M] . 北京 : 中华书局，2011.

[2] 任继愈 . 老子新译 [M] . 上海 : 上海古籍出版社，1985 : 200.

[3] 吴增志，吴杨哲，刘丽 . 中国防灾生态学发展史概论 [J] . 北京林业大学学报（社会科学版），2006，Vol.5 Supp. : 12-18.

[4] 吴庆洲 . 中国古城防洪研究 [M] . 北京：中国建筑工业出版社，2009.

[5] 肖大威 . 中国古代城市防火减灾措施研究 [J] . 灾害学，1995，Vol.10（4）: 63-68.

基于灾害复杂问题下的综合防灾减灾与应急管理对策

陈刚毅[1,3]，刘思齐[2]

（1. 国家减灾委专家委员会；2. 成都信息工程大学灾害信息数字化研究中心；3. 成都信息工程大学气象灾害预测预警与应急管理研究中心）

摘要 灾害是快速变化的复杂性问题，属于演化科学，非当代科学的不变性问题，当代科学中不包含有灾害的预测理论、知识和方法。欧阳首承教授领导的灾害团队，近60年来从灾害的性质、特征、形成机制、演化过程、灾害非规则信息数字化和灾害预测理论方法的科学研究中，揭示了灾害的非规则性和重大灾害信息数字化的“新信息源”，提出了建立重大灾害综合防灾、减灾、救灾与应急管理科学技术研究院和以创新科技支撑国家综合防灾、减灾、救灾与应急管理的对策。以物联、互联、灾害大数据、灾害智慧云、灾害复杂信息数字技术和重大灾害关键信息的三维模拟试验等创新技术，建立灾害复杂问题的演化科学体系，推动灾害变化信息在重大灾害中的运用，支撑综合防灾、减灾、救灾与应急管理体系建设，推动我国和“一带一路”综合防灾、减灾、救灾的发展，走向世界，并建议在四川省率先进行示范。

关键词 复杂信息，数字化技术，综合防灾减灾，应急管理，对策

1. 引言

人类生存于曲率空间的旋转宇宙中，旋转地球受到星体位置分布变化引起地球极轴偏转和旋转速度的非规则变化，导致地球内部流体和地球大气运动的物理学特征信息变化，致使天文、气象、水文、地震、地质、海洋、生物农业、生态环保、城市、矿山、生产安全等领域发生突发事件。突发事件发生前首先反映在

地球内部和外部热力结构异常变化，热结构的复杂性和热能量的重新分布造成地球内部、地表和大气的调整，人们不能适应和应对这种自然调整变化，形成了气象、水文、地震、地质、生物农业、生态环境、城市、矿山、生产安全和公共安全的灾害事件链的发生。如2008年汶川特大地震，首先是2006年四川特大干旱。2008年1月南方冰雪灾害、2008年5月3日孟加拉湾风暴、“5·12”汶川特大地震灾害、2009年甘肃特大泥石流，以及2009年、2010年四川山洪泥石流灾害等，重大灾害具有多灾种灾害链的特征。

世界最高的山峰喜马拉雅山在中国西部，其东侧为世界最深的马里亚纳大海沟（11公里深）。我国的地理高度差构成了世界独特的山高地险、梯度最陡、地质和气候变化最大的“非均质性”地区。“非均质性”必然引发旋转运动的破坏性[1-3]。所以，世界自然灾害之最，灾害种类多、灾害频率高、强度大成了中国基本国情。习近平总书记高度重视国家安全观，在十八大报告中36次、十九大报告中55次出现“安全”关键词。2018年，国家成立了国家应急管理部。《党中央国务院关于推进防灾减灾救灾体制机制改革的意见》中提出：“推进防灾减灾救灾体制机制改革，必须牢固树立灾害风险管理和综合减灾理念，坚持以防为主、防抗救相结合，坚持日常减灾和非常态救灾相统一，努力实现从注重灾后救助向灾前预防转变，从减少灾害损失向减轻灾害风险转变，从应对单一灾种向综合减灾转变。健全统筹协调机制，完善体系、统筹协调防灾减灾救灾科技资源和力量，充分发挥高新技术对综合防灾减灾与应急管理的支撑作用，全面提高国家综合防灾减灾救灾能力。”

2. 灾害的性质和特征

2.1 灾害链的形成

“问题引导科学的发展”或“困难与希望相伴”，或者说问题正好是科学研究的最佳选题。灾害属于地球异常扰动造成，属于地球物理学，包括天文、大气、地震、地质及其地球生态环境。

旋转地球受天体行星运行和空间质量分布变化影响，对地球产生作用，造成地球极轴偏移和旋转速度变化，主要影响有：

（1）地球运行遵循椭圆轨道，则地球运行中展示了近日运行和远日运行的差别。即地球趋向近日运行转速加快，而趋向远日运行转速减慢。为此，涉及地球转速的经向作用和纬向作用，或径向（垂直地面）作用的问题。

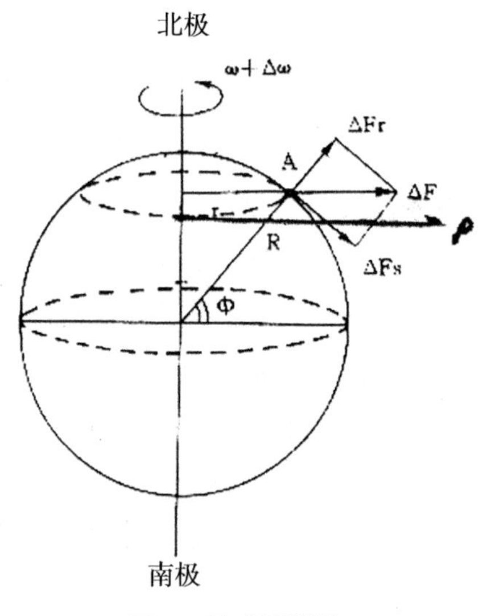

图1 地球运转图

（2）旋转必然制造曲线运动，并由此涉及了地球大地（包括海洋）本身的非均质性。作用力来自物质的“非均质性”，则非均质性大地构造的本身就具有了“力”，并对外力的第一推动构成了反作用力，也就必然引出相互作用的“搅动力”。

（3）地球极移和旋转速度变化，产生两个作用：①地球内部流体对流运动，上升运动时，热能量加强（对地表热辐射加强）；下沉运动时热能量减弱。同时伴随着物质结构及环境条件变化产生热光化物理学作用，并产生地热、地磁、地电、地声、地气、地形变和地球生态环境等物理量特征变化。地球内部调整过程，发生地震。②在地表及大气层圈，由于地球扰动对大气物质的杠杆作用和地球内部的热辐射能量作用，造成大气层结、大气涡旋运动和气候发生变化或异常。大气调整过程就形成了气象灾害。气象灾害和地震灾害必然引发地质、水文、海洋、城市、雾霾、生物农业、森林草原火灾、工程动力、生产安全和生态环境等灾害。

地球扰动可引发气象、地震灾害，地震灾害又诱发泥石流灾害，气象、地震、地质灾害又破坏生态环境（如图2所示）。主要灾害链有：①连续干旱可能引发地震，地震、气象灾害又诱发大量山洪、泥石流等地质灾害，并造成大面积的生态环境灾害。②下半年暴雨、强对流灾害天气可造成山洪、泥石流灾害。③台风可造成大面积的暴雨洪水、山洪泥石流灾害，造成大面积的生命财产损失，城市安全、工业农业生产安全等。④高温干旱可引发森林、草原火灾，农业灾害，破坏生态环境。灾害链很多，不一一列举。人类生存于自然界，人与人、人与物和物与物的互联互通，灾害发生，特别是重大灾害的发生是以多种灾害并成，主灾害诱发次生灾害，次灾害再诱发次灾害，循环往返，造成生态环境破坏。因此，综合防灾、减灾、救灾与应急管理必须抓住重大灾害的关键信息，纲举目张。

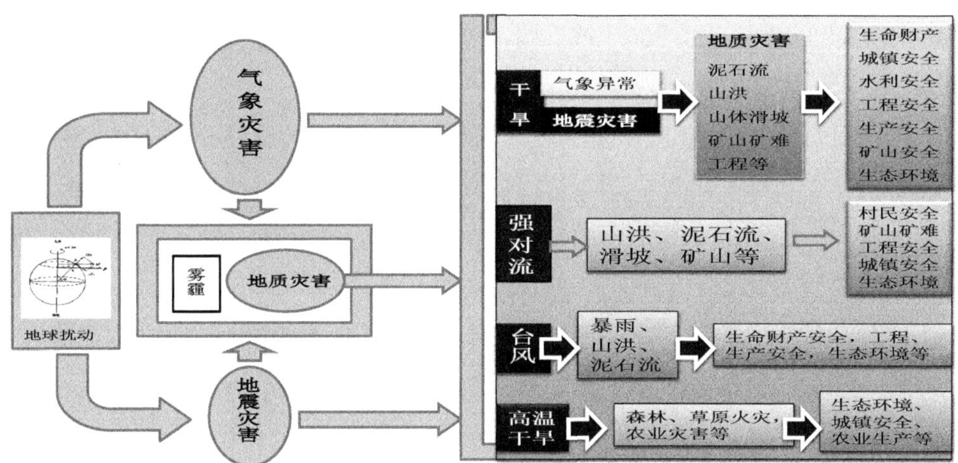

图 2　多灾种、灾害链发生机制示意图

2.2　灾害的不可避免性与热结构的“复杂性 ”

灾害，尤其是气象灾害和破坏性地震，涉及：①地球内部流体热对流；②旋转星球赤道带的线速度大于其两侧中高纬度地区的线速度，必然导致地壳或地幔塑性流向赤道两侧挤压和滚动，配合地球极移的反挤压等，可展示于“热结构”变化的“复杂”性，并包括地球流体运行的非常规性而涉及了气候调整和天气变化的复杂性[4,5]。“破坏性地震、灾害天气”事件的不可避免性，必然引出事件信息“复杂性”的不可避免性。重要的是，事件“复杂性”的不可避免性，涉及了认识观念的非传统性和启用“复杂”事件或信息处理方法的灾害问题分析技术的变革性[1-6]。

2.3　灾害特殊事件的“变化性”

地震、灾害天气、山洪、泥石流、旱涝、工程、矿山、森林火灾等灾害，属于“小概率”的特殊性事件，体现于地球运转或大气运行的“非常规”事件。特别是，300 多年来基于经典力学体系的一般性学术界延续为确定性体系的提法；

100余年来，“小概率”特殊性事件沿袭了“不确定性、随机性”等提法，并于20世纪逐渐演变为“复杂性”概念。重要的是，在方法体系中，无论是“确定性”体系或是“非确定性”体系，均没有真正或实在地启用特殊事件的“小概率”信息[1-3]。

如何正确认识和启用“小概率”信息问题，若站在客观事件上看待事件及其信息，事件不存在“随机或不确定性”的观点，揭示了“事难平者”与“事件本身的不可平”，并涉及了300年的“小概率”事件不可能按“大概率”方式给出预测。

灾害是物质演化过程中的重大变化事件，且以识别转折性变化成为世界性难题，遂有维护物质不变性（一般性）运行的当代科学遇到了挑战，并导致西方学者提出地震不可预测的观点。这也是为什么包括地震在内的自然灾害预测屡屡失误，并一直没有正视其失误的实质原因。特别是近几年来相继发生的印度洋海啸，汶川、海地、智利大地震、日本2011年“3·11”地震海啸和尼泊尔地震后，应当深入到基础观念和事件内部进行思考。

欧阳首承教授、陈刚毅教授及其领导的灾害团队从20世纪60年代开始，做了大量的灾害案例分析研究工作[4-40]，将“一般性”对照实际事件的复杂性，揭示了人们意识的“一般性”正好对应具体“复杂性”事件的“平均数”；特别是在逐个对照“复杂事件”中，发现了“复杂性”对应了“变化事件”，和“一般性”在不变中展示了当代科学对于演化的否定，这也是为什么当代科学体系不能给出“风险值”设计和工程建筑遭遇“动力灾变”事故的本质性原因。欧阳首承教授第一个指出：“复杂、小概率或非确定性”的实质是事件的“变化性”。更重要的是在于：分析变化问题不能再以所谓“小概率、非确定性”作为理由，以数量方式丢弃、平滑“变化事件”，而在于设法启用“变化信息”！

“随机、非确定性或复杂性”的实质是“变化信息”，“变化信息”对应的“变化事件”必然引出事件的过程物理学或称为演化科学。“过程变化”必然具有“物有本末，事有始终”的原因和变化的过程性。这样，演化科学或过程物理学应当研究的是“变化事件”和变化信息。在认识观念的变革中必然引出了做法的改变，从而导致创立了“溃变理论”和“变化信息数字化”分析体系[3-8]。

2.4 自然灾害、“动力灾变”事故的性质和特征

灾害不限于人们目前关注的地震、地质、矿山和灾害天气，实质上还包括瘟疫、疾病、火灾、地质塌陷、泥石流和低能见度或工程的动力灾变、交通事故、

生产安全、经济安全和社会安全等。但作为灾害的总体认识和共同特征是“变化事件”，均在变化中展示了“由微而巨”“由弱而强”和“由小而大”的发展，或事件的转折性变化能量不能及时宣泄或转移导致的过程物理效应[24-38]。遂有中国人历来注重“见微知著”而“防患于未然”。应当注意到：“见微知著”既含有理论的认识问题，也包括了方法问题；科学技术更在于“致用”，或更高层次地称为“学问在于经世致用”而经得起时代的考验。马克思说：“科学的第一位问题是问题”，而首要问题是明确问题的性质。或者说，不能不分辨问题的性质，而统统套用某一理论就可以作为问题的终结性成果。灾害或动力灾变事故等之所以成为一个时代的难题，实质是运用的科学理论遇到了实在问题应该奉行理论的挑战。特别是对于“变化事件”问题不能沿用“不变化”的理论体系[3-7]。目前学术界将地震、地质、矿山、气象科学纳入当代经典力学体系，而突显了地震、灾害天气的预报和工程“动力灾变”等成为“世界性难题”的原因，所以人们需要认真思考问题的性质和如何面对思维的走向。

3. 以创新科技支撑综合防灾、减灾、救灾与应急管理的对策

党中央、国务院《关于推进防灾减灾救灾体制机制改革的意见》中第（十三）条明确指出：“提高科技支撑水平。统筹协调防灾、减灾、救灾科技资源和力量，充分发挥专家学者的决策支撑作用。”“明确常态减灾和非常态救灾的科技支撑工作模式，建立科技支撑防灾减灾救灾工作的政策措施和长效机制。加强基础理论研究和关键技术研发，着力揭示重大自然灾害及灾害链的孕育、发生、发展、演变规律，分析致灾成因机理。推进大数据、云计算、地理信息等新技术新方法运用，提高灾害信息获取、模拟仿真、预报预测、风险评估等。”国家成立应急管理部，加强综合防灾、减灾、救灾与应急管理，整合资源、完善科技支撑体系建设，实现在灾害大数据、灾害智慧云下的创新技术支撑的灾害应急管理体系[37-38]，实现多灾种、灾害链的信息数字化监测预测预警、应急救援和灾害管理的高效低成本综合防灾减灾和安全服务，提升国家综合防灾减灾救灾能力。

3.1 关于灾害创新科学技术的对策

3.1.1 关于灾害问题认识的变革性

鉴于自然灾害的严酷性、公众的关注性和防灾减灾创新技术的紧迫性，在2010年陈刚毅教授主持了第九届四川省天府创新论坛——“风险、灾害与防灾减

灾对策”，与会专家针对四川自然灾害的防灾减灾问题和当代科学存在的主要问题[4-18, 39, 40]进行了探讨，指出：①当代科学遗漏的“能量需要空间”问题，已经实质上妨碍了“风险、灾害和防灾减灾救灾”问题的认识和探索。②针对自然灾害的“变化事件启用变化信息”，提出用于解决重大自然灾害和工程动力灾害预测预防的理论技术和应用问题的方案。③对自然灾害的变革性认识，深层次地冲击了当代科学的基础性观念和方法体系，发现了预示灾害变化事件的“新信息源[38]”。④灾害信息的数字化具体地挑战了当代科学体系的数量化[4-6, 13, 17, 26-38]。

3.1.2 关于“信息资源”与信息数字化

由信息数字化[4-6]揭示的信息中还展示了被传统数量分析掩盖的新信息源，诸如数字化揭示了变化（非确定或随机）信息的“扭结”，恰恰是自然灾害预测或工程中“动力灾变”预防的重要问题。变化信息的“扭结”，对应了数学不能处理“非线性三阶导数”，恰恰是传统体系不能解决的重大灾害预测，或工程中“动力灾变”的非常棘手或难以攻克的“世界性难题”。信息数字化方法展示了传统数量方法，丢掉了可以识别变化的有效信息，而丰富了信息源。“变化事件启用变化信息”的数字化方法具有处理灾害事件、信息复杂性的功能，信息越细致或越复杂效果越好。气象灾害中的“超低温扭结（卫星云图中扭动云系等）”和地震问题中“热红外扭结”，均在作为灾害发生前的“新信息源”而可以用于重大灾害的预测、预防。从芦山地震、康定地震、尼泊尔地震等展示了地震灾害的气象“新信息源”的启用“变化信息数字化”的地震预测的分析效果[7, 17, 36]。

3.1.3 关于灾害信息的取样和信息共享平台

“新信息源”的启用和信息数字化技术[38]，将可以给应急管理部重大灾害预测和灾前风险决策提供技术支撑。“事件的时间尺度”应当启用对应的“信息的时间尺度”，提出了“尺鱼、分网”规则的重要性。例如，天气灾害的“事件时间尺度”为“6 小时到 24 小时”事件，其数字化的“信息尺度”取样为“分钟级”信息，已经被实践检验证实有效；破坏性地震（或地质）事件的“事件尺度”为“分钟级”事件，其对应预测信息取样应当达到“秒级或 1/10 秒级，或以下”，才能实现分钟级的地震灾害发生的有效预测（提前 3 小时以上的地震预测）。重大气象、地震灾害的预测预防的大气探空站的空间分辨率，气象灾害空间尺度，大气探空站网应小于 100km × 100km，龙卷风小于 50km × 50km；地震带区域空间尺度，大气探空站网应小于 50km × 50km。目前我国大气探空站分辨率在 300 ～ 500km，满足不了重大灾害的监测要求，地面探测仪器还不能获得“秒级或 1/10 秒级以下”的观测信息，更没有灾害信息共享网络平台。建议在

"5G"即将建立的条件下，需要调整灾害信息观测站网，按灾害性质进行灾害信息取样尺度，建立重大灾害综合监测信息共享平台或称为灾害监测大数据。

3.1.4 关于给"能量留有空间"与综合防灾、减灾、救灾对策

当代科学体系遗漏了"能量需要空间"的问题[4-6, 37, 39, 40]，既不能给出"风险值"的原因，也失去了解决灾害的预、防问题的能力。此问题涉及了认识观念的改变，有必要或适当场合进行广泛宣传。从实践中揭示"给能量需留有空间"新的科学命题，强调自然灾害、人为建筑工程"必须给能量留有空间"，才能实现有效的"与自然和谐"和实在地实现防灾问题。并应当在实际工作中重视"7：11 工程"[5]（曲率与欧几里得空间转换的自然休止角）的应对自然灾害的防灾技术。

3.2 整合资源，完善创新科技支撑体系建设、提升国家应急管理能力的对策

国家应急管理部的成立，整合了资源，完善了国家综合防灾、减灾、救灾与应急管理组织建设。同时应建立有效灾害创新科学技术支撑体系，推动应急管理的高效运转，科学应急决策，实现多快好省，高效率、低成本防灾、减灾和救灾，全面提升综合防灾、减灾、救灾与应急管理能力。

3.2.1 建立灾害大数据，整合资源，完善灾害创新科技支撑体系建设

灾害大数据（或称为灾害非规则信息）就是高效应对"物联网络时代海量灾害复杂信息带来的防灾、减灾、救灾和灾害应急管理的应用难题"而产生的一种处理灾害复杂信息新的思维方式、技术体系和创新能力，有效应对综合防灾减灾，提升防灾减灾和救灾的能力及水平。

战略意义和核心价值主要表现在以下三个方面：第一，在战略思维层上面，灾害问题已超越当代科学认识能力，"灾害频率高、强度大是中国基本国情"，综合防灾、减灾已经上升到国家战略层面。第二，在信息科学与技术创新发展层面，灾害大数据给传统的信息科学与技术体系带来了全方位的挑战，大数据科学正在加速形成以复杂信息（或称非规则信息或变化信息）为核心的新的理论与技术体系。第三，在社会创新发展层面，灾害大数据是保障我国"互联（物联）网+"和"智慧安全、智能减灾"战略实现的核心能力，强化了综合防灾减灾与应急管理。

（1）灾害大数据平台

灾害是快速变化问题，是变化事件的非规则信息，即非线性问题，数量分析方法遇到了困难，由数量分析体系建立的数值计算模式不能适应极端灾害的预测和风险评估分析。灾害又是多灾种、灾害链的多学科的问题，涉及多学科交叉，需要一个链接处理复杂信息的多学科的平台——基于灾害智慧云的大数据平

台[37]（如图 3 所示）。灾害大数据平台包括：①信息源：自然灾害、生产安全和公共安全监测信息；政府、事业、企业灾害应急管理信息（含灾害与风险预测预警）；群测群防信息；城市、社区、农村灾害监测与预防信息。②灾害智慧云：由灾害风险评估模型、灾害预测预警模型和灾害模拟试验组成。③灾害属地安全服务。

灾害大数据包括：灾害监测子数据（自然灾害监测、生产安全监测、公共安全监测）；灾害风险评估子数据；灾害应急管理子数据；灾害安全信息服务子数据。

灾害智慧云包括：灾害信息数字化预测预警分析模型，灾害信息数字化风险评估分析模型；重大灾害模拟试验等。

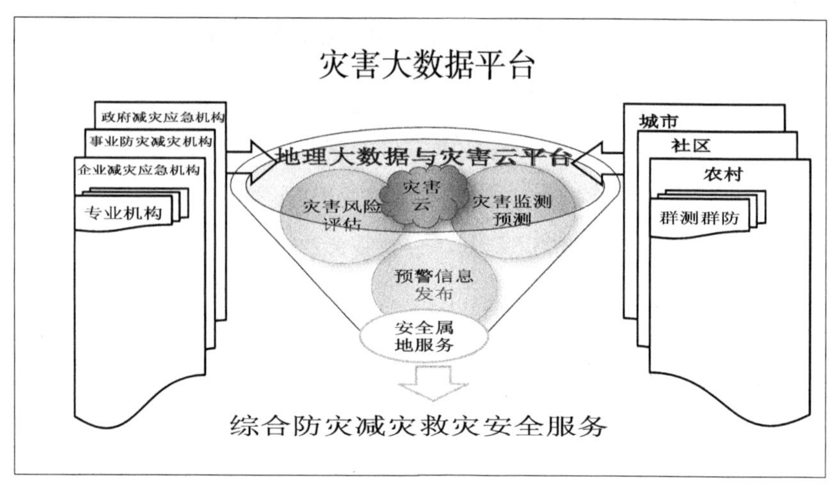

图 3　灾害大数据平台示意图

灾害属地安全服务：通过基于物联、互联和灾害大数据下的安全信息位置服务。

综合防灾、减灾、救灾涉及人与人之间、人与物之间、物与物之间的相互作用，充分体现了综合防灾、减灾、救灾与应急管理内涵。灾害大数据平台又能将政府、企业、社区、专业防灾减灾、群测群防和个人安全有机结合，形成互补，提升灾害应急管理能力和综合防灾减灾救灾能力。通过移动物联、互联，将政府、企事业单位防灾、减灾和救灾，专业防灾减灾机构和群测群防相融合，实现城市、社区和乡村一体化的公共安全服务。

（2）灾害智慧云

灾害大数据是指超出传统数据库软件工具提取、储存、管理和分析能力的大量的、复杂信息的数据集合，这是灾害变化信息的数据集合，并在非规则信息数字化创新数据处理技术智慧模式下，能够获取有价值的关键信息源，如图 4 大气探空信息数字化分析图所示：左图图像左倾并垂直于横坐标为特大地震发生前的关键信息；右图图像右倾并垂直于横坐标为特大暴雨发生前的关键信息，从而更加有效地科学支撑应急决策。

值得注意的是信息数字化方法，不仅揭示了“信息是资源”而不应轻易抛弃或随意处理掉灾害非规则信息或称“灾害关键信息”，而且信息数字化揭示的信息中还展示了被传统数量分析掩盖的新信息源，诸如数字化揭示了变化（非确定或随机）信息的“扭结”，恰恰是自然灾害预测或工程中“动力灾变”预防的重要问题。气象灾害中的“超低温”已经投入四川省和成都市气象业务应用，并展示了预测灾害天气的有效性[7-37]；地震问题中发现的“热红外扭结”，也在实践检验中取得可喜成绩[7, 17, 36]。灾害智慧云平台通过灾害信息数字化分析技术开创更多的综合防灾减灾的有效信息源。

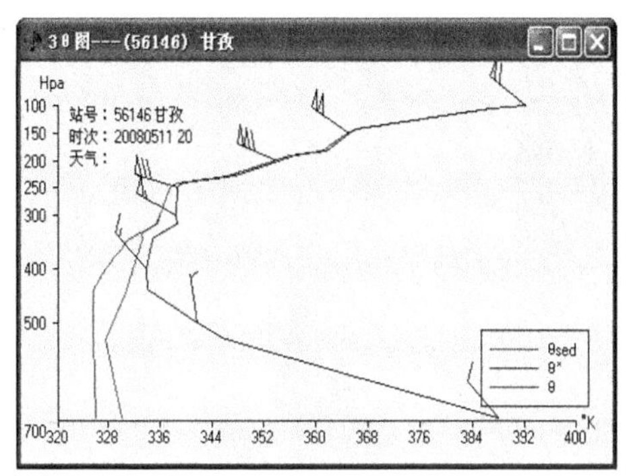

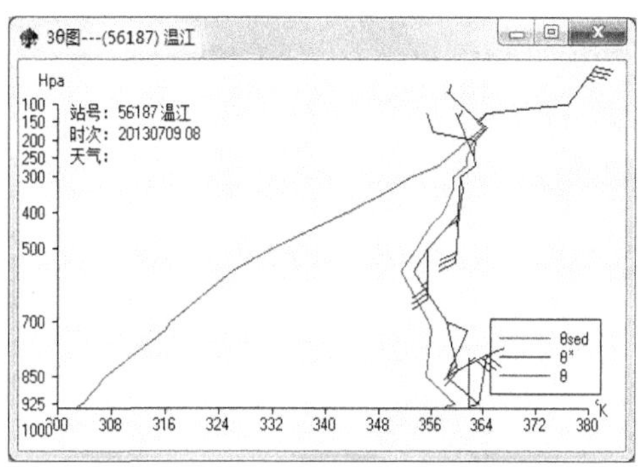

图 4　左图为 2008 年 5 月 11 日 20 时地震数字结构图（汶川 8 级特大地震数量斜率）

右图为 2013 年 7 月 9 日 08 时特大暴雨数字化结构图（四川特大暴雨数量斜率）

灾害智慧云则是一种新的处理非规则复杂信息的数字化计算模型，建立共享基础架构方式的超大规模的分布式用户环境，其主要功能是提供快捷综合防灾、减灾、救灾与应急决策的灾害云端数据存储、数字化预测预警模型、灾害风险数字化评估模型、灾害数字仿真模拟试验和灾害信息服务。

3.2.2　建立重大灾害预测和风险评估模拟试验中心

在灾害大数据基础上，增加重大灾害事件的移动加密观测数据，再通过灾害信息数字化技术、地理信息系统、3S 技术和物联技术，建立重大灾害关键信息源的三维空间结构模拟，实现重大灾害灾前、灾中预测和风险预警分析评估，开展对历史和正在发生重大灾害演变过程仿真模拟试验。针对每次重大灾害发生事件，就是一次科学实验（如图 5 所示），既是实践又是实况演练，提升综合防灾、减灾、救灾和应急管理的能力。

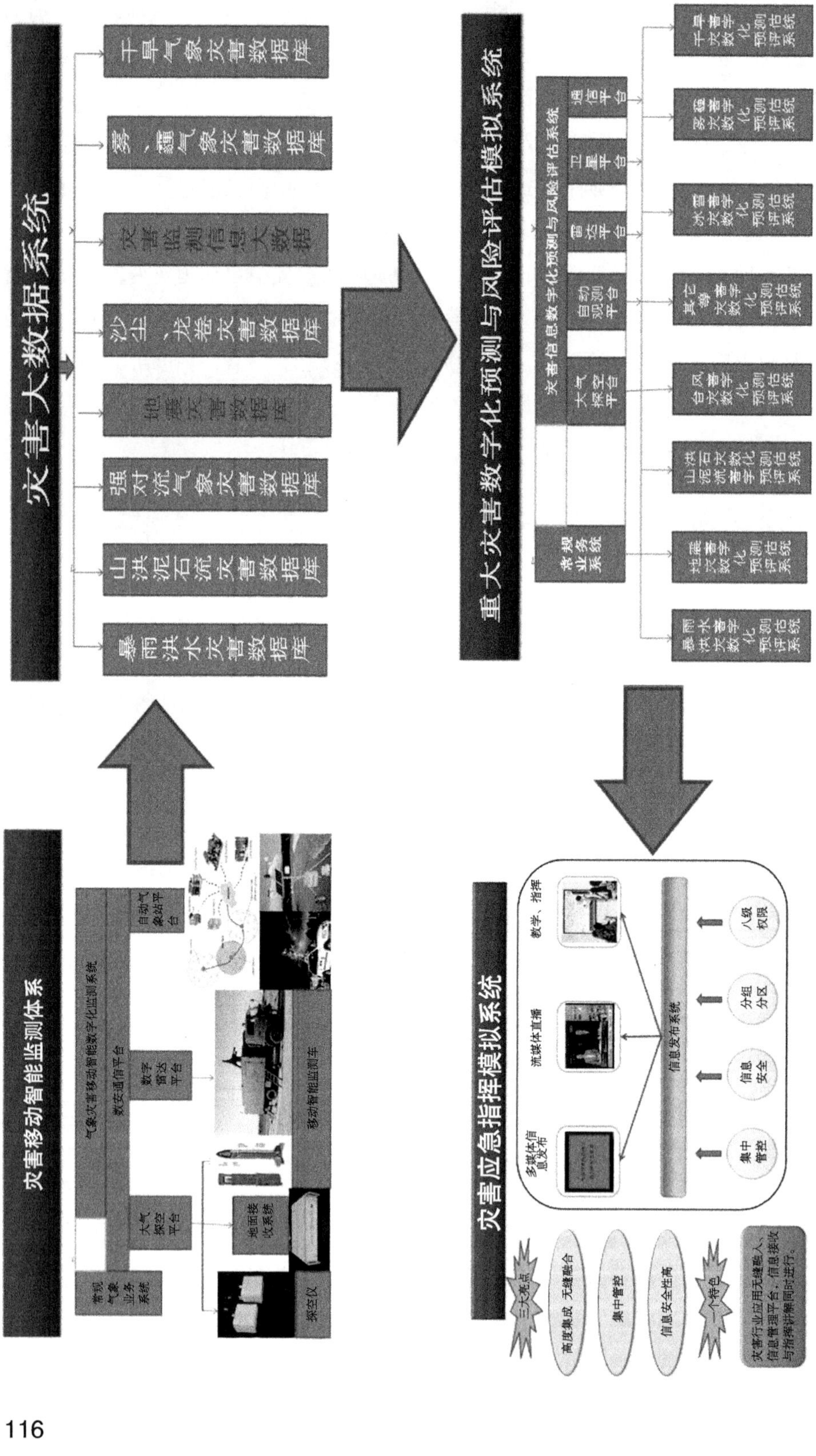

图5 重大灾害监测预警模拟试验

重大灾害预测和风险评估模拟试验中心主要作用：集成灾害实时观测监测信息、灾害信息数字化预测分析、灾害数字化风险分析、应急决策指挥和灾害信息发布系统，对极端灾害进行模拟试验，包括重大灾害关键信息、机制、过程演变，预报预警指标等进行模拟演练。重点模拟台风、暴雨、强对流、地震、山洪泥石流、冰雪等特大自然灾害。通过重大灾害监测、预测、风险评估的实况模拟试验，揭示灾害发生机制、演变过程、灾害关键信息密码、预测预警指标、应急决策指挥、灾害信息发布规律、正确的防灾减灾对策。通过模拟试验与演练培养灾害高级科技人才和应急管理人才。提升防灾、减灾、救灾与应急管理的能力，降低救灾成本，提高救灾效率。

3.3 建立重大灾害综合防灾、减灾、救灾与应急管理科学技术研究院

灾害每年对国家经济损失极大，据20世纪70年代至90年代统计，仅自然灾害造成的直接经济损失每年平均占国民生产经济总值的5%～6%，21世纪加强了减灾与预防工作，灾害损失比重下降。国家“十二五”和“十三五”规划自然灾害损失控制在1.5%～1.3%，按现在我国GDP值为82万亿元人民币计算，每年直接经济损失超过1.2万亿元。党中央国务院高度重视综合防灾减灾救灾与应急管理工作，建立科技支撑防灾减灾救灾工作的政策措施和长效机制，统筹协调防灾减灾救灾科技资源和力量，充分发挥专家学者的决策支撑作用，加强防灾减灾救灾人才培养，建立防灾减灾救灾高端智库，完善专家咨询制度。

但灾害的性质是小概率的非线性变化问题，而当代科学是建立在牛顿质点力学“不变性”的基础上，遇到了非线性科学问题和遗漏了“能量需要空间”问题，人们通常采用的方法是非线性问题线性化方法，丢失大量灾害问题的关键性核心信息。因此，当代科学不含有处理灾害变化事件的理论、知识和方法。尽管国内外对灾害研究花费了大量的人力和物力，但大多是套用当代科学的“不变性”理论和方法。因此，灾害，特别是重大灾害成为“世界难题”，或称之为“复杂性问题”，科学上没有进展。

灾害问题是快速变化的非规则问题，不属于当代科学范畴，是一个新的科学领域，应建立处理变化事件的演化科学理论、知识和方法。欧阳首承、陈刚毅及其他的灾害科研团队，从灾害性质、机理、演化过程，预测理论与实践分析研究，发现了大气“超低温”、大气风场结构的滚流特征、能量需要留有空间、灾害的非规则信息和灾害信息数字化等科学问题，形成了减灾防灾的综合理论、方法和灾害信息数字化技术，突破了非线性的应用。基于变化事件的非规则信息，

和“热”本身也展示为非规则，提出并建立了在气象学中的可以体现热量垂直分布的位温的溃变 V–3θ 数字化技术方法。灾害团队通过几十年的上万个案实践研究[7-40]，所谓“复杂信息”中，数量分析手段丢弃了与灾害有直接关系的“变化信息”，而且变化信息中蕴含了灾害性的“密码”，建立了“复杂（变化）”信息数字化的气象、地震预防、预测分析体系。立足于“热结构”等“复杂”信息先于重大灾害出现的预测、预防的理论、技术体系，启用、挖掘灾害“复杂信息”中的灾害“密码[38]”（如图4所示）。

人类生命和生存永远是科学研究的主题。鉴于灾害非规则的复杂性和破坏性，建议应急管理部成立“重大灾害综合减灾防灾与应急管理科学技术研究院”，集国内外研究演化科学的一流灾害专家学者和创新人才队伍，建成国际一流的重大灾害的产、学、研灾害创新型科研基础，整合资源，引导全国灾害科研院所、实验室、研究中心和研究基地围绕重大灾害关键性科学技术问题展开科学攻关，并转化为实际应用，用创新科技支撑国家综合防灾、减灾、救灾和应急管理事业发展。

创新型灾害研究院的主要任务是：（1）研究我国防灾、减灾、救灾与应急管理机制体系、政策、应急预案和灾区重建恢复发展。（2）研究灾害大数据平台对灾害应急管理的科技支撑的关键技术，建立基于重大灾害监测、预测、风险评估、灾害智慧云、应急管理和应急指挥决策的大数据云平台核心技术，整合科研、业务管理和服务公共资源，实现高效、低成本开展综合防灾、减灾、救灾与应急管理工作。（3）深入研究灾害的性质、特征、机理和演变过程，揭示灾害变化性问题的科学认识方法。创立重大灾害的综合防灾、减灾、救灾的科学理论和技术方法，给能量留有空间，创建处理灾害变化信息的数字化技术方法，挖掘重大灾害新信息源，研究灾害非规则信息数字化关键技术，突破非线性科学，实现重大灾害灾前预测预警。（4）研究“空、天、地”一体化重大灾害监测体系，研究卫星、无人机、雷达观测信息开发运用，研究小于 100km × 100km 北斗重大灾害大气探空的观测网建设，注重观测仪器开发，从源头上研究和发现重大灾害的新信息源。注重研究重大灾害“尺鱼、分网”观测网建设和观测信息分辨率对灾害预测预防的影响。（5）研究灾害智慧云，建立多灾害种、灾害链的重大灾害预测、风险评估的数字化分析技术和智能识别模型，攻克预测预警与灾前风险评估的世界性难题。（6）研究重大灾害数字化模拟试验，研究灾害关键信息密码特征、演化过程，通过灾害大数据、移动加密观测信息、灾害信息数字化智能模拟技术、虚拟现实技术等高新技术，建立灾害演变过程特征结构，以直观三维结构

显示不同类型灾害复杂信息的结构演变特征，实现应急指挥的科学化决策。同时，每次灾害过程就是一次实战演练，培养防灾减灾的理论和实战的高级人才，科学提升综合防灾、减灾、救灾和应急管理的能力。

4. 灾害复杂性的科学问题讨论

灾害是演化科学问题，非当代科学的不变性问题，当代科学中没有灾害预测的理论、知识和方法。以物联、互联、灾害大数据、灾害智慧云和灾害复杂信息数字技术等创新技术，建立灾害复杂问题的物质演化科学体系，推动变化信息在重大灾害中的运用，支撑综合防灾、减灾、救灾与应急管理体系建设，并将推动我国和“一带一路”的综合防灾、减灾、救灾发展，走向世界。

（1）灾害是快速变化的小概率事件，是非线性问题。数量分析的基本功能，只适用于相差一个数量级物理量的对比性分析，遇到相差两个数量级的物理量就遇到了“准等量算不准”的问题。即相差两个数量级的物理量，属于数量分析中略去不计的问题。实际上，出于灾害事件的变化性，微小事件可以发展、变化为巨大事件，最初的微小差异可以达到千分或万分之一的程度，却可以发展成重大事故，而有“千里之堤可以溃于蚁穴”。或者说，“尺鱼、分网”的细致分析，在于捕捉微小事件变化、发展的过程性而达到防患于未然。对灾害复杂性问题，当代科学的基本理论和方法受到了挑战。到目前为止的国内外科技界都没有启用“变化性”事件或信息，特别是以“适定性”和“平稳序列性”等规则化方法，丢弃了灾害的关键信息——“非确定性、复杂性”信息或事件。

（2）灾害的“非规则”信息应称为“变化信息”，并以“热结构”信息的变化先于地震问题而启用了信息数字化。已经在气象的灾害天气的预报中，取得了变化和转折性变化预测的成功。其后在排除“地热”干扰中，发现了“地热”现象与地震问题关系，并鉴于“热结构”来自基本粒子的非规则运动，而相继展示了灾害天气与离子态气体的膨胀或地震与“核子态”膨胀（爆炸）相关联。在认识上涉及了地震的预测问题应当深入到微观物理学，而必须启用被传统观念或处理方法丢弃或平滑处理损失的“非规则（变化）”信息。因此，基于灾害复杂信息数字化预测技术，建立基于灾害大数据的复杂信息数字化模式的灾害智慧云，从理论上和技术上实现多灾种、灾害链的综合防灾减灾救灾和灾害风险综合防范。

（3）基于移动物联、互联、灾害大数据、灾害非规则信息数字化与灾害智慧云的关键核心技术，实现在组织架构上将专业减灾与群测群防形成统一体。制度上实现防灾减灾，人人有责，每个人、每个单位都是综合防灾、减灾、救灾的贡献者，又是安全防护的受益者，生命和财产的受保护者。业务上实现气象、水文、地质、地震、国土、海洋、矿山、生产安全、公共安全、生物农业、森林草原火灾、环境监测预警互联互通，实现国家应急部门、专业防灾减灾事业和科研单位一体化，实现政府、企业、社区（乡村）和个人灾害安全综合服务。

（4）四川省是综合灾害多发地区，灾害种类多、频率高、强度大，是全国综合防灾减灾救灾与应急管理的典范地区。建议率先在四川省建立“综合防灾减灾救灾与应急管理科学技术研究院”的示范，取得成绩向全国推广，并推向“一带一路”，走向世界。

参考文献

[1] S C OuYang and Yi Lin (1997), Some Problems on Population Models and “One-Dimensional Iterative Formula” [J], SAMS, Vol.28, No. 1-4, pp.223-234.

[2] S C OuYang, et al (1998), Mystery of Non-Linearity and Lorenz’s Chaos [J. of Issue], Kybernetes, Vol. 27, No. 6/7.

[3] 欧阳首承，D H麦克内尔，林益（美籍）. 走进非规则 [M]. 北京：气象出版社，2002.

[4] 欧阳首承，陈刚毅，林益（美）. 信息数字化与预测 [M]. 北京：气象出版社，2009.

[5] 陈刚毅，陆雅君 . 减灾、防灾与“给能量需留有空间”的对策问题 [J]. 中国工程学，2011，Vol.13，No.2，P98-102.

[6] 林益（美），欧阳首承 . Irregularities and Prediction of Major Disasters，CRC Press（美国），2010，ISBN：978-1-4200-8741-3.

[7] Chen Gangyi，Lu Yajun，Si Si，Xu Shuisen，Huang Wen. Structural analysis of information digitization on process of Dujiangyan area in Sichuan earthquake (Ms 5.0) [J] .ENGINEERING SCIENCES，2012，10 (1): 48-55.

[8] 欧阳首承 . 天气演化与结构预测 [M]. 北京：气象出版社，1998.

[9] S C OuYang et al, (2001), Evolution Science and Infrastructural Analysis of the second stir [J], Kybernetes, Vol. 30, Num.4, pp.463-479.

[10] Gangyi Chen (陈刚毅), B.L. OuYang, T.Y. Peng, System Stability and Instability: A Extended Discussion on Significance and Function of Stirring Energy Conservation Law [J], Engineering Sciences, 2005，Vol.3，No.3, PP44–51.

[11] Gangyi Chen, Lihui Xie . The analysis of the characteristics of the dishpan experiment as well as the revolving motion of atmosphere [J]，Applied Geophysics，Vol.2，No.4，pp254-258，2005.

[12] OuYang Shoucheng, Peng Taoyong (2005), Non-Modifiability of Information and Some Problems in Contemporary Sciences [J], Applied Geophysics, Vol. 2, No. 1, 46-51.

[13] 欧阳首承，陈刚毅 . 随机性的破灭与量化可比性的终结［J］. 科学研究月刊，2006，V14, N2，141-143.

[14] OuYang Shoucheng (2007), Wang Liuyan, Number Experiments and Structure Transformation of Non-Linearity in Systems of Ill-posed [J], Engineering Sciences.

[15] S C OuYang et al (1998), The Transformation Group of Branching Solutions of Lorenz's Equations and "Chaos" [J] . Kybernetes , Vol.27, No. 6/7. pp669-673.

[16] 欧阳首承，张葵，郝丽萍，周莉蓉 . 非规则"时序"信息的结构转换及演化的细化分析［J］. 中国工程科学，2005，Vol. 7, No. 4, 36-41.

[17] 欧阳首承，陈刚毅 . 演化科学与数字化问题［J］. 现代学术研究杂志 . 2007，No.1 (Serial 5) .P1-4.

[18] 陈刚毅，陆雅君，徐水森，等 . 信息数字化在地震预测中的应用研究［J］. 四川地震，2011（3）：1-8.

[19] H Z Chen, N Xie, Q Wang (2005), Application of Blown-Ups Principle to Thunderstorm Forecast [J], Applied Geophysics, Vol.2, No.3, pp188-193.

[20] 陈刚毅，欧阳首承 . 数字化支撑经济发展［J］. 中国信息化，2006（57）：50.

[21] 陈刚毅，徐阳，朱丽华，等 . 城市暴雨的细化预测实例分析［D］. 气象科技创新与防灾减灾（中国气象学会 2006 年年会论文集），P470.

[22] 陈刚毅，欧阳伯嶙，李跃清 . 城市暴雨防洪、减灾问题［J］. 香港，科学研究月刊，2006, No.2（Serial 14）, pp123-125.

[23] 欧阳首承，谢娜，郝丽萍 . 突发性灾害天气的结构预测与应急对策［J］. 中国工程科学，2005，Vol.7，No.9，P41-46.

[24] Gangyi Chen（陈刚毅）, The Vector of Wavelet –Fractal and application in the satellite remote sensing [J], Proc. 2006 SPIE --The International Society for Optical Engineering, 2006, Vol.6200: 131-136

[25] 陈刚毅，丁旭羲，赵丽研 . 云的模糊神经网络的一种定量自动识别技术研究［J］. 大气科学, 2005, 29（5）:1-8.

[26] 陈刚毅，侯凯，李跃清 . 气象卫星遥感信息数字化预测方法研究［J］. 中国工程学，2010.

[27] OuYang Shoucheng, Abnormal High-Temperature Weathers, Their Structural Characteristics, Prediction and Problems of Urban Construction, Scientific Inquiry（美国）, Vol.10, No.1, pp.1-10, 2009。

[28] OuYang Shoucheng, and Yi Lin, Computational Stability of Nonlinear Equations, Scientific Inquiry（美国）, Vol.10, No.1, pp.99-107, 2009.

[29] OuYang Shoucheng, and Yi Lin, Prediction of Appeared Disasters and Emergency measures, Scientific Inquiry, Vol.10, No.1, pp.17-24, 2009.

[30] OuYang Shoucheng, and Yi Lin, Structural Analysis of Evolutional Irregular "Time-

Series" Information ，Scientific Inquiry（美国），Vol.10，No.1，pp.35-44，2009.

［31］OuYang Shoucheng，and Yi Lin，Probabilistic Waves and Torsion Problem of Quantum Effects，Scientific Inquiry（美国），Vol.10，No.1，pp.25-34，2009.

［32］OuYang Shoucheng，and Yi Lin，Fundamental Problems on the Quantitayive Analysis of Spectrally Expanded Harmonic Waves，Scientific Inquiry（美国），Vol.10，No.1，pp.11-16，2009.

［33］G．Y．Chen（陈刚毅），and Yi Lin，Evolution Engineering and Technology for Long_ Term Disaster Reduction，Scientific Inquiry（美国），Vol.10，No.1，pp.，2009.

［34］G．Y．Chen，and Yi Lin，Irrengular Sturization Analysis of Satellite Remote Sensing Information，Scientific Inquiry（美国），Vol.10，No.1，pp.，2009.

［35］G．Y．Chen，and Yi Lin，Structurization of Irregular Information & Refined Forecast of Rainfall Locations，Scientific Inquiry（美国），Vol.10，No.1，pp.，2009.

［36］Lu Yajun Chen Gangyi Wei Ming Ouyang Shoucheng.Digitization characteristics of geothermal information and structural analysis of 2011 off the Pacific coast of Tohoku Ms9.0 earthquake［J］.ENGINEERING SCIENCES，2012，10（4）：90-96.

［37］陈刚毅，刘思齐，李京，等．基于物联灾害大数据的综合减灾研究，2017 国家综合防灾减灾与可持续发展论坛文集［M］．北京：中国社会出版社，2017：217-231.

［38］陈刚毅，刘思齐，欧阳首承．灾害信息“密码”与复杂信息数字化，2015 国家综合防灾减灾与可持续发展论坛文集［M］．北京：中国社会出版社，2005：208-215.

［39］陈刚毅，陆雅君，刘思齐．减灾、防灾与“给能量留有空间”的对策问题，2015 国家综合防灾减灾与可持续发展论坛文集［M］．北京：中国社会出版社，2005：200-207.

［40］陈刚毅，刘思齐．城市防洪长效减灾技术，2016 国家综合防灾减灾与可持续发展论坛文集［M］．北京：中国社会出版社，2016：130-140.

海平面上升及其应对与风险决策

温家洪，王璐阳，袁穗萍，种振涛
（上海师范大学地理系）

摘要 海平面上升是人类社会面临的最重大的风险之一。本文评述了未来海平面上升影响、适应与风险管理的最新进展。海平面上升作为一种致灾因子，需要预测未来可能的情景及其概率，并关注低概率高影响的上限情景。风暴潮等极端事件叠加海平面上升的作用，将导致更频繁和严重的海岸灾害，进而影响沿海城市和沿海低地的生态系统及其服务、自然资源，以及社会经济系统。海平面上升的应对措施包括保护、岸线前推、适应和后退措施，综合采取适当的应对措施将有效减轻海平面上升的影响。进行长周期关键项目决策、规划和风险管理，可采用适应对策路径和稳健决策等方法，以管理海平面上升的潜在影响和风险。

关键词 海平面上升，影响，适应，风险决策

海平面上升属于缓发型灾害，却是人为气候变暖最为严重的后果之一，特别是海岸带社区、城市和低洼小岛屿面临严峻的挑战。为应对海平面上升适应和风险管理的迫切需要，2017 年 2 月，世界气候变化研究计划（WCRP）启动了“区域海平面变化与海岸带影响”重大挑战项目。对未来海平面上升及其风险管理问题，国内学者和海岸带管理者还没有引起足够重视。本文综述了未来海平面上升及其影响的最新进展，并初步探讨了海平面上升应对与风险管理的理念与策略，以飨读者。

1. 过去和未来的海平面上升

末次间冰期（距今 129000 ～ 116000 年前）全球平均海平面（GMSL）约

比现在高出6m。末次冰盛期，GMSL比现在的海平面约低130m。距今2万年前末次冰盛期结束，冰盖开始融化，GMSL在1.3万年时间内上升接近现在的海平面高度，上升最快时可超过每百年4m。自1880年起，GMSL上升了约21～24cm；自1993年，上升了约8cm。19世纪末以来的GMSL的上升速率比至少近2800年以来的任何时期都异常地快。

地面的垂向运动是影响相对海平面变化趋势的一个重要因素。许多大河口三角洲已经或正在面临严重的相对海平面上升，例如，珠江三角洲的相对海平面上升可能超过7.5mm/a，长江三角洲为3～28mm/a。在这些地区，自然和非气候过程如冰川均衡代偿作用（GIA）和沉积物压实导致相对海平面上升增加约0.5～2mm/a，而人工抽取地下水和开采石油/天然气进一步导致了相对海平面上升。另一方面，有些地区，如阿拉斯加南部地区，由于冰川均衡代偿作用，地面抬升大于10mm/a，相对海平面趋势为负值。

从风险管理的视角，海平面上升作为一种致灾因子，其未来预估需要考虑强度（量级）和概率两方面。

基于典型浓度路径，到2100年GMSL上升的六种情景及其超越概率列于表1。值得注意的是，冰盖模式的最新结果尚未纳入表1的条件概率分析，上述结果是假设冰盖物质损失为恒定加速，情况可能并非如此。因此，海平面上升有可能在21世纪前期为中间情景，而在世纪末为高或极端情景。在RCP2.6和RCP8.5情景下，超过低情景的概率分别为94%和100%，而超过极端情景的概率为0.05%～0.1%。然而，新的证据显示南极冰盖物质损失如果持续加速，特别是RCP8.5情景下，可能会显著增加中—高、高和极端情景的概率。

表1　2100年GMSL（中位值）情景的超越概率

GMSL上升情景（m）	RCP2.6	RCP4.5	RCP8.5
低（0.3）	94%	98%	100%
中—低（0.5）	94%	98%	100%
中（1.0）	2%	3%	17%
中—高（1.5）	0.40%	0.50%	1.30%
高（2.0）	0.10%	0.10%	0.30%
极端（2.5）	0.05%	0.05%	0.10%

采用综合的海平面上升模型预估，基于不同年份共享社会经济路径（SSP）

预估的情景和2100年辐射强迫目标（FTs），并考虑了由冰架水文裂隙化和冰崖不稳定性导致的南极加速冰流，预估未来海平面上升。得出在可持续发展（SSP1）情景，相对于1986—2005年，到2100年海平面上升的中位值为89cm（可能范围：57～130cm），中度发展情景（SSP2）为105cm（73～150cm），局部发展情景（SSP3）为105cm（75～147cm），不均衡发展情景（SSP4）为93cm（63～133cm），以及传统化石燃料为主的发展（SSP5）为132cm（95～189cm）。其模型将特定排放情景和社会经济指标与海平面上升预估相关联，并认为快速和尽早减排对于降低2100年的海平面上升至关重要。

大多数研究只给出了21世纪GMSL的变化趋势以及到2100年的上升情景，但认识到2100年之后GMSL不会停止上升是重要的，因为研究结果认为未来几个世纪海平面将继续升高。到2200年，0.3～2.5m的GMSL上升范围将增加到0.39～9.7m（见表2）。从表2可得，在低情景下GMSL上升会减速，到2200年只略有增加；中—低情景下将温和地持续加速，而在其余情景下，将显著加速（见表2）。21世纪GMSL上升速率从低情景下近似恒定的3mm/a，到世纪末其他情景下的5～44mm/a，显示出不同的加速度。2200年GMSL上升量并不一定反映了冰盖、冰崖、冰架反馈过程可能的最大贡献，而这些过程有可能显著增加GMSL的上升量。

表2　自2000年起算的GMSL上升情景（19年的平均中值）

GMSL情景（m）	2010	2020	2030	2040	2050	2060	2080	2090	2100	2120	2150	2200
低	0.03	0.06	0.09	0.13	0.16	0.19	0.25	0.28	0.3	0.34	0.37	0.39
中—低	0.04	0.08	0.13	0.18	0.24	0.29	0.4	0.45	0.5	0.6	0.73	0.95
中	0.04	0.1	0.16	0.25	0.34	0.45	0.71	0.85	1	1.3	1.8	2.8
中—高	0.05	0.1	0.19	0.3	0.44	0.6	1	1.2	1.5	2	3.1	5.1
高	0.05	0.11	0.21	0.36	0.54	0.77	1.3	1.7	2	2.8	4.3	7.5
极端	0.04	0.11	0.24	0.41	0.63	0.9	1.6	2	2.5	3.6	5.5	9.7

至于实际的GMSL上升情景，在21世纪早期，可能是与中—低或中间情景相当的上升幅度。由于冰盖物质损失率可能并非呈线性变化，在21世纪晚期，GMSL上升速率可能会转向更高的情景，并可能超过预估的所有速率。地质记录表明，末次冰退期（约20000～9000年前）期间，GMSL上升速率约大于

10mm/a，在融水脉冲阶段速率大于 40mm/a。

2. 海平面上升的影响

海平面上升将与极端事件（如风暴）相结合形成海岸带的致灾事件（海洋洪水、海岸侵蚀等），进而影响生态系统（沼泽和红树林、珊瑚礁、海草）、自然资源（例如地下水）和生态系统服务（例如海岸保护）。与人为驱动因素的影响一起，直接和间接地影响人文系统（human system），例如，人、资产、基础设施，农业、旅游业、渔业和水产养殖，社会经济的不公平和福祉等。本文主要阐述海平面上升引发的海岸洪水、海岸侵蚀和盐渍化及其影响，这些影响可能是暂时性的（例如，由于风暴事件），或永久性的。

2.1 海岸洪水

海平面上升已经并将继续极大地增加海岸洪水发生的频率和强度。海岸洪水已经影响到世界各地的三角洲，1990 年至 2000 年，导致 26 万 km^2 的沿海低地暂时性受淹。风暴潮叠加在上升的海平面上，导致海底摩擦减小，浪高加强，抬升风暴增水的高度，最终扩大洪水淹没范围。IPCC 第五次评估报告认为，温和的海平面上升（0.5m）也将使许多沿海地区的海岸洪水频率增加 100 倍甚至 1000 倍。最新的研究发现纽约市的风暴洪水风险已经并还将大幅度增加，其增幅几乎完全由海平面上升驱动。由于海平面上升，工业革命前纽约市 500 年一遇的风暴洪水已变成现在的 25 年一遇。自 1900 年，纽约市的海平面上升了约 30cm，使得 2012 年桑迪飓风造成的风暴洪水淹没范围扩大了约 25 平方英里，纽约和新泽西的受淹家庭人数额外增加了 8 万多人。在未来的 30 年，纽约市工业革命前 500 年一遇的风暴洪水将变为 5 年一遇。并且，采用不同的海平面上升情景，50 年一遇的风暴洪水事件将从现在高于平均潮位的 3.4m，上升到 21 世纪末的 4 ～ 5.1m。在大多数预测中，2030—2050 年海平面上升只有 5 ～ 10cm，但在许多地区，尤其是热带地区，海岸洪水频率将增加一倍。

沿海低地仅占全球土地面积的 2%，却拥有世界总人口的 10% 和城市人口的 13%。沿海低地拥有大量城市与经济中心、重要基础设施和生物多样性的土地。全球共有 3351 座城市位于沿海低地，20 座特大城市中有 13 个分布在沿海地区。与此同时，沿海低地的城市增长和扩张速度要远高于其他地区。由于海平面上升、地面沉降，以及人口、经济增长和城市化，21 世纪沿海低地的人口和资产暴露于海平面上升和自然灾害的风险将显著增加，特别是台风风暴洪水巨灾将导致沿海低地严重的社会稳定问题和安全风险隐患。如不采取适应措施，到2100年，数以百万的人口将因为风暴洪水的影响，或滨海土地的淹没而被迫迁徙。在2100年海平面上升0.9m的情景下，美国沿海各县共有420万人居住的土地将被淹没，而1.8m情景，将影响1310万人，比用当前的情景的估计约高出三倍。

中国沿海低地总面积为19.4万km^2，约占国土总面积的2.0%。沿海低地上分布着我国人口极为稠密、经济最发达的长三角、珠三角和环渤海地区，并拥有上海、天津、广州和深圳等众多的特大型城市和经济中心。中国也是沿海低地人口数量最大的国家，沿海低地人口总数达1.64亿，约占沿海一级行政区人口数量的28.7%，占我国人口总数的12.3%。中国沿海地区经济持续快速增长和快速城市化，导致内地人口大规模向海岸带迁移。随着沿海低地人口急增和快速城市化，海平面上升背景下，台风、风暴潮等自然灾害对我国沿海低地人群的潜在威胁及可能造成的经济损失将愈加严重。

2.2 海岸侵蚀

海岸侵蚀是一个普遍存在的问题，这种现象在巴西、中国、哥伦比亚、北极和西太平洋等许多地区都有蔓延扩大之势。在过去几千年的海平面上升小于0.3cm/年，大多数低洼海岸系统保持相对稳定的形态。然而，在未来几十年，由于海平面加速上升、波浪能量增加、冲浪和巨浪方向的改变、海洋变暖和酸化，以及人类活动和压力的增加，海岸侵蚀将成为愈加严重的问题。

基于最简单的模型，平均海平面上升通常会导致海岸线通过海岸侵蚀后退。波浪高度增加会导致水下沙坝远离海岸并向海移动。更高风暴潮也会将海岸物质向浅海搬运。更高的波浪和巨浪增加了离岸堤和沙丘被冲刷或破坏的概率，能量更高或更频繁的风暴加剧了所有这些影响。由气候变化引起的波浪方向的变化可能会产生泥沙搬运到海岸线的不同地方，随后改变侵蚀模式。

在全球范围内，海滩和沙丘在过去的一个世纪或更长时间内都经历了净侵蚀。通过比较历史地图和卫星影像，许多研究已经分析了海岸线的变化，并试图量化气候和非气候的综合变化。例如，根据沿海岸超过1000千米等距的21184条断面调查，沿着美国大西洋中部和新英格兰海岸的长期侵蚀速率为0.5 ± 0.09m/年，有65%的断面显示净侵蚀。

2.3 盐渍化

盐渍化是盐水或微咸水入侵产生的后果，咸水入侵可从表面淹没，也可通过地下由沙子或冲积层构成的多孔隙土层渗透。在河流三角洲和河口，咸水或微咸水随潮汐可以很容易地进入陆地，盐渍化可能影响内陆的生态系统、供水和生计。咸水和微咸水入侵通过增加地下水、地表水和土壤的盐度水平，对生态系统和社会系统有显著影响，造成淡水资源不足，以及海岸生态系统和生计问题。

海平面上升将影响地下水水质，加剧海岸洪水事件引起的盐渍化，并影响地下水位高度。这将对淡水的可用性和植被生态都有影响。在许多地方，人为因素的直接影响，如抽取地下水供农业或城市使用，导致海岸含水层的盐渍化比 21 世纪海平面上升的影响更大，同时，地下水枯竭可导致地面沉降，从而增加海岸洪水风险。但是，地表淹没对海水入侵和地下水透镜体盐渍化的影响仍被低估。

地表水资源（河口、河流、水库等）的质量可能受到盐水和微咸水入侵的影响。例如，在美国特拉华河口，长期（从 1950 年到现在）的盐度记录显示盐度显著的上升趋势，以及海平面上升和残留盐度增加之间呈正相关。在孟加拉国西南部的哥拉伊河流域，以及越南的湄公河三角洲，呈现出更高的盐度，并向陆地方向进一步延伸。在湄公河三角洲更为内陆处，发现红树林、软体动物和硅藻等微咸水物种。在河流三角洲或低洼湿地，特别是在枯水时间时，盐度入侵的影响尤其显著。其他影响包括由盐渍化引起的饮用水问题，以及河口水库中的淡水不足（如上海）。

土壤盐渍化是土壤退化的主要威胁之一，海水入侵是其常见原因之一。海水入侵导致土壤的盐渍化，改变碳的动态变化和微生物群落，影响土壤酶的活性、金属毒性、植物发芽、生物量的生产、产量，以及土壤源的温室气体排放。

3. 海平面上升的适应措施

海平面上升的适应措施可分为四种不同类型：保护、岸线前移、适应和后退措施。

3.1 保护措施

减少或防止致灾事件发生对海岸的影响及其可能性。这些措施包括三种子类别。第一，建有硬工程结构，如堤防、海堤、防波堤和挡潮闸，用于防洪和海岸侵蚀，或作为防止盐水入侵的屏障。第二，是以沉积物为基础的措施，如增加海滩和海岸物质来源，沙丘（也称为软结构）和抬升土地。第三，采用生态系统措施，利用生态系统，如珊瑚礁和海岸植被作为适应措施。

3.2 岸线前移措施

通过填海造出新土地。这包括大规模填海造陆，通过抽沙填充或其他填充材料，种植植被以支持土地的自然增长，并在低洼土地周围修建堤坝，称为围海造田。在人口稠密、土地紧缺的地区，如德国、荷兰、比利时和英国以及中国等地区，围海造田都有很长的历史。因此，在过去，它主要不是对海平面上升的响应，而是对包括土地稀缺和人口压力在内的一系列驱动因素，以及极端事件的管理。这些围海造田的土地区域需要进一步采取适应措施。未来作为适应措施的围海造田，其作用将变得更为综合，在某些情况下，甚至可能被视为一种机会。

3.3 适应措施

该类措施的目的不是防止致灾事件对海岸带的影响，而是降低海岸带承灾体的脆弱性。这涵盖了采用物理的手段（例如，抬高小岛屿上建筑物的楼层高度），生计多样化的措施（例如，耐盐作物的种植、旅游目的地景观恢复），促进和完善制度（例如，地方政府决策的社区参与、建立海岸带公园和保护区、沿海综合管理计划）。物理适应可通过制定法规和规范来实现，新建筑和改造项目采用这些法规和标准，从而降低其脆弱性。咸水入侵的适应措施包括选用耐盐作物品种和改变土地用途，例如，将稻田改为用于半咸水或咸水的虾养殖。

3.4 后退措施

该类措施通过将人口、基础设施和人类活动迁出沿海易灾区，或引导未来的发展远离海平面上升和海岸灾害影响。后退措施常常通过被迫或有计划地永久或半永久迁移人口。它通常是从省到地方一级启动、监督和实施，并将小社区和个人资产集中发展成更大的人口社区。

4. 海平面上升的风险决策

海平面上升尤其对沿海地区长周期（设计、建设和使用周期在百年以上）的重大工程项目有着巨大影响，需要综合考虑极端情景和中间情景，采用适应对策路径和稳健决策等方法，进行长周期关键项目决策、规划和风险管理，以管理海平面上升的潜在影响和风险。

风险决策过程的关键是明确给定相对海平面上升量，以及可能造成新建或现有基础设施的影响多大。对于许多决策，评估最坏情景是必要的，而不只是评估科学上“可能”发生的情景。例如，泰晤士河口 2100 年计划中，规划者认为，在规划新的防洪基础设施保护伦敦 21 世纪免受泰晤士河风暴洪水的影响过程中，极端海平面上升情景是技术分析的关键内容。针对至关重要的决策、规划和长期风险管理，作为选择可能的初步方案的策略为：(1) 确定一个科学合理的海平面上升的上限（这可能被认为是最坏情景或极端情景），尽管发生概率低，但在规划的时间跨度内不能排除，使用这个上限情景作为系统总风险和长期适应战略的指南。(2) 确定一个中值估计或中间情景，使用此情景作为短期规划的基线，如制定未来 20 年的初始适应规划，该情景和上限情景一起可为规划提供总体方案。

持续监测目前海平面的趋势和变化，以及提升相关气候系统过程与反馈的科学认识，识别在中间或最坏情景下，系统随时间的演化。通过系统的评估来确定当前海平面上升及其风险演化，进而选择适应性管理策略，可针对上限情景实施更为积极的应对方案。这种决策方法也称为“适应对策路径”或“动态适应对策路径”方法。

5. 结语

近年来，国际海平面变化研究已取得显著进展，特别是从气候变化适应与风险管理的角度，认识到只预测海平面上升的中间范围或中间情景，不能满足风险决策的信息需求。海平面上升作为一种致灾因子，既需要预测可能的未来情景，还要了解其发生概率，并关注低概率高影响的高限或上限情景。海平面上升情景和概率及其上限情景已应用于国际海岸风险管理实践，但该问题在我国学界和沿海规划与管理部门还没有引起足够关注。海平面上升及其风险管理研究今后需要加强监测、分析和模拟来预测不同时间尺度全球、区域和地方海平面上升的情景和概率，加强冰盖的动力过程和突变研究，减小海平面上升预测的不确定性，评估其上限情景，加强深度不确定性下的风险决策方法及其应用研究，以满足沿海地区气候变化适应规划和风险管理决策的需求。

参考文献

[1] Church J A, Clark P U, Cazenave A, et al. 2013. Sea level change//Stocker T F, Qin D, Plattner G-K, et al.(eds.): Climate Change 2013: The Physical Science Basis. Contribution of Working Group Ⅰ to the Fifth Assessment Report of the Intergovernmental Panel on Climate Change. Cambridge: Cambridge University Press: 1137-1216.

[2] DeConto R M, Pollard D. Contribution of Antarctica to past and future sea-level rise [J]. Nature, 2016, 531 (7596): 591-597.

[3] Dittrich R, Wreford A, Moran D. A survey of decision-making approaches for climate change adaptation: Are robust methods the way forward? [J]. Ecological Economics, 2016, 122 (68): 79-89.

[4] Hall J A, Gill S, Obeysekera J, et al. Regional sea level scenarios for coastal risk management: Managing the uncertainty of future sea level change and extreme water levels for department of defense coastal sites worldwide [R]. U.S. Department of Defense, Strategic Environmental Research and Development Program. 2016.

[5] Hinkel J, Jaeger C, Nicholls R J, et al. Sea-level rise scenarios and coastal risk management [J]. Nature Climate Change, 2015, 5 (3): 188-190.

[6] Johnson D R, Fischbach J R, Ortiz D S. Estimating Surge-Based Flood Risk with the Coastal Louisiana Risk Assessment Model [J]. Journal of Coastal Research, 2013, 67 (67): 109-126.

[7] Kopp R E, Simons F J, Mitrovica J X, et al. A probabilistic assessment of sea level variations within the last interglacial stage [J]. Geophysical Journal International, 2013, 193 (2): 711-716.

[8] Kopp R E, Horton R M, Little C M, et al. Probabilistic 21st and 22nd century sea- level projections at a global network of tide- gauge sites [J]. Earth's future, 2014, 2 (8): 383-406.

[9] Oppenheimer M, Alley R B. How high will the seas rise? [J]. Science, 2016, 354 (6318): 1375-1377.

[10] RAND. Making good decisions without predictions robust decision making for planning under deep uncertainty. RAND Corporation Research Highlights. 2013, RB-9701.

[11] Ranger N, Reeder T, Lowe J. Addressing "deep" uncertainty over long-term climate in major infrastructure projects: four innovations of the Thames Estuary 2100 Project [J]. EURO Journal on Decision Processes, 2013, 1 (3-4): 233-262.

[12] Reeder T, Ranger N. How do you adapt in an uncertain world? Lessons from the Thames Estuary 2100 Project. [J]. World Resources Institute, 2011.

[13] Stammer D, Nichols R, van de Wal R, et al. WCRP grand challenge: Regional sea level change and coastal impacts science and implementation plan [EB/OL]. The GC Sea Level Steering Team. 2017. http: //www.clivar.org/sites/default/files/documents/GC_SeaLevel_Science_and_Implementation_Plan_V2.1_ds.pdf.

[14] Syvitski J P M, Kettner A J, Overeem I, et al. Sinking deltas due to human activities [J].

Nature Geoscience, 2009, 2（10）: 681-686.

［15］Sweet W V, Kopp R E, Weaver C P, et al. 2017. Global and regional sea level rise scenarios for the United States［R］. NOAA Technical Report NOS CO-OPS 083. Silver Spring, Maryland: National Oceanic and Atmospheric Administration.

［16］Wong P P, Losada I J, Gattuso J -P, et al. Coastal systems and low-lying areas［M］// Field C B, Barros V R, Dokken D J, et al.（eds.）: Climate Change 2014: Impacts, Adaptation, and Vulnerability. Part A: Global and Sectoral Aspects. Contribution of Working Group Ⅱ to the Fifth Assessment Report of the Intergovernmental Panel on Climate Change. Cambridge: Cambridge University Press, 2014: 361-409.

［17］胡恒智，顾婷婷，田展 . 气候变化背景下的洪涝风险稳健决策方法评述［J］. 气候变化研究进展，2018，14（1）：77-85.

基于数字化技术的城市建设多灾害防御技术体系构建

王图亚[1]，张靖岩[1,2]，朱立新[1,2]，于文[1,2]，韦雅云[1,2]

（1. 中国建筑科学研究院有限公司；2. 住房和城乡建设部防灾研究中心）

摘要 当前城市规模不断扩大，新型建筑不断涌现，支撑城市运维的各类系统越来越庞大复杂，城市次生衍生灾害呈增加趋势，多灾害耦合风险日益突出。为促进城市防灾减灾建设从应对单一灾种向综合防灾转变，提高防灾减灾信息化管理水平，本研究面向超限建筑工程多灾害防御、城市综合防灾规划、城市灾害数字化管理等方面的需求开展，取得了多项成果。提出了基于性能化分析的建筑防灾设计理论和实用方法，为重要超限建筑的多灾害防御提供了系统性的解决方案；率先提出了基于多灾害耦合和量化评估的城市综合防灾减灾规划理论和数字化技术，完善了我国城市综合防灾减灾体系；建立了多维度、全过程的城市灾害数字化统一管控平台，实现了从单体建筑到城市不同维度的灾害分析与处置决策支持。研究成果切实服务于国家城镇化与城市发展，对于提高我国城市建设的综合防灾减灾能力，对保障人民群众的生命财产安全，维护社会稳定，促进城市经济可持续发展具有重要意义。

关键词 综合防灾，多灾害耦合，数字化，公共安全

1. 引言

随着我国经济和社会的快速发展，城市化进程发展迅猛，城市呈现出规模不断扩张、人口日益密集，建筑物、构筑物种类繁多、形式各异，基础设施交错复杂，重点工程集聚等特征。然而，在城市化进程不断加快的大背景下，我国城市

建设面临的灾害形势却越发严峻，防灾减灾能力明显落后于城市经济发展的迫切需求，已成为制约城市发展的主要矛盾之一。切实提高城市建设多灾害防治能力对于实现城市的可持续健康发展具有重大的现实意义。

近年来，我国城市建设的防灾减灾工作取得了很大的进步。然而，现阶段灾害监测、预警、评估及控制等技术仍跟不上经济社会快速发展的需求，信息化防灾减灾能力相对薄弱，技术发展偏慢且有效应用偏少，对实际工程减灾指导效果有限，并缺少综合化、集成化与系统化的防灾减灾科技平台建设。我国目前正处于城镇化快速发展的进程中，亟须充分发挥数字化技术的优势，通过分析、模拟、监控等手段提升防灾减灾技术，采用信息化手段加强灾害管理能力，增强城市整体防灾减灾水平。为此，本研究构建了基于数字化技术的城市建设多灾害防御技术体系，并进行了实践应用，取得了良好的效果。

2. 整体技术框架

为重点突破我国当前城市建设防灾减灾工作中的难点问题，本研究针对城市防灾减灾工作的薄弱环节，从城市工程建设综合防灾技术方向展开探索。重点以数字化手段为基础，系统地开展了城市建设多灾害防御技术的研究与工程应用，初步构建了我国城市综合防灾减灾技术理论体系。整体框架分为三个层面：首先，从单体建筑抗震、防火、抗风角度出发，提出基于性能化分析的建筑防灾设计理论和实用方法；其次，在区域防灾规划方面，以火灾、地震、地质灾害和地震次生火灾为主要研究对象，提出基于单体模拟的城市区域多灾害风险评估分析方法，通过区域评估确定高风险脆弱区和重点单体建筑，为脆弱区或单体建筑的防灾改造对策提供指导；最后，运用前期各灾种基础研究成果，搭建城市宏观层面的风险评估系统，研发基于远程视频技术的安全监控和管理平台，利用信息化的技术手段提高灾害预防和应灾管理能力。

本研究在传统防灾减灾技术的基础上进行拓展和进一步的开发，将综合防灾减灾理念与信息化的技术手段相结合，提高建筑工程防灾设计和评估、城市区域防灾规划和灾害管理水平，为全面增强国家综合防灾减灾能力提供有力的技术支撑，推动我国综合防灾减灾工作向实用化、信息化、系统化发展迈进。

3. 基于性能化分析的建筑防灾设计理论和实用方法

本研究针对超限建筑多灾害防御的重大需求，率先提出了基于性能化分析的建筑防灾设计理论和实用方法，为重要超限建筑的多灾害防御提供了系统性的解决方案，解决了超限建筑防灾设计无规范可依的难题，为建筑加上了防灾设计的“金钟罩”。

3.1 基于数值优化技术的结构抗震性能分析方法

当前超限建筑结构在多遇地震、设防地震、预估罕遇地震作用下的抗震性能分析方法存在着指标数据不直观、关联性不显著等问题，同时无法对不同使用状态下的建筑提出统一并具有关联性的性能指标。为解决这一难题，针对超限建筑各阶段地震作用下的计算，采用对应的数值优化分析方法，通过各种抗震措施来主动控制结构的抗震性能，根据结构在相应强度地震作用下的变形需求，对构件截面进行变形能力设计，使结构具备达到预期性能水平的能力。

具体来说，首先通过数字化方法采集建筑结构关键数据，建立数据化模型；其次根据建筑物高度、结构规则性和确定的建筑结构抗震性能目标，采用等效弹性方法或弹塑性分析方法，分别对“关键构件”“普通竖向构件”及“耗能构件”等按不同性能水准进行分析、校核；接下来编制地震反应信息化分析软件系统，选取地面运动加速度数字记录输入对结构进行非线性地震反应分析，计算结构在设定地震时的受力和变形状态，揭示结构中的薄弱环节，定量评估结构和构件达到的性能目标；最后形成数字化成果加以展现，可直观显示结构和构件所达到的性能目标。

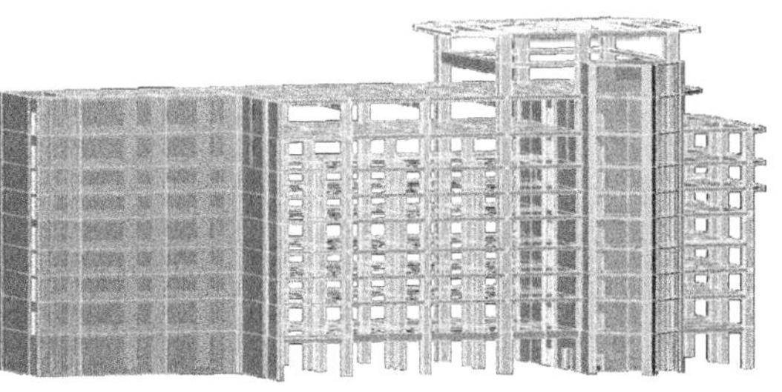

图 1　北京市东城区少年宫加固改造主体杆件布置图

此方法大幅度提高了地震反应分析的计算精度和工作效率，成果实现了抗震性能指标数据的直观化，增强了指标的数据关联性，为城市超限建筑抗震性能评估和设计提供了重要的理论指导。成果应用于中国国家博物馆改扩建工程、北京市东城区少年宫加固改造工程等重点项目，获得中国建筑学会“第七届全国优秀建筑结构设计一等奖”。

3.2 基于性能化分析的超限建筑防火设计技术

对于人员密集、功能多元的超限建筑，传统防火设计方法存在不灵活、不合理、不系统的缺点，难以对疏散路线优化、救援方案制订等关键问题开展量化分析，本项目通过研究，形成了基于性能化分析的超限建筑防火设计技术，可解决传统设计方法存在的不足。

研究中基于火灾科学、计算流体动力学和人员疏散理论，提出了火灾下烟气、温度、毒性气体等火灾场与人员疏散的耦合分析方法；根据人员密集建筑人员疏散安全分析的需要，在充分考虑人的社会属性的基础上，研究了人员密集建筑内基于社会力模型的仿真方法，研发了具有自主知识产权的基于社会力模型的人员疏散分析软件，计算效率比现有人员疏散模型提高 100%；并针对地震次生火灾，提出了基于建筑信息模型 BIM 的建筑震后火灾数值模拟方法；结合性能化设计目标，形成了一套完整的超规建筑的消防性能化设计方法。

基于性能化分析的超限建筑防火设计技术的提出，在国内首次形成了系统的消防性能化理论体系和设计方法，为我国大型超限公共建筑的消防设计提供了科学的解决方案，并成功应用于国家体育馆、国家博物馆、北京南站、首都机场 3 号航站楼等重要建筑。

图 2 基于社会力模型的人员疏散分析软件

3.3 建筑风致动力响应仿真分析技术及抗风设计方法

高层建筑及大跨空间结构的风致振动是典型的非均匀随机荷载场多点激励下的复杂多自由度系统动力响应问题，传统分析方法难以准确地对区域建筑（群）的风致响应作出有效评估。针对此问题，本项目研究提出了建筑风致动力响应仿真分析技术及抗风设计方法。

基于大跨空间结构及高层建筑的风荷载特点及结构响应特征，研究提出了高效的超高层建筑和大跨空间结构等效静力荷载确定方法，不但具有计算量小、分析结果直观形象、物理意义明确等优点，还解决了频域计算时很难同步考虑竖向和水平向相关性的难题，计算精度与效率相比传统方法均显著提高；基于大量的风洞试验研究，针对风敏感的超高层建筑及大跨空间结构，提出了包括试验测量修正、数据分析及响应分析的整套解决方案，以及基于建筑外形参数的高层建筑三维风荷载的确定方法及理论公式；此外根据高层建筑横风向响应特点，创新性地提出高层建筑横风向风振响应的反应谱法；最后，在以上研究基础上，开发了结构风振响应分析软件。

建筑风致动力响应仿真分析技术及抗风设计方法的提出，为结构抗风安全性提供了有效的分析手段，其成果应用于北京“中国尊”、柬埔寨国家体育场等重要建筑，获得了住房与城乡建设部华夏科技进步一等奖。

图 3 “中国尊”风致动力响应仿真分析

4. 基于多灾害耦合和量化评估的城市综合防灾减灾规划理论和数字化技术

本研究针对城市灾害综合防御的迫切需求，对可能发生灾害的威胁，从风险评估入手，研究灾害的致灾机理，分析可能造成的后果，率先提出了基于多灾害耦合和量化评估的城市综合防灾减灾规划理论和数字化技术，完善了我国城市综合防灾减灾技术理论体系，是城市建设灾害防御总体方向的“指南针”。

4.1　基于风险管理理论的城市综合防灾减灾能力评估指标体系

当前城市防灾减灾能力评估中，以单一灾种为主，不能反映城市整体的综合防灾减灾能力。为此，本研究构建基于风险管理理论的城市综合防灾减灾能力评估指标体系，为城市综合防灾管理提供全面依据。

本研究以自然灾害理论为基础，根据承灾体的不同特征，将城市承灾体划分为四大类研究对象；以风险管理理论为基础，结合灾害历史大数据分析，梳理城市重点灾害问题；综合运用事故树和事件树理论，依据灾害时空演变规律，建立城市综合防灾减灾能力评估指标体系；基于层次分析法，结合历史灾害数据和专家经验，研究确定各指标的权重系数，从而形成城市综合防灾减灾能力评估指标体系。

此体系的构建为城市综合防灾减灾规划编制和灾害风险管理提供了科学、量化的指标体系，成功应用于 2008 年北京奥运风险评估和蚌埠等城市综合防灾规划中，分别荣获北京市和安徽省优秀城乡规划设计奖。

4.2　基于灾害链理论的城市多灾耦合影响的动态、量化评估方法

现有衡量城市灾害间相互影响的评估方法只能评估一种灾害引起另一种灾害的可能性，而无法量化评估实际灾害过程中各种灾害耦合产生的复杂叠加效应和时空演变过程，存在低估城市灾害风险的可能性。本研究基于灾害链理论，提出了城市多灾耦合影响的动态、量化评估方法，为此问题提供了解决方向。

本研究建立了基于灾害链理论的主次灾害迁移模型和时变影响分析框架，提出了多自由度非线性结构地震时程分析模型与热物理模型支持的地震—火灾耦合分析方法、基于流体力学和地理信息系统的地震—危险化学品事故—火灾耦合分析方法，以及水力学与数字三维地形 DEM 相结合的地震—水灾耦合分析方法，

实现了多灾害耦合影响的动态分析。

此方法实现了单一灾害引起的多种灾害的时空过程分析和影响量化评估，继而使充分考虑多灾害耦合影响成为可能，已成功应用于福州等多个城市的综合防灾减灾规划编制工作中，获得福建省优秀城乡规划设计奖与全国优秀城乡规划设计奖。

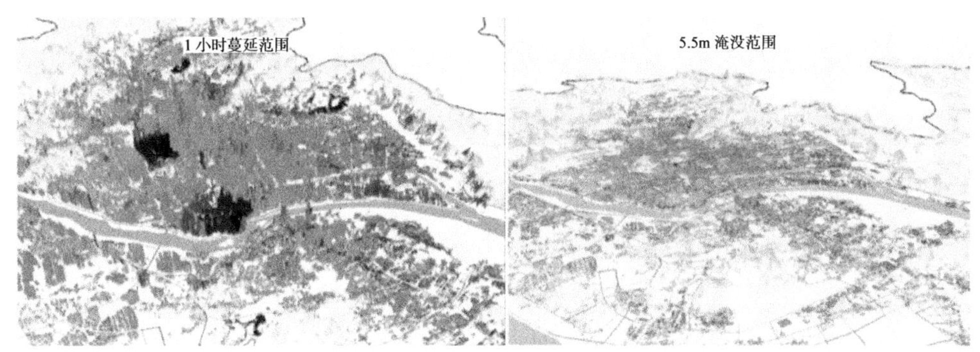

图 4　福州市地震引起的次生火灾和水灾影响分析

5. 城市灾害数字化统一管控平台

针对目前国内缺乏城市多灾害综合管理手段的现状，本研究基于 GIS、云计算、网络通信、多媒体等多项现代技术手段，构建了多维度、全过程的城市灾害数字化统一管控平台，实现了从单体建筑、局部区域到城市不同维度的灾害风险分析和管理，为灾害应急处置决策提供技术支撑。

5.1　多灾害信息管理与耦合分析系统

目前城市多灾害信息综合管理与耦合分析平台建设滞后，灾害数据共享水平低，致灾因子耦合分析不充分，导致防灾决策研判不及时、不准确，难以为城市防灾规划的编制和应灾辅助决策提供有力支撑。构建城市多灾害信息管理与耦合分析系统可为解决这一难题提供技术支撑。

本研究针对地震、火灾等常见灾害，将地理信息系统与自主研发的独立图形系统相结合，在此基础上构建数据库和图形管理一体化平台，应用灾害风险矩阵、可靠性分析、功能性分析、空间区域拓扑关系分析、仿真模拟等技术手段，研发了覆盖单体—区域—城市的多维度、多灾种信息管理与辅助决策系统，可实现灾害与承灾体信息采集与处理、灾害风险评估、避难疏散模拟、防灾空间布局等防灾信息管理和应灾辅助决策功能。

该分析系统的建立在灾害的防御、评估、应对等方面实现了信息共享，为防灾决策的实施提供了科学依据。相关技术手段已经成功应用于泸州市、大同市等城市抗震防灾规划和北京市朝阳区大震巨灾仿真模拟等项目中。

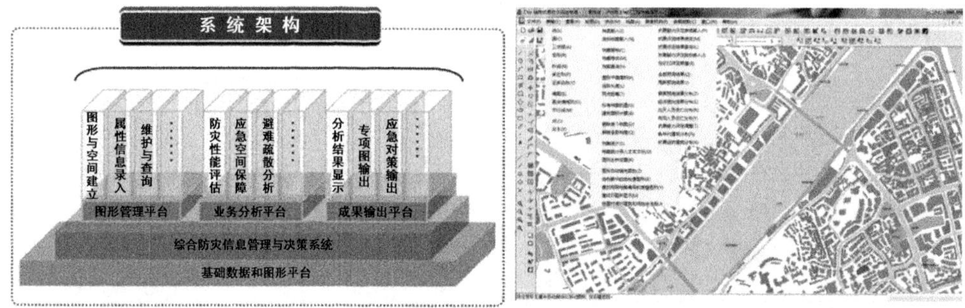

图 5　综合防灾信息管理与辅助决策系统

5.2　城镇灾害防御与应急处置协同工作平台

在灾后应急救援工作实施中，通常存在以下问题：应急救援信息渠道不通畅，应急资源调配效率不高，应急救援过程中生成的救援方案、处置方案、保障方案速度较慢，且方案的合理性和有效性不能得到保障，难以实现应急处置过程中资源的合理配置和有效的辅助决策支撑。城镇灾害防御与应急处置协同工作平台的构建可逐步解决上述难题，提高灾后应急救援工作开展效率。

在该平台构建的过程中，采用了云计算、网络、通信、多媒体等多项现代技术手段，利用超图 GIS iServer 平台技术，后台使用 JAVA 开发，前端使用 Silverlight 和 JS 展示，通过建设数据分析系统、灾害风险评估及监测分析系统、基于 GIS 及远程可视化技术的应急指挥系统，搭建城镇灾害防御与应急处置协同工作平台，可覆盖平时监测管理和灾时救援处置的全过程，实现集应急资源的信息采集、信息发布、动态监测、分析、管理、决策与空间信息管理于一体的应急救援信息化管理，以及各种应急救援力量及服务资源的资源共享，优化了应急救援方案的合理性，为预防和救援城镇各类灾害提供技术支撑。

此协同工作平台在国家安全生产应急救援指挥中心、吉林省安全生产应急救援指挥中心、大连市安监局及宁波石化园区安监局等各级安全生产应急机构进行了应用示范，为提升安全生产应急救援效率提供了有力的科学支撑。

6. 结语

（1）促进了城市建设防灾减灾理念从单一向综合转变

提出了一系列针对城市工程建设领域的综合防灾减灾关键技术，在建筑防灾设计、城市防灾规划、城市灾害管理方面提供了打破单灾种独立管理壁垒的技术手段，符合《国家综合防灾减灾规划（2016—2020 年）》中“从应对单一灾种向综合减灾转变”的指导思想，为加快我国城市建设防灾减灾事业的进一步发展发挥了重要作用。

（2）提升了重大工程、重点区域、重大活动的综合防灾能力

完成了我国地震 8 度设防区第一高楼“中国尊”等重大超限建筑的多灾害防御设计，开展了北京市部分行政区和福州市、杭州市等省会城市的综合防灾规划，承担了 2008 北京奥运风险评估部分工作，为确保我国重大工程、重点区域、重大活动的安全性贡献了力量。

（3）带动了我国城市工程建设防灾产业的发展

提出了覆盖城市工程建设三大环节（建筑设计、城市规划和运维管理）的多灾害防御方法和数字化技术，并在城市和重大建筑防灾中进行了大量典型应用，展现了工程建设防灾领域全过程→多维度→数字化技术手段的先进性和实用性，进而带动了我国城市建设防灾产业的发展。

（4）降低了城市灾害风险，提高了城市安全水平

构建了城市工程建设领域的多灾害防御体系，其应用可有效降低城市综合灾害风险，也为我国灾害保险产业的发展奠定了重要的技术基础，逐步实现灾害风险转移，完善国家综合灾害风险防范结构体系。项目成果有力提升了全社会抵御灾害的综合防范能力，为切实维护人民群众生命财产安全、全面建成小康社会提供了坚实保障。

本研究充分发挥数字化技术的优势，通过分析、模拟、监控等手段推动防灾减灾技术的发展，提高了灾害信息采集和快速处理水平，采用信息化手段加强灾害管理能力，为提高国家综合减灾能力提供有力的技术支撑，使我国综合防灾减灾工作向实用化、信息化、系统化发展迈出了坚实的一步。

参考文献

[1] 陈贵平.论我国城市的防灾减灾[J].山西建筑，2004(23):1-3.

[2] 张翰卿，戴慎志.城市安全规划研究综述[J].城市规划学刊，2005(02):38-44.

[3] 何振德，金磊.城市灾害概论[M].天津大学出版社，2005.

[4] 王江波.我国城市综合防灾规划编制方法研究[D].同济大学，2006.

[5] 程绍革，史铁花，戴国莹.现有建筑抗震鉴定的基本规定[J].建筑结构，2010(05).

[6] 王亚勇等.现代地震工程进展[M].南京：东南大学出版社，2002.

[7] 廖曙江.大空间建筑内活动火灾荷载火灾发展及蔓延特性研究[D].重庆大学，2002.

[8] 黄维章，张锁春，雷光耀，王贻仁.城市火灾蔓延的数学模型和计算机模拟[J].计算物理，1993(01).

[9] 舒新玲，周岱，王泳芳.风荷载测试与模拟技术的回顾及展望[J].振动与冲击，2002(03).

[10] 刘海燕.基于城市综合防灾的城市形态优化研究[D].西安建筑科技大学，2005.

[11] 樊运晓，罗云，陈庆寿.区域承灾体脆弱性评价指标体系研究[J].现代地质，2001(01).

[12] 王威，田杰，王志涛，郭小东.城市综合承灾能力评价的分形模型[J].中国安全科学学报，2011(05).

[13] 高晓红.基于GIS的城市防震减灾信息系统研究[D].吉林大学，2005.

[14] 马彦力.三维GIS大数据量场景快速可视化关键技术研究[D].浙江大学，2013.

[15] 宋健.基于云计算的信息管理系统研究与设计[D].南京邮电大学，2013.

建设韧性城乡的技术途径*

郭迅[1]，王波[2]

（1. 防灾科技学院；2. 中国地震局地球物理研究所）

摘要 我国地震多发、灾害严重，迫切需要提升抗震能力，实现韧性城乡。本文围绕建设韧性城乡的技术途径，梳理了工程抗震技术发展的历史沿革，阐述了韧性城乡的提出背景。基于震害类比、实验验证和理论分析，总结提炼出工程结构抗震能力“散、脆、偏、单”评估法，指出应以“整而不散、延而不脆、匀而不偏、冗而不单”传统抗震技术及隔震与消能减震新技术作为实现韧性城乡的技术途径。

关键词 韧性城乡，抗震能力评估，地震工程，隔震技术

1. 前言

韧性城乡的关键问题是韧性，与之对应的英文是“Resilience”[1]，最早起源于拉丁语“resilio”，意为“撤回或者取消”，后演化为英语中的“resile”，并沿用至今[2]。随着时代的发展，韧性一词也被广泛应用于各类学科中。社会生态学家将这一概念应用到城市研究中，认为韧性城市必须具备多样性、变化适应性、模块性、创新性、迅捷的反馈能力、社会资本的储备以及生态系统的服务能力[3-5]。21世纪初，美日科学家在地震工程学科中引入韧性概念，其主要含义是指城乡遭遇中强地震时基本无破坏；遭遇强烈地震时，破坏很小，在短时间内城乡交通、通信、供电、供水、房屋居住等基本功能可以恢复，基本没有人员伤亡[6, 7]。要实现韧性城乡的目标，核心是使城乡房屋建筑以及为交通、通信、供电等系统服务的生命线工程具有很强的抗震能力，通俗地讲，这一目标可概括为“七级不坏，八级不倒”。

* 基金项目：本文得到国家自然科学基金面上项目（51478117）和国家重点研发计划之战略性国际科技创新合作重点项目（2016YFE0205100）资助。

全球两个主要地震带（环太平洋地震带和欧亚大陆地震带）共同影响我国，造成我国地震多发且分散，地震伤亡人数占全球的比例超过四成。通过工程措施抗御地震造成的破坏，从而减轻或避免地震造成人员伤亡，与此相关的工作统称为震害防御，这是实现韧性城乡的必由之路。

韧性城乡建设工作的核心内容可以概括为“地下清楚”和“地上结实”，此外还有诸如科普宣传、地震烈度区划图编制、政策法规的制定和贯彻等。其中“地下清楚”的内容包括深入地壳内部的活断层探测、城市范围的地震小区划、工程建设场地地震安全性评价和工程场地地质灾害评价等。“地上结实”的含义指采用不同建筑材料和不同结构形式的房屋、桥梁、大坝等工程结构在遭遇强烈地震作用时不倒塌，从而避免人员伤亡。

2. 我国地震灾害特点

我国幅员辽阔，地震多发且分散，历史上经济欠发达，多数房屋结构缺少基本的抗震能力，因而我国震害呈现小震成灾，大震巨灾的特点。笔者对1900年以来的破坏性地震及其灾害数据进行汇总统计，将世界上各主要多震国家的震害做比较可得到如图1所示的结果。图中横坐标是国别，纵坐标是震亡比。每个国家的震亡比是用百年来造成人员死亡的各次地震的震级总和做分母，所造成的人员死亡总和做分子而计算出的一个无量纲数，震亡比大表明这个国家震害严重。从图中可以看出，比我国震害更严重的国家有海地、巴基斯坦、亚美尼亚、印度尼西亚和伊朗等，我国和印度相当，但尚不如土耳其、墨西哥，也不如美国、日本和新西兰。

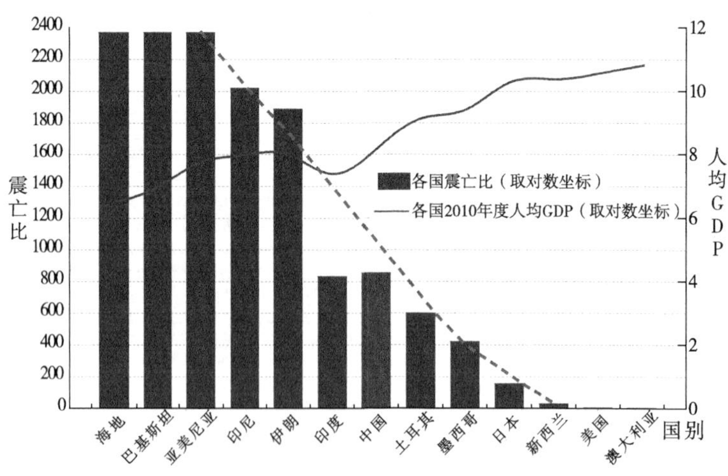

图1 世界上各主要地震国家的震害比较

图中还列出了各国的人均GDP，显然GDP越高，抗震能力越强，震害越轻。但可以看出，相比我国人均GDP，我们的震亡比就偏高了，说明我国用于抗震的经费投入比例与先进国家相比低得多。

3. 我国震害原因分析

地震灾害的主要表现是人员伤亡，而造成人员伤亡的直接原因是房屋倒塌[8][9]。导致房屋倒塌的主要因素有两个方面，其一是客观意义明显的“地质灾害”，比如地震产生的滑坡、崩塌、滚石、沙土液化、断层位错、地表破裂以及范围甚广的强地面运动。其二是主观意义明显的“人为失当”，包括设防水准过低、结构体系选择和结构布置失当、设计规范失误以及建筑选址不当等。像滑坡、断层等灾害只能通过合理的选址来避免，减轻地震灾害最主要的手段是减少“人为失当”。上述“人为失当”在建筑结构上的表现可概括为四个方面，即“散”“脆”“偏”“单”，以下是四个字的具体含义。

（1）“散”主要体现在：

纵横墙间连接薄弱，构造柱缺失或不足，圈梁缺失、不足或不封闭；

竖向构件（墙、柱）与水平构件（梁、楼板、檩条等）连接薄弱，构造柱缺失或不足，圈梁缺失、不足或不封闭；

门窗洞口两侧无构造柱；

砌体砌筑质量差，砂浆强度不足；

横墙间距过大；

砌筑纵或横墙长度超过3m而无构造柱；

有未经专门抗震设计的圆弧状填充墙。

（2）“脆”主要体现在：

承重墙为生土、土坯等脆弱材料；

承重墙为干砌或泥结红砖；

存在短柱；

强弯弱剪、弱节点强构件；

有构造不良的围墙，连接不牢的吊灯、吊顶、玻璃等。

（3）“偏”主要体现在：

多层底商砌体房屋底层各道纵墙刚度差异超过3倍，易被各个击破；

多层框架有不当设置的半高填充墙，易因短柱的刚度大、延性差而被各个击破；

平面布局里出外进，比如 L、T、Y 等形状；

立面布局蜂瓶细腰，层间刚度分布有突变等。

（4）“单”主要体现在：

抗侧防线单一，缺少冗余备份，如易形成层屈服机制的纯框架；

砌体结构圈梁、构造柱等措施缺失或不足；

窗间墙、窗端墙宽度过小等。

应该看到，在 2008 年汶川 8.0 级地震的极震区（映秀和北川）仍有一批表现相当顽强的建筑。通过深入剖析这些榜样建筑的构造特点，可以发现它们无一例外很好地遵循经典力学原理，在构造上呈现“整而不散”“延而不脆”“匀而不偏”“冗而不单”。大量细致的实验和理论分析工作揭示了这些经得起 8.0 级地震考验建筑的秘密，所得到的结果如果得到推广应用，将极大地提升我国整体抗御地震灾害的能力。

笔者自 2008 年汶川地震以后，一直专注于极震区倒塌与不倒塌房屋构造上的差别，通过 30 余次振动台试验探讨了决定房屋倒塌的关键因素。结果显示，底商多层砌体房屋各道纵墙刚度、抗力均衡、多层框架结构配以适当的落地剪力墙，完全可以抗御 8.0 级地震而不倒。进而可以这样设想，我们不必以与 6、7、8、9 度相当的地震动作为抗震设防的对象，而把房屋结构自身的“散、脆、偏、单”作为设防的对象而加以克服，就可以实现“七级不坏，八级不倒”。

4. 工程抗震技术发展沿革

1923 年日本关东大地震造成 14 万人死亡，日本学者总结了这次地震的教训，提出将房屋自重的 10% 作为水平地震力，通过结构措施加以抗御，这就诞生了抗震设计的静力法。1933 年美国长滩地震获得了第一条强震记录，美国学者开始考虑地震的动力效应，并提出了“反应谱”的概念。反应谱法将建筑结构视为弹性体，能考虑结构与地震动之间的共振效应，应该说对地震破坏的本质认识更深入了。1956 年在旧金山召开了第一届世界地震工程大会，宣示一个与震害防御密切相关的学科——地震工程——诞生了。1964 年开始，由于电子计算机技术的发展，专家学者又提出了建筑结构地震响应的时程分析法。这一方法能够考虑结构在强震下的非线性效应，技术进步是明显的，但因操作复杂难以大面积推广应用。1990 年开始，美国学者又提出了“性态抗震设计方法”。这一方法区别对待重要性不同的结构在遭遇强震作用时的表现，比如学校和医院等人员密集型场所的公共建筑需要更强的抗震能力，从单纯关注生命安全扩展到减少经济损失。

进入 21 世纪以来，美国学者提出了韧性（Resilience）建筑的设计理念，基本含义是考虑未来地震动极大的不确定性，通过设置多道防线，保证结构遭遇超设防地震时不致倒塌。由这样建筑构成的城市具有很强抗御地震打击的能力。

就我国而言，1952 年起制定国家十二年科学发展规划时就列入了与震害防御相关的课题，比如中国地震烈度表和中国地震烈度区划图、结构地震反应线性分析、建筑物动力特性测试、小比例结构模型动力实验、抗震设计草案编制、强震仪研制和布设等。由刘恢先主编的第一本抗震设计规范（草案）于 1964 年颁布，1978 年颁布了正式版，即《工业与民用建筑抗震设计规范》。这两本规范均以反应谱理论做基础，考虑了场地条件的影响，强调构造措施的必要性。1966—1976 年是我国灾难深重的 10 年，先后经历了 1966 年邢台地震、1970 年通海地震、1975 年海城地震、1976 年松潘和唐山地震。邢台地震促进地震监测预报队伍的建立和完善，总结通海地震震害经验，提出了震害指数概念及考虑地形影响的方法；1975 年海城地震是迄今为止公认最成功的一次预报；1976 年唐山地震的调查及深入研究，明确了圈梁、构造柱等构造措施的作用并写入规范，这一措施至今在中国乃至全世界仍发挥重要作用。

1989 年由建设部主编的《建筑抗震设计规范》列入了可靠度理论，假定未来 50 年超越概率为 63% 的作为小震，10% 的作为中震（设防烈度），2% ～ 3% 的作为大震，以小震不坏、中震可修、大震不倒作为结构抗震设计的基本原则，将刘恢先于 1975 年海城地震和 1976 年唐山地震总结的抗震设计基本原则以概率形式重新表达。但是可靠度理论的列入，并没有对应物理机制的改变，得到的计算方法比以前复杂得多，很多设计人员难以理解，只能以配套软件计算结果为主，缺乏概念的判断，使结构抗震设计陷入盲目性。

自 1976 年唐山地震后，我国大震沉寂了多年，人们开始盲目乐观，甚至业界一些人认为我国抗震水平进入了世界第四。但 2008 年汶川 8.0 级地震造成 8.7 万同胞遇难，随后 2010 年和 2013 年又分别发生了玉树地震和芦山地震。详细考察表明，我国总体上建筑抗震能力是薄弱的，并且建筑结构地震破坏的状态与设计规范的预期有明显差异。以常见的钢筋混凝土框架结构为例，规范中以“层屈服机制”作为抗倒塌设计依据，在具体设计中人为实现“强柱弱梁”，然而震后从未发现过“强柱弱梁”，这表明规范所依据的结构倒塌机理与实际并不相符[10]。对于多层砌体及底商多层砌体等结构，建议的偏心扭转内力重分配、墙段平面内抗剪验算等理论和方法都与实际震害有很大差距。

另一方面，近年来几次大地震中，即使是极震区，仍然有若干普通材料建造的多层砌体、多层框架等结构表现良好，堪称奇迹。深刻剖析表明，这些可以称之为“榜样建筑”（比如紧邻断层的白鹿中学等）的结构都经受住了地面运动强度 1.0g 的考验。这就提示我们需要对现行规范按照 7 度或 8 度进行抗震分析、验算的做法进行彻底反思。规范所期望出现的震害现象没见到，规范未预料到的超强抗震表现却屡见不鲜。事实表明，现行规范对我国常见建筑结构的地震倒塌机理的认识还很不完善，技术供给与现实需求有巨大差距。震害防御工作的重点就是要缩小这一差距，这是减轻未来地震人员伤亡的根本途径。

5. 工程抗震新技术

由于地震是罕遇事件，如果把地震荷载等同于重力荷载来对待是不科学的。为此，工程界提出两种实用的抗震新技术，分别是隔震技术和消能减震技术。

（1）隔震技术

地震引起地面往复运动，使得地面上房屋以及各种工程结构受到一定的惯性力，当惯性力超过了结构自身抗力，则结构将出现破坏。这就是大地震造成房屋破坏、桥梁塌落以及其他诸多工程设施损毁的原因。

图 2　支座在水平地震作用下发生剪切变形

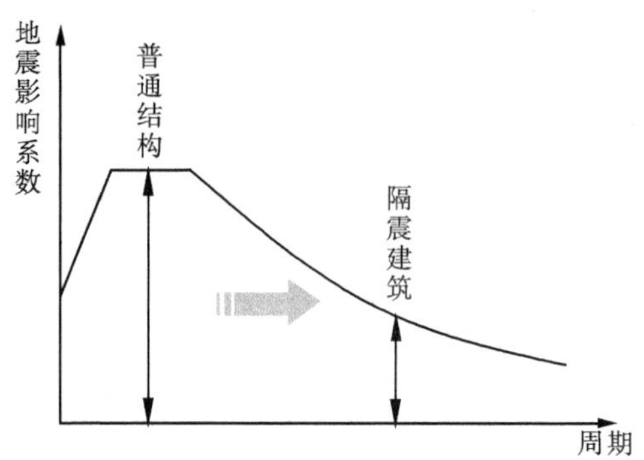

图 3　设置隔震支座以延长结构自振周期

隔震是将工程结构体系与地面分隔开来，并通过一套专门的支座装置与地面相连接，形成一个水平向柔弱层（见图 2），以此延长结构的基本振动周期（见图 3），避开地震动的卓越周期，减弱地震能量向结构上传输，降低结构的地震反应。由工程经验来看，多层框架结构经隔震以后，自振周期可由原来的 0.3 ～ 0.5 秒延长到 2.0 ～ 3.0 秒，避开了地震动卓越周期（0.1 ～ 0.5 秒），可将地表传给上部结构的地震作用降低 70% 左右。19 世纪末就有学者和工程技术人员提出了隔震的概念。采用基底隔震技术建造的房屋，能够极大地消除结构与地震动的共振效应，显著降低上部结构的地震反应，从而可以有效地保护结构免遭地震破坏。

目前全世界建造了两万余栋隔震建筑，我国有 5000 余栋。美国、日本、新西兰等国的上百栋隔震建筑经历了地震考验，表现出卓越的抗震性能。我国 2013 年芦山地震中，芦山县人民医院因为采用了隔震技术（见图 4），不但没有人员伤亡，内部的核磁共振、彩超、X 光机等精密医疗设备也没有任何损伤，医院成为震后伤员救治中心（见图 5）。

图 4　芦山县人民医院采用隔震技术

图 5　震后芦山县人民医院

（2）消能减震技术

消能减震是指在结构中设置阻尼器或阻尼构件，通过改变体系动力特性、吸收耗散振动能量以减小地震反应的技术。在地震往复荷载作用下，结构发生以位移、速度和加速度表示的响应，如果在结构上安装位移驱动或速度驱动的阻尼器，比如防屈曲支撑（BRB）、钢滞变阻尼器（见图 6）、TMD（Tuned Mass Damper）、TLD（Tuned Liquid Damper）以及各类油阻尼器等，可以增加结构的等效阻尼比（见图 7），从而减小结构的地震响应，减轻甚至避免结构的破坏[11]。

图 6　钢滞变阻尼器安装现场

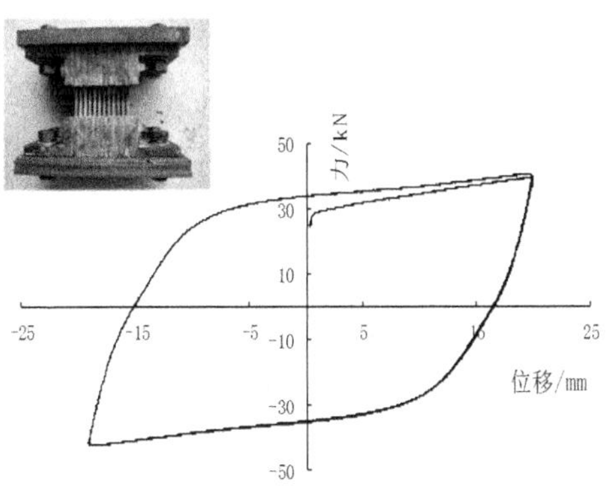

图 7　钢滞变阻尼器的滞回曲线

6. 当前韧性城乡建设工作的主要抓手

首先需明确我国城乡建筑抗震能力还较薄弱，与建设小康社会的需求还有很大差距。震害防御工作的目标是全面提升城乡建筑抗震能力，做到中小震无害，大震小害。为此，需客观面对我国城乡建筑中较普遍存在的“散”“脆”“偏”“单”的问题，认真吸取近年来破坏性地震中正反两方面的经验和教训，从技术上实现“整而不散”“延而不脆”“匀而不偏”和“冗而不单”。具体体现在以下几个方面：

（1）技术标准的建立

将最新实用技术（如散、脆、偏、单评估法）写入行业标准，以利推广应用。

（2）技术标准贯彻落实

在城市新建建筑结构的设计施工过程中严格遵循新标准。

（3）既有建筑的筛查

依据设计标准的技术原理和操作流程，分期分批推进城乡既有建筑抗震缺陷的筛查，依结果提出有针对性的补强措施。

（4）大力推广减隔震技术的应用。

7. 结论

我国地震灾害形势依然严峻。以韧性城乡为标志的新时期防震减灾目标成为业界共识。韧性城乡的主要特点是城乡、工程结构及构件等各个层次都具有很强的抗震能力，即便地震相当强烈，城乡基本功能也能很快恢复。建设韧性城乡，首先需要对城乡抗震能力的现状进行科学评估。基于震害类比、实验验证和理论分析，总结提炼出的工程结构抗震能力“散、脆、偏、单”评估法是韧性城乡建设的有力工具。对于新建工程，宜大力推广隔震与消能减震新技术。

参考文献

[1] 汪辉，徐蕴雪，卢思琪，任懿璐，象伟宁．恢复力、弹性或韧性？——社会—生态系统及其相关研究领域中“Resilience”一词翻译之辨析［J］．国际城市规划，2017，32（04）：29-39.

[2] Alexander D E. Resilience and Disaster Risk Reduction：An Etymological Journey［J］. Natural Hazards and Earth System Science，2013，13（11）：2707-2716.

[3] 邵亦文，徐江．城市韧性：基于国际文献综述的概念解析［J］．国际城市规划，2015，

30（02）: 48-54.

［4］徐江，邵亦文．韧性城市:应对城市危机的新思路［J］．国际城市规划，2015，30（02）: 1-3.

［5］Allan P，Bryant M. Resilience as a Framework for Urbanism and Recovery［J］. Journal of Landscape Architecture，2011，6（2）: 34-45.

［6］Godschalk D R. Urban Hazard Migration：Creating Resilient Cities［J］. Natural Hazards Review，2003，4（3）: 136-143.

［7］Klein R T，Nicholls R，FrankThomalla. Resilience to natural hazards：How useful is this concept?［J］. Global Environmental Change Part B Environmental Hazards，2003，5（1）: 35-45.

［8］郭迅．汶川大地震震害特点与成因分析［J］．地震工程与工程振动，2009，29（06）: 74-87.

［9］郭迅．汶川地震震害与抗倒塌新认识［C］．第八届全国地震工程学术会议论文集，2010，291-297.

［10］郭迅．钢筋混凝土框架结构地震倒塌机理［M］．北京：中国建筑工业出版社，2018.

［11］张敏政．地震工程的概念和应用［M］．北京：地震出版社，2015.

关于海绵城市建设中应加强气候影响研究的思考与对策建议

杨蕾[1]，尹成美[2]

（1. 山东省青岛市气象局；2. 山东省济南市气象局）

摘要 自2015年4月国家分两批启动海绵城市试点项目以来，全国30个试点城市按照国务院、住建部等关于海绵城市建设的要求，大力推进工作，取得了良好的社会和生态效益。但是，也存在系统治理不到位，重“硬”轻“软”、重“当下”轻“历史”轻“未来”等问题。其中，各试点城市在创建过程中，特别是对前期的分析研究工作做得普遍不够。建设海绵城市的实质是治水，就是治理城市下垫面的水状态、水环境。本文以山东济南、青岛两个海绵城市试点创建为例，从气候、气候变化、热岛效应等三个方面分析了对海绵城市建设的影响，提出了前期须开展当地气候等研究，为因地制宜制订建设方案提供决策依据的重要性，并提出了海绵城市建设中既要重视工程硬件建设也要重视气候影响分析等非工程措施、建立全面开展城市下垫面普查和下垫面变化的持续监测机制、加强跨学科跨部门研究编制当地暴雨频率和城市环境气候图集等对策建议。

关键词 海绵城市，气候影响，研究，对策建议

1. 引言

自2015年4月国家分两批启动海绵城市试点项目以来，全国30个试点城市按照《中共中央 国务院关于进一步加强城市规划建设管理工作的若干意见》《国务院办公厅关于推进海绵城市建设的指导意见》、2015年中央城市工作会议以及住建部下发的《海绵城市建设技术指南》[1-3]等关于海绵城市建设的要求，大力推进工作，一系列精品示范工程应运而生，取得了良好的社会和环境效益。但

是，我们也清醒地看到，当前在海绵城市建设中，树立“尊重自然规律，人与自然和谐”的理念还不够，落实习总书记提出的“节水优先、空间均衡、系统治理、两手发力”治理思路还不到位，还存在重“硬”轻“软”、重“当下”轻“历史”轻“未来”等问题。其中，重视气候的影响各试点城市普遍开展不够。城市下垫面是海绵城市建设的最基础、最核心的部分，其对雨水起到渗、蓄、滞、净、用和排的作用，建设海绵城市的实质是治水，就是治理城市下垫面的水状态、水环境。因此，应加强当地气候、气候变化等规律的研究，为因地制宜制订建设方案提供决策依据。本文以山东济南、青岛两个海绵城市试点创建为例，从气候、气候变化、热岛效应等三个方面分析了对海绵城市建设的影响，提出了前期须开展这些研究的重要性以及相应的对策建议。

2. 气候特点的影响

2.1 降水时空分布特征的影响

我国降水空间分布不均，总体自南而北递减。如列为全国 30 个海绵城市建设试点之二的山东济南、青岛，两市常年年平均降水量分别为 696.9 毫米和 708.5 毫米，两市均属于水资源严重匮乏城市，济南人均水资源占有量仅占全国的七分之一，而青岛则仅占全国的十一分之一。虽然近年来加大了引进黄河、长江客水的力度，但水资源不足依然成为制约城市发展的重要因素之一。而两市全年的降水又主要集中在夏季（6—8 月），其间降水量分别占全年降水量的 65% 和 61%。因此，对该类海绵城市建设的思路应重点考虑“蓄”和“排”，就是广蓄雨水，缓解水资源匮乏局面，又因雨季相对集中，还需及时做好排水工作，以防内涝。相应的工程措施也要具有针对性，如，尽可能多地增加河道、湖泊等水系，既扩大城市内外蓄水空间，又便于及时对雨水进行有组织的疏导和排放，有利于降雨与排水错峰；道路建设中，要考虑在汇水面下游设置调蓄池；同时，要统筹城市不同功能区和基础设施的雨水收集和节水等。

而对于年降水量超过 1500 多毫米的广州等城市，鉴于水资源丰富，其海绵城市建设的重点不在于“蓄”，而应侧重于“渗、滞和排”，如果城市水质状况较差，还要考虑“净”，相应的工程措施也和北方缺水城市有所不同。

2.2 短历时强降雨的影响

近年来，我国大部地区局地性、突发性、短历时强降雨呈频发的态势，“城市看海”时有发生，不仅给已有一定难度的强降雨预报预警带来了更大的挑战，也给城市运行带来了很大风险。

以济南市为例，2010 年以来，夏季短历时强降雨呈增多的趋势，尤其是 2015 年以来明显增多。2015—2017 年三年夏季小时雨强在 30 毫米以上的突发短时强降雨多达 65 次（见图 1）。其中，2016 年夏季，暴雨日数多、强度大、局地性强、突发性强，共出现区域性暴雨 8 次，局地性暴雨 14 次，多次出现日、旬降水量突破历史极值或逼近历史极值情况。小时雨强在 30 毫米以上的短时强降雨 17 次，平阴刁山坡 7 月 22 日 03 ～ 04 时小时雨量达 105.5 毫米，为 2010 年以来小时雨强之最。

2017 年夏季虽然降雨量不及 2016 年的多，但小时雨强在 30 毫米以上的突发短时强降雨多达 26 次。

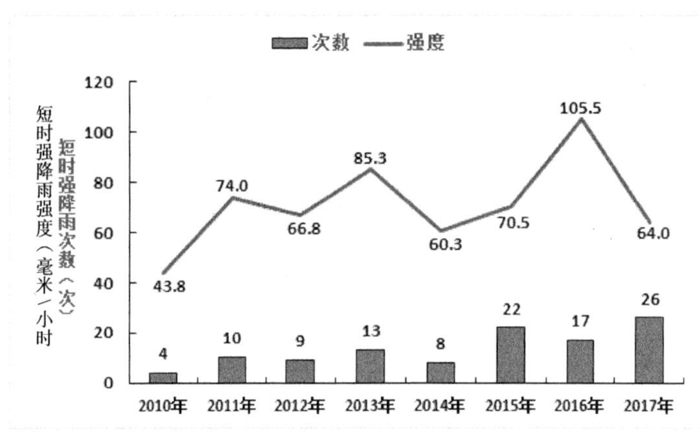

图 1　2010—2017 年夏季小时雨强在 30 毫米以上的短历时强降雨次数及强度

鉴于短时强降雨突发、频发、预警难、防范难等特点，在类似这样的海绵城市创建中，“排”尤为重要，须采取一系列工程措施，加大城市内外排水沟渠密度疏导，利用河网、排水明沟或暗渠，甚至在低洼地带架设排水泵站等，及时疏导和排放，防止形成内涝。在确保城市安全运行和人民生命财产安全的前提下，统筹考虑“蓄、渗、净”等作用。

3. 气候变化的影响

中国科学院院士刘昌明2016年曾指出：随着经济社会的发展，中国城镇化发展速度加快，全球气候变化对城市的影响正日益显现出来。如何科学规划城市空间布局，使城市能在有气候方面的灾难性事件发生时经得住考验，需要我们思考。海绵城市建设需做足气候变化应对文章。

气候变化对海绵城市建设的影响，不容忽视，不仅在"当下"，也在"未来"。这里通过济南、青岛1961—2014年气温、降水的气候变化特征为例加以分析探讨。

3.1 济南、青岛气温气候变化事实

由表1、图2可见，济南和青岛气温气候变化特点均表现为增暖的趋势，青岛增暖更加显著些，主要表现在：一是气温均呈上升的趋势。从平均气温、平均最高气温、平均最低气温平均每10年的变化趋势来看，均表现为上升趋势，这与全球气候变暖的趋势相一致。二是低温日数均呈减小趋势，济南减少更多。三是高温日数均增多，青岛54年中仅有6年出现高温，其中4年为1990年之后。济南高温日在1970—2014年呈明显增加趋势，平均每10年增加0.8天。这些现象说明在全球气候变暖的大背景下，济南、青岛也呈现出变暖的特征。

表1　1961—2014年济南、青岛气温变化特点

单位：℃

要素	济南	青岛
平均气温	14.6	12.7
平均气温平均每10年变化趋势	+0.13	+0.25
平均最高气温	19.6	16.3
平均最高气温平均每10年变化趋势	+0.12	+0.26
平均最低气温	10.5	10.1
平均最低气温平均每10年变化趋势	+0.22	+0.26
平均低温日数（天）	3.6	1.2
低温日数平均每10年变化趋势（天）	-0.9	-0.4
平均高温日数（天）	13.5	0.1
高温日数平均每10年变化趋势（天）	+0.8（1970—2014）	三分之二的高温出现在1990年之后

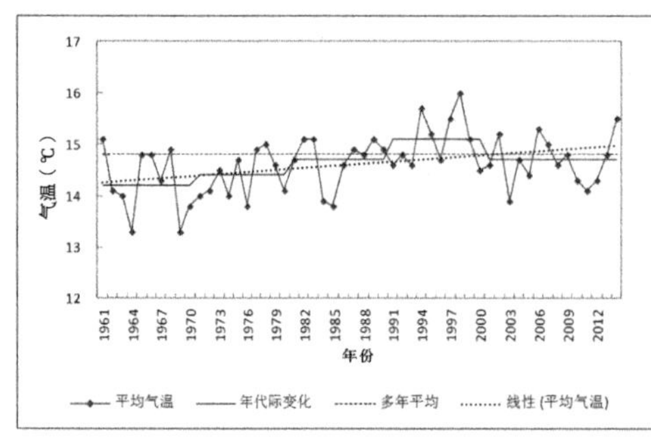

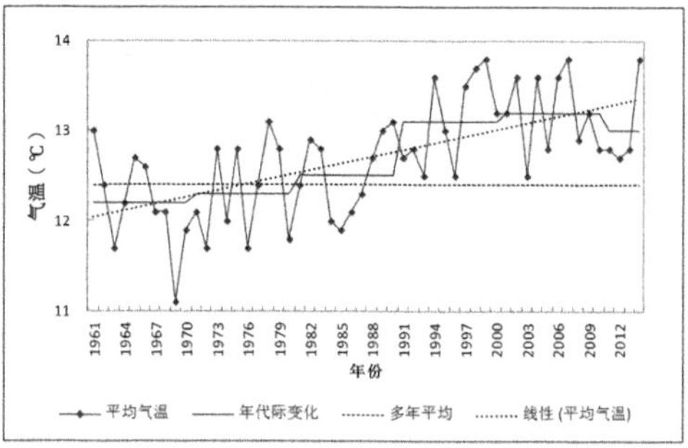

图 2　济南（左）、青岛（右）年平均气温变化

从年平均气温气候变率来看，二者近年来呈下降的趋势，但济南表现为低气候变率状态，表明不易出现极端高温和低温天气；而青岛则表现为高气候变率状态（见图 3），气温的高气候变率状态表明易出现极端高温、极端低温等天气气候事件。

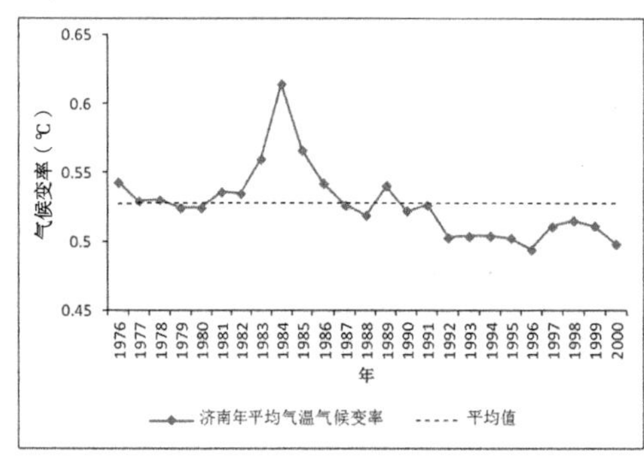

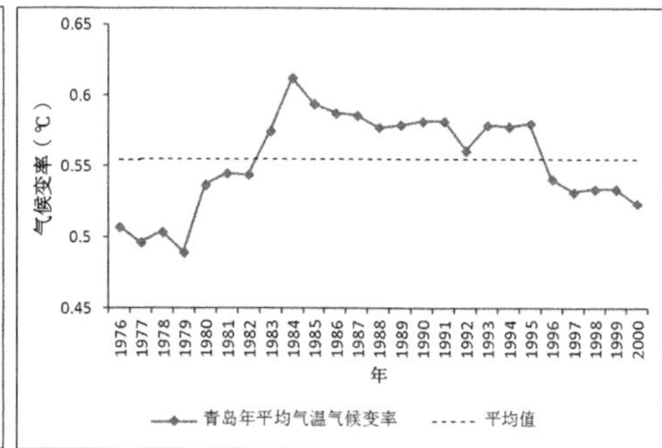

图 3　济南（左）、青岛（右）年平均气温气候变率变化曲线

3.2　济南、青岛降水气候变化事实

由表 2 可见，济南和青岛的平均降水量、年平均降水强度、中雨日数、大雨日数、暴雨日数均没有明显线性变化趋势，但青岛的降水日数（日降水量大于等于 0.1 毫米）、小雨日数（日降水量在 0.1 ～ 0.9 毫米）均呈明显减少趋势，分别为平均每 10 年减少 2.1 天和 1.6 天，而济南则表现为无明显线性变化趋势。

表 2　1961—2014 年青岛、济南降水气候变化特点

要素	青岛	济南
平均降水量（毫米）	708.5	696.9
平均降水量平均每 10 年变化趋势（毫米）	无明显线性变化趋势	无明显线性变化趋势
年平均降水强度（毫米 / 天）	8.7	9.3

续表

要素	青岛	济南
年平均降水强度平均每 10 年变化趋势（毫米 / 天）	无明显线性变化趋势	无明显线性变化趋势
降水日数（天）	80.6	74.9
降水日数平均每 10 年变化趋势（天）	呈线性减少趋势（–2.1 天 /10 年）	无明显线性变化趋势
小雨日数（天）	61.2	56.2
小雨日数平均每 10 年变化趋势	–1.6	无明显线性变化趋势
中雨日数（天）	11.8	11.1
中雨日数平均每 10 年变化趋势（天）	无明显线性变化趋势	无明显线性变化趋势
大雨日数（天）	5.2	4.9
大雨日数平均每 10 年变化趋势（天）	无明显线性变化趋势	无明显线性变化趋势
暴雨日数（天）	2.5	2.6
暴雨日数平均每 10 年变化趋势（天）	无明显线性变化趋势	无明显线性变化趋势

从图 4 可见，近 50 年来济南、青岛年平均降水量气候变率均呈现高气候变率状态，这种高气候变率状态表明易出现干旱、暴雨洪涝等极端天气气候事件。

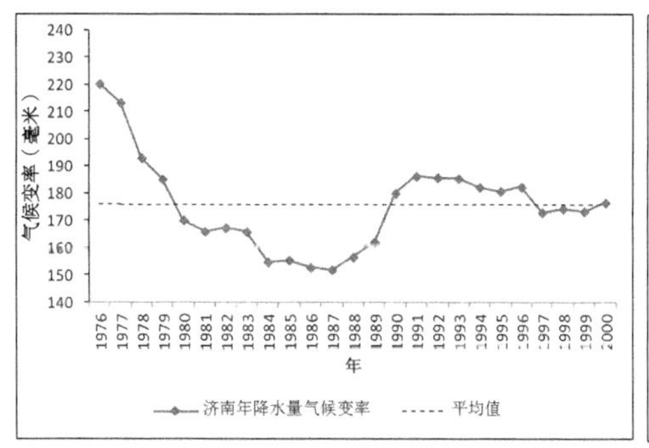

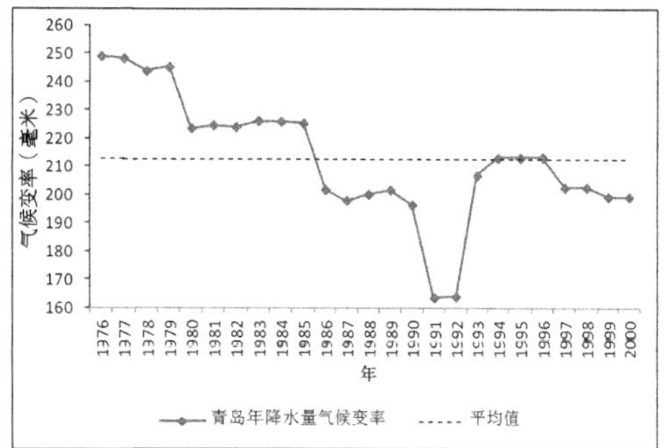

图 4　济南（左）、青岛（右）年降水量气候变率变化曲线

3.3　济南、青岛平均风速气候变化事实

1961—2014 年，济南和青岛的平均风速呈减小趋势，青岛的减小趋势更明显，平均每 10 年减小 0.4 米 / 秒，而济南在 1999 年以前表现为阶段性减小，1999 年之后则呈明显减少趋势（见图 5）。

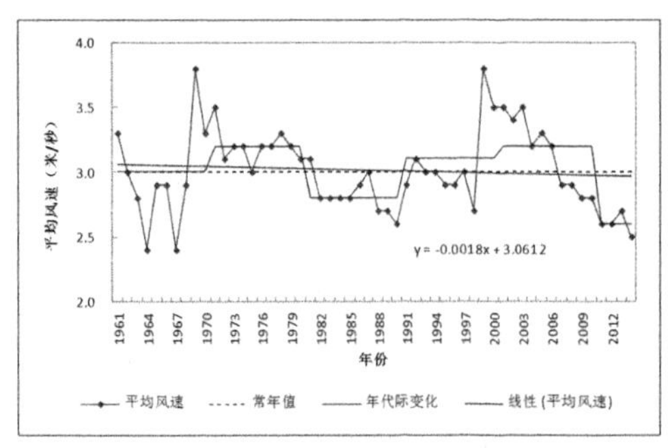

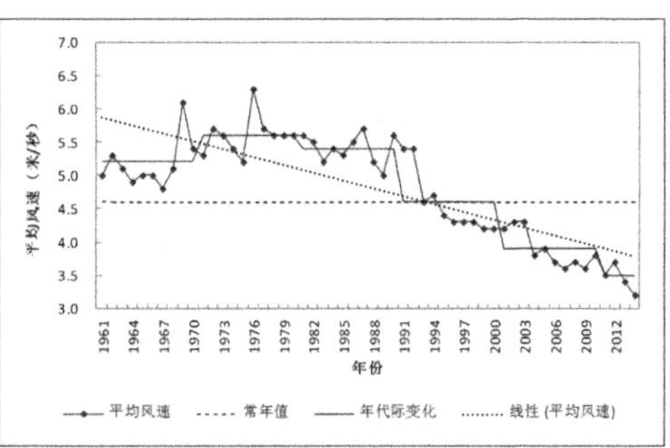

图5　1961—2014年济南（左）、青岛（右）平均风速变化

3.4　气候变化对海绵城市建设的影响分析

其影响简单分为直接影响和间接影响。

直接影响，如平均气温呈升高、高温日数呈增加等气候变暖的趋势，对水的直接影响就是蒸发加剧了，蓄水量也会发生相应变化，在蓄水方式上要考虑。再如，针对济南、青岛年平均降水量气候变率均呈现高气候变率状态，表明易出现干旱、暴雨洪涝等极端天气气候事件的情况，要切实考虑城市暴雨公式和内涝模型的修订问题。

暴雨强度公式。它是描述降雨量、降雨历时和重现期三者之间数学关系的经验公式。它依据水文气象频率分析的理论，基于已有的降雨记录数据，采用数理统计的方法得到城市暴雨量、暴雨强度、降雨历时、时间空间的分布等，是科学表达城市降雨规律的一种方法。城市内涝在很大程度上是由暴雨造成的。城市排水系统的工程预算和相关设施建设与其设计的流量，特别是暴雨形成的流量息息相关。一般说来，设计流量的合理计算依赖于所采用的暴雨强度公式的精准程度，其计算结果直接影响城市排水工程的安全性与经济性[4]。目前我国城市建设所采用的暴雨强度公式多为20世纪80年代初期编制，受当时气象资料、观测站点及计算条件所限，准确性大大降低[5]。近30年来，在气候变暖的背景下，极端的暴雨频率、暴雨强度和局地强降雨特征发生了变化，现行的暴雨强度公式已不能客观反映当地暴雨的实际情况，因此，有必要重新修订和编制适用性更强、精度更高的暴雨强度公式，以适应“海绵城市”建设的需要。

城市内涝模型。只有建立了适应本地特征的模型，才能更好地对城市等进行规划。目前，我国城市内涝模型单一，并不能很好地适应本地数据环境、自然、社会和经济等条件，功能上并不能更好地满足当前海绵城市规划和设计所需，缺乏针对不同城市特点的模型，针对性不强。因此，也需要开发适用于本地实际且

在功能上能够满足海绵城市规划和需求的城市内涝模型，以实现城市“小雨不积水、大雨不内涝、水体不黑臭、热岛有缓解”。

而间接影响是一种连锁效应，可以影响到经济社会发展以及生态系统的方方面面，尤其需要引起关注。海绵城市建设是一项系统性工程，既是攻坚战也是持久战，面向未来，需综合考虑，综合施策，应对气候变化的影响要有长远规划。

4. 城市热岛效应

城市热岛效应，是指城市市区的气温高于郊外的一种气候现象。由于城市的工业、公共设施与居民等耗费大量燃料，使城市成为一个重要热源，市区相对于外围温度较低的农村好像是一个“热岛”[6]。

从济南城市热岛效应监测分析看，1964—2016 年济南城市热岛效应呈现为强度增强趋势。强度（城市区与远郊区气温距平）平均为 1.14℃，虽然城市热岛强度在不同年代有波动，但随时间推移呈增加趋势，热岛强度增温率为 0.1℃ /10 年，2010 年以来的平均热岛强度为 1.32℃。这表明随着济南城市建设的发展，城市热岛强度也在呈增加趋势（见图 6）。

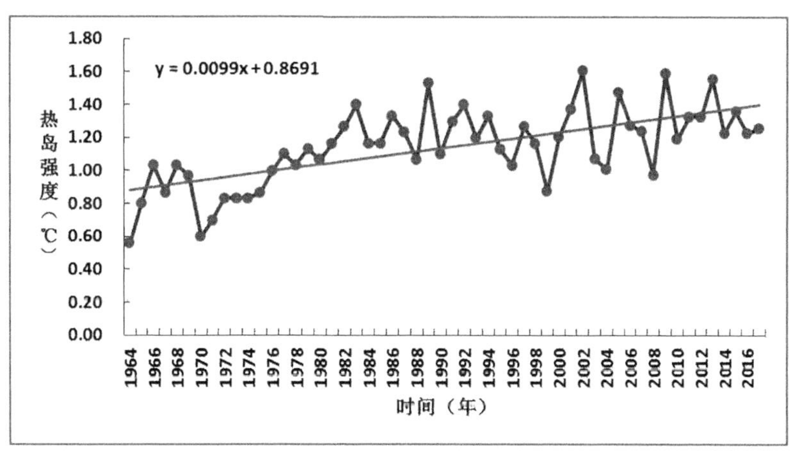

图 6　济南城市区—远郊区夏季平均气温距平变化趋势

从 1994—2014 年极轨气象卫星反演济南地区热岛效应的空间变化卫星遥感资料表明：济南地区的热岛范围逐年扩大，出现了向南、向东扩展趋势。1994 年济南市大部分地区无热岛，中心城区和章丘部分地区出现弱热岛；2003 年热岛范围明显扩大，城区开始出现强热岛，以城区为中心蔓延式扩展；此后，热岛效应呈逐步加强趋势。

分析济南市夏季城市热岛效应形成机制，主要有三个：不透水层下垫面是产生热岛效应的主要因素，城建区面积迅速扩大是城市热岛效应增强的直接原因，城市热岛强弱分布与城市功能定位有密切联系。这些，都是海绵城市建设中需要考虑的问题。

缓解热岛效应的关键是改造城市的生态环境，最有效的措施是增加城市的绿化面积，增加市区的水体容积，营造新的小气候。因此，在城市热岛效应已经显著或将来有可能显著的城市，在海绵城市建设中，还应与缓解城市热岛效应统筹谋划、施策。

5. 对策建议

（1）海绵城市建设中，既要重视水利工程、城市微气候观测系统等硬件建设，也要重视开展气候水文特点分析及影响评估等软件建设。科学制订适合当地气候、地形地貌、经济社会发展等特点的海绵城市建设方案或规划。根据气象历史年平均降雨量和雨季平均降雨量，建立城市雨水调节系统，最大限度地提升城市排水系统的承载能力。雨季来临时，在雨水径流洪峰期将部分雨水收集储存，以降低排水管道的排水压力。

（2）全面开展城市下垫面普查和下垫面变化的持续监测。纳入测绘部门地理监测体系中，建立定期监测机制。在细致分析洪涝易发点、隐患点基础上，结合降雨预测，优化绿地、湿地的选址和设计，使其发挥最大吸水、纳水、降低径流系数作用。

（3）要重视排涝、防洪标准设计的前瞻性，加强跨学科、跨部门科学研究，编制当地暴雨频率图集、城市环境气候图集等。利用当地的长序列资料计算暴雨公式、强度重现期，以此作为当地排水系统设计参数；编制暴雨频率图集，涵盖完整的设计时段和从一年一遇到千年一遇的设计频率，供各行各业（水利、防汛、城建、海洋、地质等）进行工程建设设计标准和地区防洪规划使用；利用长期专业气象观测资料以及城市环境气候图技术，计算分析获得当地气象灾害、城市热环境、城市通风环境的二维空间分布图，并利用 GIS 技术转译成规划师可以实际应用的城市规划气候图集，每隔 5 ～ 10 年定期更新，方便城市规划、建筑、排水等部门使用。这是海绵城市建设的基础工作。

参考文献

[1]《国务院办公厅关于推进海绵城市建设的指导意见》(国办发〔2015〕75号),2015年10月.

[2]《中共中央国务院关于进一步加强城市规划建设管理工作的若干意见》(中发〔2016〕6号),2016年2月.

[3]住房和城乡建设部.海绵城市建设技术指南:低影响开发雨水系统构建(试行)[R].住房和城乡建设部,2014.

[4]王文亮,李俊奇,车伍,等.海绵城市建设指南解读之城市径流总量控制指标[J].中国给水排水,2015(6).

[5]住房和城乡建设部.城市暴雨强度公式编制和设计暴雨雨型确定技术导则[R].住房和城乡建设部,2014.

[6]黄高平,王甲生,潘维良.基于海绵城市建设的气象问题思考[J].绿色科技,2017(12).

立足海绵城市建设浅谈城市内涝新格局

——以杭州为例

张涔

（温州市瓯海区星之火大学生防灾减灾服务中心）

摘要 随着经济社会的发展，城市内涝问题日益受到重视，社会对当下海绵城市的建设也提出了更高的要求。本文以杭州市为中心，将全面建设新型海绵城市作为立脚点，回顾近年来杭州城区所发生过的内涝问题，总结灾害发生的原因，提出改善城市内涝问题的应对措施，分析海绵城市建设对解决城市内涝问题的影响。

关键词 城市内涝，海绵城市，杭州

1. 引言

近年来，城市内涝问题频繁出现，北京、武汉等特大型城市均发生了严重的内涝，给人们生活带来了不便。城市内涝问题逐渐成为继人口拥挤、交通拥堵、环境污染等城市问题后的又一大城市病。当“逢雨必涝”“踏浪看海”成为街头巷尾的热议话题时，我们应当认识到，在专注城市发展的同时要兼顾城市环境。和谐共生，尊重自然，建设能够呼吸的海绵城市，才是正确的人与自然的共处之道，也是城市发展之道。

2. 城市内涝灾害的背景

城市内涝是指由于强降水或连续性降雨超过城市排水能力致使城市内产生积水灾害的现象。造成内涝的客观原因是降雨强度大，范围集中。降雨特别急的地方可能形成积水，降雨强度比较大、时间比较长也可能形成积水。依据我国内涝

城市降水数据显示：发生内涝的地区都是在我国较发达城市。在这些城市高速发展的同时，城市地下基础设施建设还存在很大问题。随着气候变暖及城市化进程的发展，暴雨内涝对城市的压力日趋严峻，我国大城市暴雨内涝事件频繁发生，不仅波及范围广，而且造成的损失惨重，严重威胁城市安全。住房和城乡建设部 2013 年对全国 351 座城市的调研统计，2010—2013 年，全国有 68% 的城市因暴雨内涝，发生 3 次以上内涝的城市有 137 座。2011 年 6 月中旬，南京、武汉、杭州等多个南方城市发生城市内涝灾害。2016 年入汛以来，连续强降雨天气覆盖全国大部分省份，截至 7 月 30 日统计，全国已有 26 省（区、市）遭受洪涝灾害，受灾人口 3282 万人，因灾死亡 186 人，直接经济损失 506 亿元。

2017 年 11 月 8 日，国家减灾委全体会议在北京召开，国务委员、国家减灾委主任王勇主持会议并讲话，他强调，要深入学习贯彻党的十九大精神，以习近平新时代中国特色社会主义思想为指导，牢固树立安全发展理念，坚持以防为主、防抗救相结合，以更加有力有效措施，推动防灾减灾救灾工作再上新水平。王勇指出，党的十八大以来，我国防灾减灾救灾工作取得显著成效，但形势任务仍然严峻复杂艰巨。各地方各有关部门要把思想和行动统一到党的十九大精神上来，认真落实习近平总书记关于防灾减灾救灾工作重要指示精神，深入推进防灾减灾救灾体制机制改革，加强灾害风险管理，强化灾害综合防范应对，着力加强防灾减灾工程建设，全面提升全社会抵御自然灾害的综合防范能力。现如今，城市内涝已成为社会各界关注的焦点问题，而如何形成完善的城市内涝监测系统，精准预报城市内涝隐患，提高城市防灾和居民自救能力，改善城市内涝新格局，建设新型海绵城市，已成为政府与社会各界亟须解决的难题。

3. 杭州城区内涝现状

2000 年以来，平均每年发生 200 多起不同程度的城市内涝灾害，不仅严重影响了城市的正常生活秩序，也造成了严重的生命财产损失，引起了社会各界的广泛关注。杭州所发生的大型城市内涝也不胜枚举。2012 年 6 月 17 日，浙江省气象台宣布入梅，省会杭州当天遭遇 126mm 大暴雨，为 1951 年以来 6 月出现的单日降水历史第二强。暴雨连下两日，景区部分路段积水严重。2013 年 6 月至 9 月，受“菲特”“丹娜丝”双台风影响，本应变弱的钱塘潮突然发威，水位居高不下，导致景区积水，多趟动车停运。城区累计面平均降雨量 11.1 毫米，单站累计最大降雨量 24 毫米，杭州日降水量 246 毫米，有道路积水 39 处。全省 11

个市 75 个县（市、区）914 个乡（镇、街道）707.3 万人受灾，因灾死亡 6 人，失踪 4 人，倒塌房屋 0.95 万间，造成的直接经济损失 124.05 亿元。2016 年 7 月 21 日，杭州遭遇强降雨，市区多处路段出现积水，导致通行中断。杭州市交警部门称：截至 8 时 15 分，据不完全统计，杭州城区严重积水影响交通的路段共 8 处，并有三处积水严重，通行中断。杭州市城区防指办根据气象和天气情况，于 7 时 30 分启动防汛四级应急响应。

浙江省建设厅规划处处长姚昭晖表示：城市排水系统建设的滞后是掣肘城市排涝功能的主因。“与近年来快马加鞭式的城市地面建设相比，城市排水系统的建设却跟不上步伐。面对倾盆大雨，城市排水系统‘小马拉大车’，显得力不从心。”

4. 杭州城区内涝灾害成因分析

我国城市内涝灾害频发且严重的原因源自自然和人为的两个方面。作为一种复杂的自然社会现象，其孕育、生长、发展、成灾的过程与城市气候、城市规划、城市建设、城市管理过程有着密切的关系。因此，讨论城市内涝的问题，要就多方面因素综合考虑。

4.1 地理位置和气候原因

杭州在我国东海沿海，位于钱塘江下游北岸，京杭运河南端，地处浙西中山丘陵向浙北河网滨海平原过渡地带，地势由西南向东北方向倾斜，高丘及其延伸的低丘海拔高度一般为 400 ～ 50m 不等，而北部和东部平原则以半山—武林门—古荡—留下一线为界，其以北以西水网发育、湖塘较多，地面高程为 2 ～ 5.5m；其以南以东是市区主要建成区，地面高程为 4.5 ～ 4.7m。钱塘江南接千岛湖汇新安江、兰江、富春江、分水江和浦阳江之水经市区以南向东北注入杭州湾。这种三面环山，一面临江，中间平坦低洼的地势格局客观上给自然排水增加了难度。市区范围内兼有山区平原多种地貌形态，复杂的水文气象和地形地貌条件，决定了杭州市洪涝的多样性和易灾性。

杭州属亚热带季风（湿润）气候区。年内降雨分配极不均匀，有春雨期、梅雨期和秋雨期（台风雨）之分。其中，汛期 5 ～ 8 月降水最为集中，受梅雨锋（低涡切变）、台风和局地强对流天气系统影响，既可能形成总量大、历时长的大范围梅雨型洪灾，也可能遇到历时短、强度大的局部性台风型洪水，易遭受天文潮或风暴潮又易受钱塘江潮水逆袭。据杭州气象局统计数据显示：自 2011 年 1 月 1 日至 2018 年 3 月 1 日，杭州共出现雨 1042 天，多云 1030 天，晴 290 天，阴 114 天。由此可见，杭州雨期占比例最大。而连续性的强降雨正是导致城市内涝的一个重要原因。

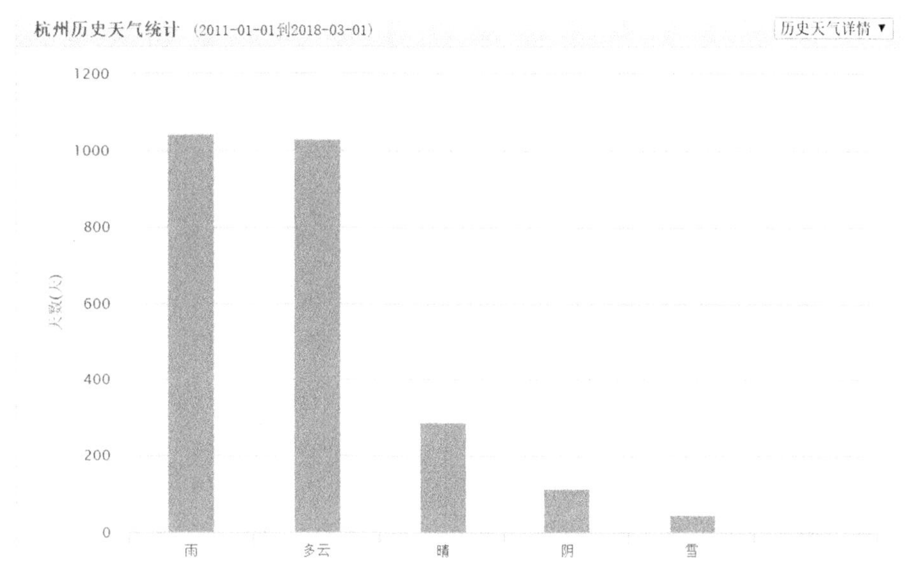

图 1　杭州历年天气统计（2011—2018 年）

另外，城市的发展对降水也有增幅作用。其主要表现在“热岛”“雨岛”“混浊岛”三岛效应的影响。（1）“热岛”效应：杭州城区建筑群密集，且柏油路和水泥路比郊区的土壤、植被具有更大的吸热率和更小的比热容，使城区迅速升温，明显高于周围郊区温度，致使下风方向的对流强度加大。（2）“雨岛”效应：随着杭州城区建筑密度的不断加大，以及夏天空调室外机、汽车尾气的超常排放，使城市上空形成热气流，最终导致降雨。（3）“混浊岛”效应：杭州城区由于厂矿企业集中、机动车辆众多、人口密集，致使排出的污染气体和空气中的尘埃等混浊程度高于周边地区，城市上空凝结核丰富，致使水汽凝结成云致雨。综上所述，三岛效应影响了杭州城区的降雨，增大了城市内涝的概率。

4.2　城市规划

城市规划理念滞后是引发城市内涝问题的又一重要原因。传统的城市规划注重城市经济社会的发展，“先地上，后地下”的发展模式造成排水系统不达标，城市的防洪排涝能力跟不上城市的快速发展，基础设施、排水管网、泄洪设施不完善。同时，由于管理不善、老化失修、管网淤塞等问题，造成整个内涝防治体系与现代化的城市发展需求极不匹配。其次，城市规划内容方面存在一定的不足也是引发城市内涝的原因。城市排涝规划仅考虑了管网排水能力的提高，而忽略了其与竖向规划、城市绿地规划等之间的综合协调。

从排涝角度讲，杭州主要依赖水闸、泵站、河道、管网。但杭州对这几方面的规划仍存在很大不足。综观杭州早年的城市规划，可见端倪:（1）雨水管网偏小，当运河、钱塘江在正常水位时，由于其雨水管网收集、排泄能力不足，一旦遭遇局地短历时强降雨就会产生内涝。有时，当大水系的水位高于地面标高时，还会通过雨水管网形成倒灌。（2）主干河道排水能力差。当长历时大范围降雨导致运河水位上涨到警戒水位以上、钱塘江潮水位或洪水位高于内河水位时，主干河道水位受大水系影响，下降速度慢，且现有排水能力不足，极易发生内涝。（3）上游拦蓄、下游排泄能力不足。当小流域山洪暴发时，由于上游缺少山洪拦蓄措施，下游河道排水不畅，容易在山坡与平原过渡区域产生内涝积水。如留下、转塘、虎跑路、天目山路等容易积水。（4）水系沟通不畅。下穿式道路桥涵积水，与周边水系不畅、排水设备能力不足有关。

近年来，虽有排涝制度陆续出台，但其反响也并不乐观，多数居民对城市内涝的防治和自救并不了解。这也使得在杭州发生内涝灾害时，会造成更多的人员伤亡，损失更巨大的经济开支。

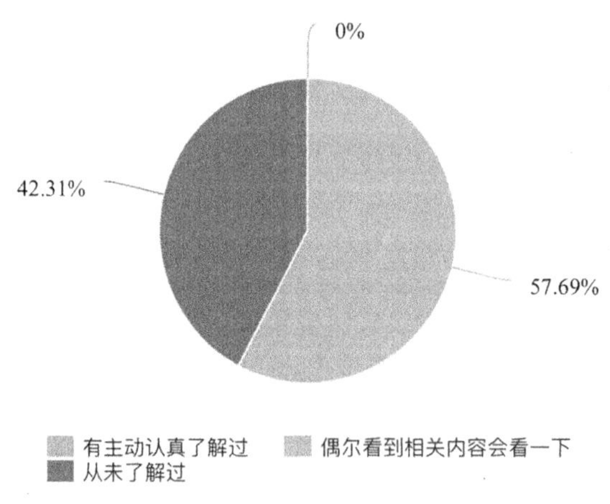

图2　居民对城市内涝防治及自救措施的了解程度

4.3　城市建设

由城市内涝反映出来的排洪能力不足、管网设施不配套等问题，实质上也是城市建设自身存在的问题和弊端。伴随高速城市化进程，城乡建设用地面积和不透水面密度快速增长。城市硬化面积的急剧增加和绿地面积的减少直接导致暴雨产流量增加、汇流速度加快，从而加大了城市的内涝灾害风险。

杭州城区过分追求经济的高速发展，在城市建设中不断扩大交通路面和住房建设用地，造成路面硬化。绝大部分的城市用地都铺上了不透气的水泥和柏油，这一举措直接导致下渗水减少，地表上的水通过下水道集中到了河流里。地表径流增多，地下径流减少。在城市建设用地上，杭州多数房地产商竞相争抢低洼易涝地，因为其拆迁难度小，投资回收快。这使城区原有的天然湖泊、水塘等被填平改造、沟渠被堵塞占用，原先畅通的自然排水系统被破坏，导致新建城区自有的排涝能力缺失。

在城市绿化方面，杭州也并未遵守生态原则。看似光鲜亮丽的背后，实则是城市建设的极度不均衡。城市园林景观规划设计的主要目的是调节城市发展和生态环境之间的矛盾。综观杭州，除了两侧的行道树，多数植被的铺设都是为满足商人的利益需求。例如社区和城市公园的草皮，因草皮不能植根于土壤，背离了基本的生物学原则，且草皮的吸水能力极弱。因此当出现内涝问题时，杭州现有的植被并不能起太大的作用。

4.4 小结

现代城市的内涝防治体系，包括源头控制、径流过程控制、排水终端控制等一整套系统，而不仅仅是排水。城市缺少现代化内涝防治体系，也不仅仅是管网建设不足，还包括蓄、滞、分、渗、调等综合性手段，以及一系列法规、政策的调整。因此，杭州市要在城市建设过程中解决内涝问题的难度依旧很大。

5. 改善城市内涝的应对措施

根治城市内涝需要“先规划，后建设”“先地下，后地上”模式开发城市土地，同时积极推动海绵城市建设。

5.1 城市规划和建设阶段必须重视防洪排水

构建现代化内涝防治体系要从三个层次进行规划，一是流域规划、二是城市规划、三是社区规划，不同层次因地制宜地探求各自合理可行的解决方案。对排水设施进行系统规划，将水利与市政规划设计相结合，从源头编制雨水控制、利用调蓄设施的规划，合理规划建设用地。出台一系列法规、政策，禁止对现有的内河道和沟塘等具有蓄洪、排涝能力的区域随意填埋侵占，保护自然排水系统。在道路设计上尽量减少地面硬化面积，多采用入渗型路面，增加绿地面积，不但美化环境，也可以增加雨水的下渗和含蓄。

5.2 严格按照“先地下，后地上”模式开发城市土地

对于城市开发的新区，采用修建共同沟（供水、供气、供热、供电、供油、通信、网络、排水）的方式，来形成骨干排水管网，要以立法的形式来推进“先地下，后地上”的开发模式，并规定不能因开发而加大固有的外排流量。使城市排涝跟上现代化城市建设的步伐，完善基础设施、排水管网、泄洪设施。

5.3 健全城市内涝监测系统

城市内涝监测预警系统是城市防汛排涝和日常污水排放、处理的综合监管平台。借助该系统，排水公司可全面掌握城市排水现状、及时采取防汛排涝措施，可实现城市排水系统的全方位监控和全局化调度管理。城市内涝监测预警系统采用集散式设计理念，按照多级监控中心设计。排水公司内建立总监控中心，各排水管理处、污水处理厂、中水处理厂内建立二级分控中心。监控总中心负责对整个城区排水系统进行全面的监控和管理，各二级分控中心负责辖区内排水设施的监控和管理。

5.4 全面推进“五水共治”

五水共治是指“治污水、防洪水、排涝水、保供水、抓节水”。浙江省委十三届四次全会提出，要以这五项作为突破口倒逼转型升级。2017年10月16日下午，全省政协“五水共治”民主监督工作总结交流会在杭州召开。会议指出，一定要在党的十九大精神指引下，牢固树立长期作战思想；助推省委、省政府“五水共治”决策部署进一步落地见效。助力长效管控机制、落实河长制、治水转型等问题。

按照习总书记对浙江“秉持浙江精神，干在实处、走在前列、勇立潮头”的厚望和期待，对照省第十四次党代会“两个高水平”浙江建设的宏伟蓝图，以及人民群众对“悦居”生活的更高需求，“五水共治”工作还存在一些突出问题。杭州应在巩固提升上下功夫，进一步加大水环境整治的监管力度。在制度上从“末端”治水向“源头”治水转变，“重点”治理向“全域”治理转变，党政主导

向全社会治理的转变，让“五水共治”常态化发展。只有全面推进“五水共治”，牢牢抓好“排涝水”这一环节，才能从根本上解决杭州城市内涝的隐患。

5.5 小结

国际经验表明，人口城镇化率在 30% ～ 60% 是一个国家或区域城镇化快速发展的阶段，而我国的进程更为迅猛。在前期城市基础设施建设负债累累的背景下，城镇化加重水灾风险的过程还没有结束，前期的快速经济发展造成的压力还在继续加大。尽早遏制我国城市内涝灾害频发且严重的态势，治理好城市内涝灾害，对于我国城市化平稳发展推进具有重要意义。

6. 海绵城市的建设

6.1 海绵城市的概念界定及其优势

所谓“海绵城市”，就是比喻城市像海绵一样，在适应环境变化和应对自然灾害等方面具有良好的“弹性”。遇到降雨时能够就地或者就近吸收、存蓄、渗透、净化雨水，补充地下水，调节水循环；在干旱缺水时有条件将储蓄的水释放出来，并加以利用，从而让水在城市中的迁移活动更加自然，不用再依靠下水道等“灰色设施”。海绵城市建设应遵循生态优先等原则，将自然途径与人工措施相结合，在确保城市排水防涝安全的前提下，最大限度地实现雨水在城市区域的积存、渗透和净化，促进雨水资源的利用和生态环境保护。建设“海绵城市”并不是推倒重来，取代传统的排水系统，而是对传统排水系统的一种“减负”和补充，最大限度地发挥城市本身的作用。在海绵城市建设过程中，应统筹自然降水、地表水和地下水的系统性，协调给水、排水等水循环利用各环节，并考虑其复杂性和长期性。

建设海绵城市不仅可以改善人居环境，缓解水资源供需矛盾，减少城市热岛效应、减少城市洪涝造成的损失，使土地被有效地增值利用。有利于修复城市水生态环境，还可以带来综合生态环境效益。实现城市经济、社会、环境等利益最大化。如，通过城市植被、湿地、坑塘、溪流的保存和修复，可以明显增加城市“蓝”“绿”空间，减少城市热岛效应，改善人居环境。同时，为更多生物特别是水生动植物提供栖息地，提高城市生物多样性水平。

海绵城市建设注重对天然河道、湖泊、湿地、坑塘、沟渠的保护和利用，可以大大减少建设排水管道和钢筋混凝土水池的工程量。同时，海绵城市建设注重利用适宜当地的生态化设施，如植草沟、雨水花园、雨水塘、多功能调蓄水体等，这些设施可以与园林景观相结合，与城市绿地和景观水体相结合。这些设施还可以充分利用雨水资源，缓解城市径流污染和内涝风险，降低水环境污染巨额治理费用，减少城市内涝造成的巨额损失。

6.2 海绵城市在国际上的成功

国际上率先将“海绵城市”应用于实际的国家有德国和瑞士。就德国而言，发达的地下管网系统、先进的雨水综合利用技术和规划合理的城市绿地建设，使该城市“海绵城市”的建设颇有成效。德国的城市都拥有现代化的排水设施，不仅能够高效排水排污，还能起到平衡城市生态系统的功能。以首都柏林为例，分布在市中心的混合管道系统，可以同时处理污水和雨水。既节省地下空间，也不妨碍市内地铁及其他地下管线的运行。而瑞士则从 20 世纪末开始便在全国大力推行“雨水工程”。这是一个花费小、成效高、实用性强的雨水利用计划。以一家一户为单位，在原有的房屋上打个小洞，用水管将雨水引入室内的储水池，然后再用小水泵将收集到的雨水送往房屋各处。各家在使用时，靠小水泵将沉淀过滤后的雨水打上来，用以冲洗厕所、擦洗地板、浇花，甚至还可用来洗涤衣物、清洗蔬菜水果等。国内的海绵城市建设充分借鉴了这些城市的设计，并根据自己的特点逐步完善。

6.3 我国应如何建设海绵城市

就我国现阶段而言，海绵城市的建设途径主要有以下几方面：一是对城市原有生态系统的保护。最大限度地保护原有的河流、湖泊、湿地、坑塘、沟渠等水生态敏感区，留有足够涵养水源、应对较大强度降雨的林地、草地、湖泊、湿地，维持城市开发前的自然水文特征。二是生态恢复和修复。对传统粗放式城市建设模式下，已经受到破坏的水体和其他自然环境，运用生态的手段进行恢复和修复，并维持一定比例的生态空间。三是低影响开发。按照对城市生态环境影响最低的开发建设理念，合理控制开发强度，在城市中保留足够的生态用地，控制城市不透水面积比例，最大限度地减少对城市原有水生态环境的破坏。同时，根据需求适当开挖河湖沟渠、增加水域面积，促进雨水的积存、渗透和净化。

为建设新型海绵城市，政府也应尽早出台相应的法律法规，打好法律基础；积极做好宣传工作，获取民众的支持；要给予民众以一定的物质和精神激励，提高民众建言献策的积极性。

6.4 杭州在建设海绵城市上的尝试

杭州建设海绵城市具有天然优势：完整的立体生态格局、丰沛的雨水资源、密布的河网水系以及“五水共治”打下的基础。特别是“五水共治”，2014 年，省政协牵头组织全省政协系统首次开展了“三级政协联动、万名委员同行，助推‘五水共治’”专项集体民主监督工作。4 年来，三级政协联动监督治水的履职实践，受到各级党委政府的高度认同和人民群众的真心点赞，杭州治水成效明显，为全面建设新型海绵城市打下牢固基础。

近日，《杭州市海绵城市专项规划》获市政府批复，杭州将努力建成大海绵格局丰富、小海绵设施高效、江南水网特色突出的海绵城市。到 2040 年，城市建成区全面达到海绵城市建设目标要求。滨江区作为杭州海绵城市建设的先行区，将以“渗、滞、蓄、净、用、排”等源头低影响开发建设的综合措施，率先推进海绵城市的建设。滨江区沿江绿道、闻涛路改建工程和西兴立交工程已开展系统的道路海绵工程建设。工程采用透水铺装、下沉绿地、雨水塘、雨水湿地、植草沟、生物滞留带等多种道路海绵措施相结合的方案设计，对道路和周边地块的降雨径流全面进行海绵改造。杭州其他城区也在个别项目上落实“海绵技术”，例如，密渡桥路采用硅砂滤水石材铺设人行道路，路面下安装蜂窝式多重结构滤水的储水结构，并在底部铺设透气防渗沙，雨水经过表面下渗，过滤后储存在储水结构中，必要时可用于道路冲洗、绿化灌溉、洗车、消防备用水源等。可有效减轻地方排水压力，缓解汛期道路积水等现象。

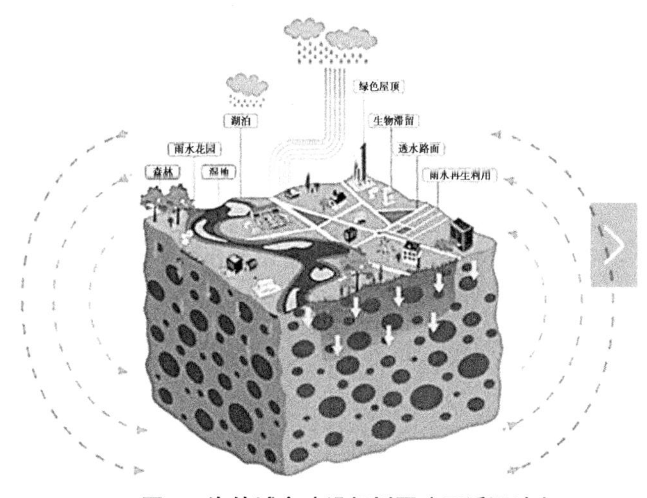

图 3　海绵城市建设规划图（西溪湿地）

7. 结语

在杭州全面推进建设海绵城市的过程中，了解城市内涝防治和居民自救措施，实时监控城市内涝隐患，支持并关注杭州市政府出台的各项排涝方案。“三管齐下”，才能彻底整治城市内涝问题，改善杭城内涝新格局。

社区防灾减灾管理机制创新的研究

鲍宇，张新华

（浙江省杭州市萧山区民政局）

摘要 本文在对社区防灾减灾管理不同特征进行理论梳理之后，原创性地提出了社区防灾减灾起源于一种人类社会内在的自发秩序力量。这一力量需要借助一种社区防灾减灾程序理性的管理架构，才能有效地为社区防灾减灾管理机制发挥力量。这一程序理性的管理架构从社区防灾减灾管理过程理性和行为理性两个层面进行论述，并在社区防灾减灾管理创新内生嵌入社会责任的导向下，引入社区防灾减灾管理从保障机制上几个切入点进行创新，具体包括组织保障、责任保障、教育保障、联动保障以及资源保障五个方面进行。

关键词 社区，防灾减灾，管理机制，创新

改革开放以来，中国社会城乡结构逐步由过去的“单位制”转变为“社区制”，社区设施复杂、利益多元，容易产生各类突发事件。特别是随着经济的快速发展，很多地区自然环境破坏日益严重，高科技时代城市化进程的不断加快，大中城市人口拥挤。社区目前面临着人口、生态、环境等一系列新问题，引起各种灾害交叉出现，同步叠加，社区各种灾害带来的损失和危害进一步上升，严重威胁社区居民的生命财产安全和社会稳定，已成为当前制约中国经济社会持续快速发展与和谐稳定的重要因素。为此，社区防灾减灾管理应成为常态化的工作，不但要从多方面推进社区防灾减灾工作，而且要从多个维度完善社区防灾减灾管理机制创新。对预防社区自然灾害应做到未雨绸缪，立足社区防灾减灾管理机制的创新。

1. 社区防灾减灾管理机制与生俱来的特征

众所周知，社区是我们生活中不可缺少的一个综合基础的群众基础机构。社区防灾减灾是中国社会经济不断发展、人民生活水平不断提高的迫切需要，是建设特色社区、平安社区、文明社区、和谐社区的重要环节。社区防灾减灾管理的基础在社区，因此，做好社区防灾减灾工作，需要进一步提升社区防灾减灾的能力。这一能力的提升源自一种人类社会防灾减灾内在的自发秩序力量，这一力量需要借助一种社区防灾减灾程序理性的管理架构，才能有效地为社区防灾减灾管理机制发挥作用。这一管理架构包括管理过程理性和行为理性。在这个过程中，我们可以清晰地看到社区防灾减灾与生俱来的几个鲜明特征：社区防灾减灾的民间性、开放性、互补性、集中性。

民间性。民间性顾名思义是具有公益性、民间性、自治性等特征，它可有效弥补政府和市场在提供社区防灾减灾公共服务方面的不足，是一种依靠民间力量自发开展防灾减灾救助活动的机制。目前，社区防灾减灾工作基本上保持着民间的、非营利的特点，从现状来看，社区防灾减灾有最重大影响的组织仍然是民间组织。

开放性。社区防灾减灾管理机制始终是在一个开放的、信息共享、公共讨论和达成共识的基础上进行的。到现在为止，不管是政府、社会组织以及社区居民还是有关社区参与救助过程都是如此。

互补性。在社区防灾减灾工作中，社区在资源汇集、社会沟通、专业化程度和运作效率方面，与政府之间具有资源互补性。社区在防灾减灾中应当主动寻求与上级政府、社区社会组织及驻地单位建立联合防治的格局，积极探寻与驻地单位以及社会组织协作的途径，以弥补政府在社区防灾减灾管理中的不足。

集中性。集中性跟前述的几个特点是紧密相关的。因为没有一个独立机构进行统一的安排、筹划和刻意地组织以及集权式的命令是无法完成这一任务的，因此，社区防灾减灾管理机制创新集中性是必需的。这一特点也是社区防灾减灾的特殊性所决定的。过去对社区防灾减灾管理，一般都是在上级相关部门发发文、开开会的松散方式下进行的。从社区防灾减灾最初的发展到后来的管理架构的局步形成，一般靠政府的主导与社区各部门的配合以及社区的社会组织积极参与集中运作来开展此项工作。

综上所述，要构建社区防灾减灾管理机制创新体系建设，必须加强组织领导机构建设，统一组织、协调、指挥社区防灾减灾工作，构建政府对社区防灾减灾的长效机制，建立社区协调统一的灾害监视、预测、预报、预警、情报信息平台、指挥和救援等综合网络，完善综合防灾减灾规划和应急预案，保障应急物资储备与供应，全面综合提升社区防灾救灾管理机制的创新能力。

2. 现有社区防灾减灾管理机制创新研究基础

进入 21 世纪以来，社区防灾减灾管理创新理论内容日趋丰富、社会影响不断扩大，获得了来自社会各界的广泛关注，理论界、政府管理部门、企事业单位以及民众等都对社区防灾减灾管理创新问题给予了高度的关注。在此宏观背景下，社区防灾减灾管理创新活动的渗透融合已经成为一个必然趋势，而社区防灾减灾创新的管理系统中，社区防灾减灾治理机制作为一种基础的制度安排，决定了社区防灾减灾管理部门实施救助责任的基本规则。显然，提升社区防灾减灾管理能力直接关系到一个国家和地区能否构筑综合的、长期的、稳定的可持续发展战略，能否实现经济、社会与环境的平衡发展。因此，要把社区防灾减灾管理创新这样一种具有一定抽象性的外部约束落实到社区防灾减灾社会责任之中。

不可否认，由于中国经济发展不平衡，防灾减灾需求与社区防灾减灾管理架构不一致现象并存是一个不争的事实，在社区防灾减灾管理创新与社会责任的融合中还有很多亟待解决的问题。例如，社区防灾减灾避灾场所数量以及其管理手段参差不齐、社区防灾减灾实践中暴露出管理的不规范，迫切需要通过深入的社区防灾减灾管理创新研究予以厘清，并将社会责任融合进社区防灾减灾管理架构之中，这有利于促进社会经济的发展和繁荣、有利于稳定社会秩序、有利于弥补社会风险的不足。在此基础上深入梳理社区防灾减灾管理与社会责任的内在逻辑关系，对二者之间是被动回应还是主动嵌入的关系进行辨析，力图为社区防灾减灾管理创新与社会责任的融合提供更坚实的理论基础。

3. 社区防灾减灾管理创新与嵌入社会责任奠定更坚实的理论基础

社区防灾减灾管理创新在内生嵌入社会责任的导向下，社区防灾减灾管理创新既是服务于社区居民构建“中国梦”目标的一种制度安排，也是最基本的一种社会责任，而且这种责任不仅是对防灾减灾进行形式上的宣传或拿几个钱去搞社会公益，而是要在社区防灾减灾创新指导思想上明确自己的定位，且要定位于提高防灾减灾预测预警水平、加强备灾能力建设、规范救灾应急管理、强化责任落实、做好舆情应对组织等方面,从而有利于创造构建“中国梦”的要素和活动。且在此过程中，社区防灾减灾管理社会责任是一种不可忽视的重要因素，发挥着日益重要的作用。在内生嵌入社会责任导向下，社区防灾减灾管理创新管理架构中的管理过程理性和行为理性具有严格的内生逻辑关系，并将社会责任这样一种在构建“中国梦”创造过程中起到重要作用的要素纳入社区防灾减灾管理创新的理论体系和实践活动中去。此时，社区防灾减灾管理创新与社会责任之间是一种内生嵌入的关系，社区防灾减灾管理创新在履行社会责任中就有了一种内在自发的动力。这种动力不是将社会责任作为一种外生负担强加于社区防灾减灾管理创新中，而是将社会责任主动嵌入到社区防灾减灾管理创新之中，不仅具有内在性与逻辑的一致性，同时也能更好地实现社区防灾减灾管理创新的终极目标。首先，能充分调动社区防灾减灾管理创新要素。通过嵌入社区防灾减灾社会责任，能够实现社区居民“中国梦”人生价值要素的有效结合，促成各要素与社区防灾减灾管理创新过程之间形成社区防灾减灾管理过程理性和行为理性的良性关系，促进社区居民“中国梦”的人生价值创造目标的达成。其次，在社区防灾减灾管理创新机制中，社区防灾减灾管理创新过程中主动嵌入社会责任有助于社区防灾减灾管理创新系统全面的履行。将社会责任嵌入社区防灾减灾管理创新机制设计中，有利于社区防灾减灾管理创新从制度安排层面，构建起一个互利合作共生共赢的行为方式，并形成社区防灾减灾内在的自发秩序力量。具体来看，将社区防灾减灾社会责任嵌入到社区防灾减灾管理创新机制中就要求建立关于社区防灾减灾管理的责任机制，制定履行、检查、评估社区防灾减灾管理社会责任制度，构建针对社区防灾减灾管理创新社会责任履行的激励与约束机制，这样社区防灾减灾管理创新与社会责任的履行将会有系统的制度保障，也就能够更好地发挥其促进社区居民“中国梦”的人生价值实现目标内生嵌入式的社会责任。这是社区防灾减灾管理创新与社会责任在促进社区居民“中国梦”的人生价值创造目标下的统一，在理论上为社区防灾减灾管理创新与社会责任的深入融合奠定了坚实基础，实现了二者内在的逻辑统一，拓展了社区防灾减灾管理创新的理论框架，同时也为社区防灾减灾管理创新与社会责任的真正落实找到了有效切入点，能够在新的经济社会条件下更好地实现社区居民“中国梦”的人生价值目标。因此，社区防灾减灾管理创新与社会责任的融合是大势所趋。在这一社区防灾减灾管理创新机制中，社会责任作为一种有利于实现社区居民“中国梦”的人生价值创造目标的要素就自然内生嵌入于社区防灾减灾管理创新理论体系之中，并与社区防灾减灾管理过程理性和行为理性高度有机地融合，共同打造一张社区防灾减灾救灾安全网。这不仅为社区防灾减灾管理创新与社会责任的融合奠定了坚实理论基础，同时也有助于实现社区居民“中国梦”人生价值创造目标意义的实现。

4. 从自发秩序到建构秩序看政府对社区防灾减灾管理创新的政策取向

由此，当我们转过身来面对社区防灾减灾管理创新进行研究的时候，我们发现，如何架构社区防灾减灾管理过程理性和行为理性，成为评价社区防灾减灾社会责任绩效的重要基础。现行的社区防灾减灾管理模式中，社区防灾减灾管理创新比较偏爱建构秩序，即采用的模式是命令统一、权责一致的权威来源。这种模式弱化了社区居民以及社区社会组织开展防灾减灾的社会责任，也必然压制了社区居民以及社区社会组织参与防灾减灾工作积极性。

显然，社区防灾减灾能力源自一种人类社会防灾减灾内在的自发秩序力量，这一力量需要借助一种社区防灾减灾程序理性的管理架构，才能有效地为社区防灾减灾管理机制发挥力量。这一程序理性的管理架构包括社区防灾减灾管理过程理性和行为理性。当然，不论是构建秩序还是自发秩序两者各有长处与短处。为此，只要有可能，无论何时何地都应该紧绷自然灾害存在一定的突然性这根弦，构建社区防灾减灾内外应急体系，制订专门的防灾减灾应急预案，将社区防灾减灾建构秩序与自发秩序有机融合起来。正确处理好社区防灾减灾管理过程理性和行为理性，才能更好地利用社区资源做好防灾减灾工作，确保自然灾害发生的时候可以迅速作出反应。

与上述建构的防灾减灾秩序相对应，我们还发现有另外一种崭新的社区防灾减灾管理创新模式，在防灾减灾信息十分发达的今天，可能更加适合于应对具备社区防灾减灾这样的特征的元素。我们可以把这种社区防灾减灾潜在的价值取向看成是基于对自发秩序的认可。而社区防灾减灾管理创新模式构建秩序为自发秩序提供了这样一个平台：它鼓励社区社会组织以及社区居民中的每一个成员在一个持续不确定的自然灾害发生过程中，产生诸多防灾减灾意识结果独立的努力。虽然我们无法预见什么是解决预防自然灾害发生的最好方法，甚至是将发生突发自然灾害时，如何有效预防和有效控制各类自然灾害，确保社区居民生命财产的安全，保持正常的社会生产、生活和经营秩序。但是，我们可以在此基础上综合利用法律、行政、经济、技术、教育等手段，通过全过程的防灾减灾管理，提升社区防灾减灾应急管理的能力。在这种新的社区防灾减灾管理创新模式中，把社区防灾减灾的自发秩序与构建秩序二者有机地融合起来，把社区居民、驻地单位以及社区社会组织的内动力建立起来，把内部与外部防灾减灾自身能力素质的提高有效结合起来。唯有发动社区居民、社区社会组织以及驻地单位参与，社区防灾减灾的主动性、积极性、创造性才能调动起来，这是提升社区防灾减灾动力的根本所在。同时，通过科学方法对社区防灾减灾保障管理创新进行有机整合，将分散在社区的、互不相识的人所拥有的社会责任汇集起来，而这种汇集并非出于任何强力和勉强，而是每个个人以及驻地单位根据自己的能力，自然地、自动地对社区防灾减灾进行有效的整合，形成社区防灾减灾管理创新的合力，建立更多元的社区防灾减灾互助合作方式，鼓励每个社区灾民朝自救自力的方向上努力，从而达到社区防灾减灾管理机制创新的目标。

当然，对于以构建秩序为基础的社区防灾减灾管理机制创新政策取向而言，并不意味要排斥社区防灾减灾自发秩序，也并不要政府放弃对发生自然灾害的责任。实际上，政府对社区防灾减灾责任与构建秩序的要求更高了。因为，政府需要为置身于社区防灾减灾中的各种社会组织在合理的救灾防灾框架内的自由探索和公益性救灾互助活动保驾护航。在社区防灾减灾管理机制创新中，政府实际上更多地处在宏观层面，以“守望者”和“看护者”的面目出现，而不宜进入到微观社区防灾减灾操作层面，设置过多的政策壁垒和限制，尤其不能以强力替代分散的社区社会组织参与防灾减灾自发救助活动作出选择。强迫它们按照政府认为“正确”的防灾减灾政策方向来汇集分立的救灾资源，这应当是政府介入社区防灾减灾管理机制创新应持的立场和原则。

5. 社区防灾减灾管理机制创新的几个切入点

综观目前所开展的社区防灾减灾管理机制创新的研究，可以发现它们更多的都是将注意力放在社区防灾减灾演练水平的表现形式上，而对提高社区防灾减灾管理机制创新层面上，缺乏对社区防灾减灾管理机制创新原动力的深入探究。而笔者认为，发掘社区防灾减灾管理机制创新的原动力对完善社区防灾减灾管理机制创新研究有着重要的现实意义。为此，加强对社区防灾减灾管理机制创新应以社区为平台，以构建防灾减灾科学、规范、长效的保障机制为抓手，以保障人民群众生命财产安全为目标，创新载体，整合资源，完善措施，增强社区综合防灾减灾能力建设，从而维护社会稳定，推进和谐社区建设。为此，社区防灾减灾管理机制创新应从以下几个切入点进行展开，具体包括组织保障、责任保障、教育保障、联动保障以及资源保障等五个方面进行。

一是以“和谐社区”为切入点，创新社区防灾减灾管理组织保障机制。社区作为社会的基本构成单元，是社区居民工作生活的重要场所，是防灾减灾的前沿阵地，是防灾减灾应急保障机制建设的基础环节，更是反映社区和谐程度的重要体现。因此，作为社会重要组成部分的社区，应把社区防灾减灾工作作为常态化工作，把创建和谐社区作为构建和谐社会的必然要求和重要切入点，创新社区防灾减灾的组织保障机制，从优化组织架构下手，从多方面推进社区灾害防御工作着手，让社区防灾减灾工作各司其职，各负其责，行动有序，救助有方。同时，在广泛调研的基础上，对社区防灾减灾进行系统的梳理，制订社区防灾减灾工作预案，出台社区防灾减灾各项制度，将防灾减灾作为社区管理的重要内容之一，充分发挥社区基层党组织的战斗堡垒作用，完善党统一领导的人文关怀和社区防灾减灾的运行机制，探索跨社区区域的单元化防灾减灾管理模式，整合资源，实行社会化、网络化运作；组建社区防灾减灾应急突击队，实现一队多用、一专多能，优势互补、协同配合；调动社区、社区居民以及社区社会组织共同参与防灾减灾应急管理工作，形成社区防灾减灾工作的全覆盖，完善社区防灾减灾应急保障机制，为社区防灾减灾提供组织保障。

二是以“群防群治”为落脚点，创新社区防灾减灾管理责任保障机制。健全社区防灾减灾管理责任机制，是新时期社区工作的创新内容和维护社会稳定的重要途径。显然，抓好社区防灾减灾责任机制，也就抓住了社区防灾减灾保障机制的“牛鼻子”，就能形成全社会参与防灾减灾的强大合力。为此，社区应全面推动防灾减灾主体责任的落实，在履行主体责任中应注重完善以下四项机制，一是要夯实防灾减灾主体责任的动力机制。按照统一领导、综合协调、分类管理、分级负责、属地管理为主的防灾减灾管理体制；落实责任，树立不抓防灾减灾主体责任就是严重失职的意识，认真分析研究新时期社区防灾减灾的形势任务，及时安排部署社区防灾减灾工作，逐项分解夯实责任，有效解决不想抓、不会抓、不敢抓问题。二是要健全社区防灾减灾主体责任工作机制。要把社区防灾减灾保障机制纳入社区重要议事日程，与业务工作同研究、同部署、同考核；要完善研究解决防灾减灾的突出问题、有效防控责任风险、协调推动防灾减灾的重点任务等机制，促进社区主要领导和班子其他成员严格履行自身责任。三是要完善社区防灾减灾主体责任的推动机制。积极发挥社区书记、主任的表率作用。切实履行社区主要领导作为防灾减灾责任制第一责任人，要加快推进社区防灾减灾应急管理“一岗双责制”，完善社区防灾减灾管理的责任制；制定客观、科学的评价指标和评估体系，将创建“全国综合减灾示范社区”和防灾减灾应急管理等工作作为社区综合考核评价的内容。四是要完善防灾减灾主体责任的保障机制。建立完善灾害预防、应急处置、责任追究制度和科学有效的奖惩机制；夯实基础，预防为主，减少灾害，抗灾抢险，应时救助，维护社区居民的安全和谐，建立“横向到边、纵向到底、相互衔接”的防灾减灾责任管理体系。

三是以“科普宣传”为辐射点，创新社区防灾减灾管理教育保障机制。社区居民的防灾减灾救灾素质高低是检验一个社区软实力强弱的主要表现。科学的方法能提高社区民众应急能力，减少社区居民生命财产损失，降低社区公共管理成本。因此，要加强社区防灾减灾应急宣传培训教育，提高社区居民应急素质能力，以一年一度的“防灾减灾日”作为社区居民宣传教育活动契机，结合社区实际，着力提高社区居民防灾减灾意识，完善防灾减灾宣传教育长效机制，进一步提升社区防灾减灾能力和防灾减灾信息服务水平，组织新闻媒体宣传报道典型人物和先进事迹，形成全社会关心、理解、支持、参与防灾减灾和应急管理的良好舆论氛围。坚持“早预测、早预报、早部署、早安排”的工作原则，践行以防为主、防抗救相结合的工作方式，充分运用社区防灾减灾网络机制，鼓励多方参与社区防灾减灾，实施“政企联动，跨界合作，协同救助，融合救助”的社区防灾减灾格局。坚持以互联网为载体，逐步构建完善符合社区防灾减灾特色的新型社区综合减灾危险源网络数据库体系。把社区防灾减灾管理机制融入城乡社区网格化管理体系之中；注重传播人文关怀精神，做好社区在校学生、外来务工人员等特殊群体的防灾减灾宣传教育工作，切实增强民众的防范意识和应急管理、自救互救能力。

四是以“平战结合”为着力点，创新社区防灾减灾管理联动保障机制。社区是大多数灾害发生的第一现场和防灾减灾的第一关口、应急救助的第一环节。而构建“平战结合”的社区防灾减灾联动保障机制，更是社区防灾减灾应急保障机制建设的重要一环。可以最大限度发挥社区防灾减灾的时间优势，针对日益严峻的社区防灾减灾新形势，构建“防范为主、防治结合”的社区防灾减灾应急联动机制，实现四个联动，即“预案联动、信息联动、队伍联动、物资联动”，提升社区防灾减灾的联动保障能力。打造“平战结合”的社区防灾减灾联动保障体

系，把社区日常防灾减灾应急演练活动与为民众提供灾害应急救助科普知识咨询和自救互救技能推广等一系列专业化服务有机结合起来，利用各种渠道整合社会资源，形成社区防灾减灾应急管理的合力，将防灾减灾联动机制的触角伸展到社区居民之中，使民众掌握防御各类灾害的基本知识，实现社区日常防治与救灾应急联动相结合的网格化管理，增强社区民众避险、自救互救能力，形成“全过程减灾管理、全灾害危机管理、全社会参与管理”为特征的社区综合防灾减灾联动保障模式，确保关键时刻“招之即来、来之能战、战之能胜”，为社区重大灾害发生后第一时间应急自救联动保障奠定基础。

五是以“应急储备”为支撑点，创新社区防灾减灾管理资源保障机制。毋庸置疑，社区防灾减灾需要充足的财力物力和信息资源的支撑和保障，着重构建“四大保障”机制。确保社区防灾减灾管理创新可持续地发展。一是财力保障。一方面地方财政每年应列支专项款用于采购社区救灾物资装备，保证社区防灾减灾应急管理资金的落实，方便受灾社区居民在灾害来临时能够得到及时救援和安置。另一方面应设立专项公益性基金，鼓励社区居民、社区社会组织开展慈善捐赠活动，形成团结互助、和衷共济的社会风尚。二是人力保障。社区要组建有社区灾害信息员、志愿者、警务、医务、民兵、预备役人员和专业技术人员等人员参加的防灾减灾应急队伍，平时加强社区防灾减灾的防范，险时能立即集结到位。同时，要充分发挥社区民政、卫生、警务、城管、消防、电信、电力、天然气、自来水和具有相关救援经验人员的作用，开展先期处置，严明组织纪律，强化协调联动，增强社区防灾减灾工作时效性，提高社区防灾减灾综合应对和自我保护能力。三是物力保障。社区要重点加强抗御常发自然灾害的基础设备、设施及消防、避难场所、医疗卫生等公共安全基础设施建设，配备社区相应的紧急救援器材和防灾减灾物资；储备一定数量的防灾减灾应急物资，并组织定期检测、维护报警设备和应急救援设施；同时，鼓励和帮助社区居民家庭储备必要的照明、急救包、逃生绳等应急物品，形成社区防灾减灾应急保障体系，为提高社区防灾抗灾能力提供坚强物力保障。四是智力保障。坚持人防、技防相结合，防灾减灾相结合，全力搭建“三个平台”，竭诚为社区防灾减灾服务。一是搭建防灾减灾培训、咨询平台。加强社区防灾减灾应急保障人员培训、政策咨询、建议指导、技术支持，使社区在灾害预警预测、灾情评估、决策指挥等方面发挥独特的作用，为社区防灾减灾决策提供智力支撑。二是搭建社区灾害救助、帮扶平台。力争社区灾害快发现、快救助、快见效。让更多需要帮助的社区灾民通过已建成运行的平台得到帮助，让社区灾民群体充分感受到党的温暖。三是搭建社区防灾减灾应急服务信息平台，广泛开展社区防灾减灾救灾宣传活动，不断增强社区居民的防灾减灾意识和自救互救技能。实现信息平台相互对接、互联互通和信息共享，形成统一高效的应急决策指挥网络；有条件的社区，可安装配置电子监控设备，随时掌控辖区的安全状况，实现信息、图像的快速采集和处理，增强社区防灾减灾应急保障能力。通过搭建上述三个平台，整合了社区防灾减灾的资源，确保社会稳定从而提升社区居民安全感与幸福感指数。显然，地方经济的增长离不开社区居民平安稳定的生活环境，保民生需要安全和谐的氛围，做好社区防灾减灾应急保障，赋予社区平安、文明、和谐的新内涵。从某种意义上讲，构建社区防灾减灾救灾管理创新机制，是实现“保增长、保民生、保稳定”的具体体现，也是中国特色社区防灾减灾管理机制的探索和创新。

参考文献

[1] 王宏伟，吴博进．试析应急管理中的志愿者参与［J］．中国减灾，2008，(9)．

[2] 陈秀峰．公共危机治理中的非政府组织参与［J］．华中师范大学学报，2008，(1)．

[3] 钟开斌．国家应急管理体系建设战略转变：以制度建设为中心［J］．经济体制改革，2006，(5)．

[4] 应松年，林鸿潮．国家综合防灾减灾的体制性障碍与改革取向［J］．教育与研究，2012(6)．

[5] 马英楠．社区应急管理现状分析与对策研究［J］．安全，2007，28(6)：65-67.

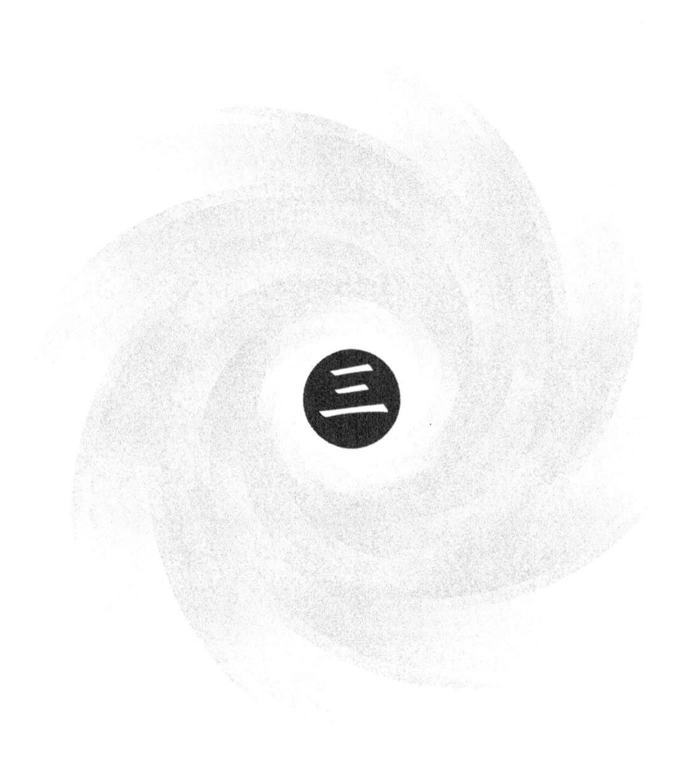
三

英国防灾减灾救灾体系研究

黄燕芬[1]，韩鑫彤[2]，杨泽坤[3]，杨宜勇[4]

（1. 中国人民大学欧洲问题研究中心；
2. 中国人民大学公共管理学院社会保障研究所；
3. 英国伦敦大学；4. 国家发展和改革委员会社会发展研究所）

摘要 英国受其气候、地理位置和工业发展等因素的影响，饱受自然灾害和灾难事故的威胁。为了有效应对国内出现的紧急状况，英国加强法律体系建设、强化协同机制、扩大参与主体、提升应急能力、融入科技支撑，建立了完善的灾害应急管理体系，有效应对了各种自然灾害和灾难事故。而且，英国的防灾减灾救灾经验对我国在社区减灾、法律保障、体系建设和社会动员等方面也有很强的借鉴意义。

关键词 灾害，应急管理，风险防范，体系建设

英国作为一个老牌的发达资本主义国家，其防灾减灾救灾体系不仅历史悠久，而且具有鲜明的特点，经受住了时间的考验，值得我们学习和借鉴。

1. 英国防灾减灾救灾体系的组成部分

1.1 立法先行，逐渐完善的法律体系

法律是一切行动的基础，针对防灾减灾救灾，英国建立了比较完善的法律体系。1920 年颁布的《紧急状态权利法案》是英国最早的有关防灾减灾的法律，而 1948 年《民防法》的颁布为英国整体应急管理奠定了法律基础[1]。20 世纪 90 年代后，由于气候变暖，洪水、龙卷风等自然灾害频发，英国开始加强防灾救灾体系的建设，尤其是 2000 年英格兰北部与中部地区发生特大洪水，由于应急不及时造成了重大的财产损失。2004 年 11 月，议会通过了《国民紧急状态

法》，作为英国应急安全最高立法文件，共包括三方面内容：第一，对紧急事件给出了明确的定义；第二，明确了灾害发生时从中央到地方应急机构的责任，并对其进行分类；第三，在紧急条件下，为应对突发事件，政府具有临时立法的权利[2]。2005年，英国又出台了《2005年国内紧急状态法案执行规章草案》作为补充法案。《中央政府对突发事件响应的安排：操作手册》规定了中央和地方应对突发事件的职责分工和具体操作程序。从2008年开始，为了应对多元化的公共突发事件，英国灾害应急管理被纳入"大安全"框架，朝着战略风险管理的方向发展。

1.2 央地联手，有效的协同配合运行机制

灾害发生时，需要各级政府互相配合，要做到多层级、分工明确、协同配合，英国在防灾、减灾、救灾工作中基本实现了不越位、不缺位，各部门相互配合的高效运行体系。英国救灾实行属地化原则，但是从中央到地方则有一套完整的灾难处理体系。

在中央层面，2010年卡梅伦内阁建立国家安全委员会（NSC），由首相担任主席，作为英国国家安全管理的最高领导机构，承担包括自然灾害在内的国家总体的安全责任，相关机构包括由各部大臣和其他官员组成的国民紧急事务委员会（CCC），委员会下设核心机构内阁国民紧急事务秘书处（CCS）[3]，秘书处下设评估部、行动部和政策部三个职能部门，全面评估灾害发生的程度，制订和审议应急计划，并参与制定灾后的管理工作。为了强化中央对重大灾害事件的协调和指挥，在发生重大灾害，需要跨部门协作时启动内阁紧急应变小组（COBR），该小组成员并不固定，而是依据灾害严重程度由相应的政府官员参加。COBR可以调动资源在全国范围内流动，其主要任务是确保与救灾指挥人员有效沟通，准确、及时掌握灾害发生情况，制定救灾措施，并及时向公众提供相关信息。

中央采取三级灾难救援机制，第一级是超出地方处置能力和范围，但不需要跨部门协调的灾难由相关中央部门负责处理，其并不取代地方决策，只是对其进行协助指导；第二级是当出现大范围影响且需要中央政府部门出面协调的灾难时则启动COBR并调用军队和CCS等相关部门，在中央层面对相关部门行动协调的同时确保与地方沟通顺畅，对救灾工作进行有效指导；第三级则是面临大范围、蔓延性、灾难性公共事件时启动COBR，并由中央政府负责主导决策，决定全国范围内的应对措施[4]。

在地方，地方的危机预警和应急培训工作由各地区的紧急规划机构负责，灾

难发生后，“紧急规划长官”根据不同的灾难性质制订相关计划，并向相关政府部门寻求咨询和请求支援[5]。

地方政府主要负责处理一般性，未波及全国范围的灾害事件。每一个应急规划机构均建立了“金、银、铜”三级指挥的运行机制，可以让消防、医护和警察三方之间的沟通协调更加及时、有效。金层级由相关政府部门代表组成，该级别并无常设机构，但是有明确的专人负责，主要从战略层面对救灾活动制订计划，并将工作内容和工作目标下达给银级，主要解决“做什么”的问题，通常采用视频会议的形式对救灾活动远程指挥。银层级的工作目标则是“如何做”，银层级成员由事发地的负责人组成，针对金层级下达的目标，银层级向铜层级分配任务，具体分工细化到时间、地点、如何做、由谁做等，可根据任务的不同阶段任命政府部门的相关负责人。铜层级则由灾难现场负责人组成，完成银层级下达的命令，决定正确的处置方式[6]。

1.3 社会动员，多元化的参与主体

与德国、日本、澳大利亚等国家类似，英国救灾减灾主体多元化，鼓励多部门、机构相互协作。非政府组织和社区是英国救灾、减灾管理体系重要的组成部分，政府支持志愿组织建立各种专业性、技能性应急队伍，以弥补政府应急资源的不足。非政府组织在英国能够发展壮大，一方面是因为公益组织本身以推进社会福利、服务公益为宗旨，且英国长久以来拥有浓厚的慈善文化，志愿者数量较多，能提供大量的人力基础；另一方面，英国政府意识到仅依靠政府一方力量过于单薄，防灾、救灾工作需要社会力量的参与，英国在1998年就建立了《政府与志愿及社区组织合作框架协议》，对政府和非政府组织行为进行规范，并出台了《应急准备》和《应急处置和恢复》两部法律作为具体行动指导[7]，依法确定非政府组织的权利和义务。

发生地区性灾难时，当地应急论坛联合地区应急小组协调志愿者组织和当地政府共同应对，如果发生大范围灾难，则由国内紧急事务秘书处确定灾难级别后联系志愿者组织，并分配救灾方案和行动任务。每个志愿者组织内都有多个应急小组，行动采取自愿原则，成员接到组长的命令后可自愿选择是否参加。主要的志愿者组织有英国红十字会、英国医生紧急救护队、国际营救队、宗教协会和学生联合会等。为了确保灾难发生时志愿者组织可以有效地参与到救灾过程中，平时政府会定期组织相关培训和实战演练。志愿者的主要工作内容是疏散群众以及灾后受灾群众的心理疏导工作，具有危险性的工作则由专业的消防员、警察等专

业人士负责。

除了志愿组织，社区也是英国防灾救灾体系中重要的组成部分之一。政府积极引导社区在面对灾难时具有一定的自救能力，能做到及时发现、预防和应对灾难，并且通过政府网站将防灾知识、救灾紧急电话和向保险公司理赔的注意事项等内容公布给居民，帮助居民获取社区内救灾资源。此外，建立社区服务中心，为居民提供完善的福利设施，并以中心作为居民防灾、救灾培训的主要活动场地，通过社区服务中心加强社区与政府和社会组织之间的联系，灾难发生时保证三方进行有效的沟通。建立“社区防灾数据库”，将成功经验和经典案例上传到网络上以便社区建立成熟的灾难应对方案。鼓励社区居民互帮互助，鼓励居民的主人公意识，政府从宏观层面调动资源，引导居民成为救灾计划的设计者、提供者和受益者[8]。

1.4 特色明显，“系统抗灾力”为核心的应急体系

“系统抗灾力”是英国应急管理的核心和精髓，强调灾前预防、灾时救援和灾后恢复、重建为一体的系统能力。因此，风险防控、应急培训、业务持续性和灾后重建这四个主要部分构成了“系统抗灾力”体系。

风险管理作为重要的政府职能，内阁国民事务紧急秘书处被纳入国家安全委员会，负责风险的识别、量化和评估，并且每年发布一次《国家风险登记册》，秘书处将风险划分了四个等级，每一个地区、政府部门和社会组织都要根据不同风险等级制订相应的应急预案。为了从具体实践中获取经验，英国建立了及时的反馈机制，每次灾难发生后，或者实战演练后都要及时总结经验教训，调整应急预案，逐步完善救灾、减灾、防灾体系。例如，2005年伦敦系列爆炸案发生后，伦敦议会发表报告对此次救灾行动进行总结，指出这次行动暴露出伦敦应急体系中存在着各部门衔接不畅、急救设施不足等问题。之后，伦敦政府针对总结出的教训及时进行调整，逐步解决存在的问题[9]。

英国的防灾工作重在平时，急救教育是必不可少的部分。应急管理教育培训体系主要包括三个部分：一是紧急事务规划学院，是全国跨部门、跨地区的综合性应急管理教育培训机构，其与利兹商学院合作开展高端教育，共同培养应急管理硕士生和博士生；二是政府部门设立的专业培训机构，包括消防、医疗急救等专业培训；三是获得相关资质的私立培训机构和社会组织。其中紧急事务规划学院是英国目前最核心最权威的培训机构，有实战经验丰富的专职教师和最大限度模拟真实场景的训练场地，最大化还原真实情景，使受训人通过逼真的场景获得

技能[10]。

英国政府认为在日常生活中通过教育、培训、情景演练等方式增加公众的危机意识和自救能力是最有效的救灾活动，及时发现灾难和有效的自救方式可以很大程度上降低灾难带来的损失。英国公民从幼儿园开始接受应急演习，包括火灾、洪水、地震、恐怖袭击等突发性灾难，并且内政部向每户居民寄送《紧急事故指南》，提高公民的自救意识和自救能力。不仅从软件上为居民提供指示，英国的基础设施建设也将应急管理考虑在内，例如很多建筑的大门只要开门超过30秒便会触发警铃，为公众指明逃生通道[11]。

业务持续性管理和灾后重建是英国防灾、救灾、减灾体系中的重要环节，业务持续性管理的目的是为了保持各个政府组织和企业等非政府组织在灾难发生后出现人员缺失、通信故障等多种问题时组织机构的运行状况和灾前一样，保证业务不中断，其更多关注的是灾难发生带来的后果。为了保证业务持续性管理的有效运行，2002年内阁国民事务紧急秘书处与英国业务持续协会制定了《业务持续管理：行为规范》，并开展针对性可持续业务调查[12]。

1.5 与时俱进，高科技在救灾体系中的应用

英国非常注重高科技成果在灾难应急管理体系中的应用，早在1990年将新型超大计算机应用于气象服务，逐步建立了针对气候灾难的预警机制。此外，全国环境研究理事会每年资助环境学领域研究和人才的培养，其宗旨在于应用知识了解自然环境、自然活动，并解决一些复杂问题[13]。不仅在灾难预防中运用科技手段，英国还将卫星通信技术应用于救灾过程中，在抗洪救灾过程中，英国将卫星技术应用于大型应急指挥车，其主要用途是上网、与总部信息系统相联系，作为应急指挥枢纽，可以有效地将各级指挥人员连接起来。相比3G通信，卫星通信能克服灾难对通信信号的干扰问题，并且可以在全国范围内使用，更加灵活。卫星一方面可以提供好的通信基础，让救援人员实时交流信息，提高救援效率；另一方面还可以通过卫星将现场的实时图像传回指挥中心，增强了救灾人员工作的便利性[14]。

2. 英国防灾减灾救灾体系的特效和绩效

2.1 与时间赛跑，灾后反应迅速

英国居民自身的抗灾自救能力较强，一方面，政府定期的演习和知识的普及让居民在灾难发生时可以沉着应对，在专业救援人员到来之前居民可以第一时间发现灾难并利用社区资源有效自救；另一方面，非政府组织的规范发展为志愿者组织和社区提供了多次救灾的成熟经验，在政府的支持下，非政府组织不断发展壮大，成为防灾救灾体系中重要的组成部分，与政府机构伙伴式的合作方式有效弥补了政府机构的不足。在非政府组织的配合下，政府迅速启动应急机制，派应急人员快速到达灾区，第一时间开通热线电话，利用媒体及时向公众公布灾情，让民众及时了解进展，指导灾民如何救人和自救，增强受灾居民安全感。

2.2 横向合作，国家抵御风险能力较强

在“系统抗灾力”理念下，内阁国民紧急事务秘书处在灾难的预测和识别方面具有前瞻性。将防灾、救灾、减灾上升到战略高度，各部门作为一个整体在应急管理中相互协调，有效提高了风险管理的一致性，实现了应急管理各个部分之间的响应、关联和配合，充分体现了各部分间的完整性、科学性和连续性，从而提高了国家抵御风险的整体能力。

2.3 纵向落实，层级分明的响应机制

英国在中央层面建立三级响应机制，根据灾难的程度采取不同程度的应急方式，可以使有限的资源得到最大限度的利用，各部门权利义务对应，职责明确。面对重大灾难时启动内阁紧急应变小组，增强中央层面对于重大突发事件的控制和协调能力。内阁紧急应变小组作为处理灾难事务的最高机构，已召开会议处理了多次事件，如 2005 年 7 月伦敦地铁爆炸事件和 2006 年 4 月爆发的高致病性禽流感等事件。内阁紧急应变小组这一决策机制在符合应急工作属地管理原则的同时强化了中央对重大突发事件的指挥和协调能力，提高了各部门的协调能力，建立了良好的沟通机制，提高了工作效率。

3. 对中国的启示

3.1 高度重视社区在防灾救灾减灾中的重要性

灾难发生后，社区是第一受害单位，也是第一时间最近距离接触受灾群众的单位。社区是应急工作的基层单位，是提高应急能力的基础。提高防灾、减灾、救灾能力要打牢基础建设，提高社区宣传和紧急情况下疏散群众的能力，定期组织灾难演习和应急培训，将社区作为基层宣传和培训机构，增强居民的自救意识和能力。近年来我国在建设“防灾社区”“平安社区”方面取得了一定成效，但基层力量仍然薄弱，应借鉴英国经验，完善社区减灾、救灾的能力，将救灾、减灾工作向基层倾斜，提供更多的人力、物力支持基层社区的发展。

3.2 进一步完善法律强制力做保障

完善立法是一切行动的先决条件，应推进防灾减灾法律法规体系建设。《中华人民共和国突发事件应对法》虽然对突发事件受害者的救助制度作出了规范，但是该法案的规范过于笼统，在实践中如何开展救助、如何分配救助责任和救助程序的规定都不明确，缺乏可操作性。有必要制定专门法律法规，对应急救助的原则、范围、方式、资金等问题给予明确规定[15]。此外，应加快建立一部“防灾减灾基本法”。目前我国关于防灾减灾体系中的立法数量充足，但是由于部分法案发布时间较早，具体内容已经不符合现在的需要。目前的法案更多是针对不同行业设立，缺乏普遍适用性[16]。

3.3 不断加强综合防灾减灾管理体制机制建设

进一步强化国家减灾委员会的综合协调能力，健全地方各级政府防灾减灾综合协调机制。目前的救灾、减灾工作主要是分部门、分行业进行，缺乏整体性和协调性。可以学习英国经验，建立从中央到地方的专门负责应急工作的部门，明确职责分工，建立起完善的应急处置系统，灾难发生时做到迅速响应[17]。此外，要提高政府的业务连续性能力，相比英国主动的应急管理模式，我国更多是被动救灾，对于灾难发生带来的后果考虑不足，容易造成政府业务中断，而灾难给社会带来的损害则是一个个机构运行中断的集合，强化业务连续性管理减轻突发事件给机构带来的影响，则会在一定程度上减轻灾难给整个社会运行带来的负面影响。

3.4 充分强化非政府组织的参与

防灾、救灾、减灾需要多元主体的参与，仅凭政府一方力量过于薄弱，在应对突发事件中引入多元主体参与有很强的现实意义。我国应借鉴英国经验的同时结合自身国情，建立以政府为主导，企业、非政府组织和个人普遍参与的应急管理体系，并加强媒体的舆论监督和宣传作用。鼓励非政府组织的发展，一方面通过法律层面确定非政府组织的权利义务，规范政府和非政府组织的行为；另一方面为非政府组织提供资源支持，提高非政府组织的专业性。提高企业的社会责任感，通过法律法规明确企业责任的同时，通过法律强制力保证企业履行社会责任。

参考文献

[1] 方韶东. 浅谈英国法制与应急管理机制[J]. 防灾博览，2011(03).

[2] Civil Contingencies Act 2004，http：//www.legislation.gov.uk/ukpga/2004/36/section/20，2018年8月13日访问.

[3] 李格琴. 英国应急安全管理体制机制评析[J]. 国际安全研究，2013(02).

[4] 李雪峰. 英国应急管理的特征与启示[J]. 行政管理改革，2010(03).

[5] 郑言. 英国防灾救灾管理注重细节与长效[J]. 现代职业安全，2009(09).

[6] 周宝砚. 英国灾难治理的经验启示[J]. 减灾指南，2010(01).

[7] 廖恳. 英国应急志愿服务的经验及对我国的启示[J]. 行政管理改革，2012(02).

[8] 宋雄伟. 英国应急管理体系中的社区建设[J]. 学习时报，2012(09).

[9] 周宝砚. 灾难治理的经验启示[J]. 城市减灾，2010(01).

[10] 辛吉武等. 气象灾害防御体系构建[M]. 北京：科学出版社，2014.

[11] 国务院研究室赴英国“创新优化政府公共服务”培训考察组. 创新优化公共服务之四：增强应急管理的“抗逆力”[J]. 社会治理，2017(01).

[12] 游志斌. 英国政府紧急管理体制改革的重点及启示[J]. 行政管理改革，2010(11).

[13] 孔新峰. 英国减灾救灾社会参与机制[J]. 中国社会报，2017(12).

[14] 卫星通信在英国格累斯特郡抗洪救灾中的应用. 卫星与网络[J].2007(12).

[15] 黄燕芬，杨宜勇等，城乡统筹背景下城市救灾工作研究.2017年国家综合防灾减灾与可持续发展论坛文集[M]. 北京：中国社会出版社，2017：77.

[16] 刘云生，潘亚飞. 自然灾害统一立法中的道德政策与法律——兼评《中国防灾减灾基本法立法问题研究》的目标定位及体系构建[J]. 兴义民族师范学院学报，2017(02).

[17] 周宝砚. 发达国家灾难治理基本经验及启示：以英国、美国、日本为例[J]. 中国公共安全，2010(04).

应急管理部的国际视野：为“一带一路”建设保驾护航 *

王宏伟
（中国人民大学公共管理学院）

摘要 “一带一路”建设是我国推进人类命运共同体建设的一项重要举措。但是，“一带一路”沿线属于高安全风险地带，自然灾害、事故灾难、公共卫生事件和社会安全事件频发、多发、高发。这些安全风险对中国、当地、所有沿线国家乃至全球都会产生重要的影响，因此中国在“一带一路”沿线进行海外应急管理的难度大。我国组建全新的应急管理部应具有宽广的国际视野，积极构建海外应急管理体系，为“一带一路”建设保驾护航。

关键词 应急管理部，“一带一路”，风险，海外应急

2013年，习近平主席在出访哈萨克斯坦与印度尼西亚时分别提出了共同建设“丝绸之路经济带”和“21世纪海上丝绸之路”的倡议，得到了国际社会的广泛关注与热烈响应。此后，“一带一路”成为国际治理的一个热词。中国政府积极推动“一带一路”建设，取得了重大进展。特别是，2017年5月在北京召开的首次“一带一路”国际合作高峰论坛更是推动了构想向现实的落地。

然而，“一带一路”沿线国家多为经济社会发展水平低下的发展中国家，自然灾害、事故灾难、公共卫生事件与社会安全事件频发、高发，所以，有效应对“一带一路”沿线的安全风险、建设海外应急管理体系是确保“一带一路”倡议顺利实施的关键。作为按照大部制原则组建的一个全新部门，应急管理部不仅要具有创新思维，还要具有宽广的国际视野，即在海外应急体系建设过程中发挥重

* 本文系国家社科基金一般项目“快速城市化进程中关键基础设施系统性危机应急模式研究”（12BGL109），2015年北京市社会科学基金重点项目“京津冀跨域突发事件应急联动中的社会动员协调问题研究”（15JGA029）阶段性研究成果。

要作用，为“一带一路”建设保驾护航。

1.“一带一路”沿线的安全风险

安全风险取决于致灾因子（hazard）与脆弱性（vulnerability）两个方面。从前者看，“一带一路”沿线的致灾因子比较多，种类庞杂，自然、技术、生物、人为的致灾因子都存在；从后者看，由于经济社会发展程度、社会治理能力、安全意识与管理水平等因素的影响，脆弱性比较强。这就决定了“一带一路”沿线的安全风险应对能力从总体上看不容忽视。在很大程度上，它决定了“一带一路”建设能否取得预期效果。

第一，世界上存在两大灾害带：环太平洋灾害带和北半球中纬度灾害带。“一带一路”的路线与其基本重合。沿线的许多国家自然风光雄奇，但自然灾害发生频率高、影响范围广、危害程度大。以缅甸为例，2008年5月发生的“纳尔齐斯”强热带风暴就造成77738人遇难、55917人失踪，250万灾民处境十分艰难。不仅如此，世界三大地震带即环太平洋地震带、地中海地震带和洋脊地震带也与“一带一路”国家存在很大的交集。通常，发展中国家经济、社会发展落后，面对自然灾害脆弱性强，应急体系建设滞后，应急响应能力偏低。自然灾害不仅导致大量公众流离失所、衣食无着，还可能引发传染病疫情流行，甚至引发严重的社会骚乱，进而对中方人员以及投资的企业与项目造成严重的威胁。

第二，“一带一路”沿线的许多国家正处于工业化快速发展阶段，社会聚集了大量的安全隐患。加上人口数量大、密度高，安全生产管理制度不完善，一旦发生事故灾难，往往会造成群死群伤，社会影响非常之大。例如，作为世界第二大成衣加工出口国孟加拉国的制衣厂安全问题堪忧。2012年11月25日，为沃尔玛、家乐福等西方大超市供货的塔兹琳（Tazreen）服装公司发生火灾，导致121人死亡，数十人失踪。一方面，这些事故灾难可能会危及中方人员的生命、健康，波及相邻的中资企业与项目；另一方面，这些事故灾难也可能发生于中资企业与项目的建设过程中，导致恶劣的国际影响，甚至产生严重的国际纠纷。例如，2009年9月23日，由山东电建承包的印度中部切蒂斯格尔邦电力重镇科尔巴地区的一座在建发电厂的巨型烟囱发生倒塌，造成其中41名印度工人当场死亡。印方认为，此次事故的原因不是由于恶劣的天气，而是“糟糕的技术”与“缺乏监管”。中方项目的声誉为此受到影响。

第三，“一带一路”沿线的许多国家属于传染病高发地带。由于公共卫生服务供给水平低、公众卫生条件差、传统风俗与现代社会不接轨等原因，重大疫情不断发生。以2014年2月爆发的西非埃博拉疫情为例，几内亚、利比里亚、塞拉利昂等国为重灾区。疫情波及全球多个国家，造成确诊、疑似和可能感染病例17290例，其中6128人死亡。一些国家存在着触摸死者遗体的丧葬风俗，加剧了疫情的传播。包括中国、美国、法国等国在内的国际社会对西非埃博拉疫情展开了大规模的国际援助。在疫情暴发、流行的背景下，中方人员的生命、健康无疑也会受到威胁，所建工程、项目的进行肯定也会受到影响，甚至被迫中断。

第四，“一带一路”沿线国家多处于局势动荡地区，不仅面临局部战争、军事冲突等传统安全的威胁，也面临着海盗、毒品走私、恐怖主义等非传统安全的威胁。特别是“一带一路”沿线国家分布图与国际恐怖风险的分布图基本上重合。恐怖分子针对中方人员与施工、建设项目发动袭击的风险增大。不仅如此，“一带一路”沿线的许多发展中国家是西方国家的殖民地，其社会制度、意识形态与价值观念深受前宗主国的影响。加上中方企业对许多国家的国情了解不深、政府社会治理能力参差不齐，公众因环保、劳资等问题与中方发生的纠纷与冲突在所难免。这些也挑战我国的海外应急管理能力。

总而言之，“一带一路”沿线国家的安全风险既来自自然地理因素，又来自人文社会因素；既来自中资企业、项目的内部，也来自中资企业、项目的外部。无论是哪一类风险，都可能对“一带一路”倡议的顺利实施造成严重的威胁。

2.“一带一路”沿线安全风险的影响

“一带一路”沿线安全风险的影响不仅包括中国，还包括项目所在国当地。而且，风险不仅表现为单一的风险，还可能表现为系统性风险，对沿线国家产生共同的影响，甚至可能导致全球性影响。

第一，对中国的影响。“一带一路”沿线的安全风险直接影响我国海外人员的生命、健康和中资企业与项目的财产安全，威胁中国的海外利益。例如，巴基斯坦是中国全天候的老朋友，被称为“巴铁”。但是，巴国内反恐形势错综复杂，威胁中方人员安全的袭击事件时有发生。例如，2004年5月，在中国援建的瓜达尔港建设工地，12名中国监理工程师遭到遥控汽车炸弹的袭击，3人死亡、9人受伤。又如，2011年，由于利比亚局势的动荡，中国政府开展规模空前的撤侨行动。两周内，我国动用各种手段与途径，安全撤回公民3.58万人。但是，大量的资产与设备却无法如人员那样被安全撤回，经济损失惨重。

“一带一路”是中国本着共建、共享、共用的原则，提供给国际社会的一个公共产品。如果安全风险得不到有效的控制，中国“一带一路”政策的实施将会面临较大的国内民意压力。同时，如果安全风险因中方原因导致，如安全生产管理的缺失导致安全事故频发，在信息高度透明的时代，这就有可能损害中国的国际形象，引发反“一带一路”情绪的传染，造成“一带一路”建设的非可持续性。

第二，对当地的影响。“一带一路”不是单纯谋求中国利益的现代版“马歇尔计划”，因为它也将推动项目所在国当地的经济、社会发展，增进人民的福祉。从根本上，这将削减相关国家的安全风险。这主要表现在两个方面：一是削减致灾因子，如解决因贫穷所带来的海盗丛生、恐怖主义肆虐的问题；二是降低脆弱性，如提升相关国家经济、社会发展水平，提升社会抵御自然灾害的能力，符合联合国将“减贫”（poverty reduction）与“减灾”（disaster reduction）相结合的原则。换言之，如果“一带一路”安全不保，建设项目就会举步维艰，影响当地经济社会发展。这就会引发新的致灾因子形成，同时增强当地对各种致灾因子的脆弱性，使当地陷入“贫穷→脆弱→频发灾害的影响→更贫穷→更脆弱”的死循环。

第三，对沿线国家的共同影响。“一带一路”建设是一项系统工程，其中的一个优先领域就是基础设施的互联互通。它以交通基础设施互联互通为基础、以能源基础设施互联互通为战略要点、以信息丝绸之路的建设为技术支撑，“在尊重相关国家主权和安全关切的基础上，沿线国家宜加强基础设施建设规划、技术标准体系的对接，共同推进骨干通道建设，逐步形成连接亚洲各次区域以及亚欧非之间的基础设施网络”。具体而言，在交通方面，抓住“关键通道、关键节点和重点工程，优先打通缺失路段，畅通瓶颈路段，配套完善道路安全防护设施和交通设施设备，提升道路通达水平”；在能源方面，“共同维护输油、输气管道等运输通道安全，推进跨境电力与输电通道建设，积极开展区域电网升级改造合作”；在通信方面，“共同推进跨境光缆等通信干线网络建设，提高国际通信互联互通水平”[1]。

随着“一带一路”倡议的实施，沿线国家之间交通、能源、通信等关键基础设施的相互关联、相互耦合、相互依赖的程度将会更高，形成一个密切联系的网络。未来，沿线、沿路国家将形成航空、铁路、公路、水运等多种运输方式和枢纽港站组成的国际立体运输大通道，跨境油气管道、输电网络等能源基础设施实

现“无缝隙对接”，跨境光缆等通信干线网络等形成畅通的信息丝绸之路。一方面，这会便利各国之间的经济贸易往来和人员交流；另一方面，这也加大了系统性风险产生的概率。

“一带一路”建设的推进，必然会推动相关国家的人流、物流、能量流与信息流的跨境流动。关键基础设施成为跨境“大动脉”的重要组成部分，跨境基础设施承载着人、思想、金钱、能量、货物、服务，穿越国家并相互交织，对经济的增长与繁荣而言至关重要，成为全球经济的“筋腱”。但是，国内外的互联互通也使得关键基础设施容易受到来自远方的蓄意或偶然扰动。由于相互联结，脆弱性因此而生。扰动所产生的级联效应往往被放大，威胁沿线国家社会的正常运行。

第四，对全球的影响。在经济全球化时代，我们生活的世界具有三个主要特点:（1）高度的相互连接性;（2）高度的复杂性;（3）高度的不确定性。交通、通信、能源等关键基础设施相关技术的进步是经济全球化发展的重要推动力。高技术的关键基础设施也是经济全球化的“动脉”，起到提供全球公共产品的作用。此外，关键基础设施让全球化的世界因网而联。每一个基础设施都是现实与虚拟的链条与节点，将整个世界形成一张复杂的网络。

在全球化时代，世界复杂性的提升导致人类今天会面对越来越多的系统性风险。一个领域、地方基础设施的缺陷可能会扩散、传导到别的领域、地方。例如，一个供电问题可以导致金融崩溃，一个机场关闭可能会扰动全球供应链。而且，一国基础设施的崩溃会跨国传导。关键基础设施的区域内或区域间相互依赖对确保地区的弹性至关重要。这是一个人们难以捕捉、难以理解的复杂、互动过程，具有高度的不确定性。

“精益管理”和“即时生产”模式使全球供应链异常脆弱。20世纪后半叶，大野耐一发明了丰田生产模式，其特点是：强调效率，避免经济浪费，包括负荷过重（Muri）、不均衡（Mura）和浪费（Muda）。这就是“3M”管理，也叫精益管理（lean management）。其中浪费包括：时间浪费（等待）；运输浪费；加工处理自身的浪费；库存的浪费；移动的浪费；生产缺陷产品的浪费。

为了减少浪费，丰田公司主动实现了“即时生产”，把供应链碎片化，将零配件外包给世界各地的子公司。这可以避免占用工作资本、减少库存，进而提升生产效率、降低成本。所以，世界各国企业因而争相效仿。但是，从安全角度看，它削减了供应链的弹性，使得其因缺少冗余和缓冲而高度不稳定。

“非线性动力与复杂性使得危机很难探查。由于复杂系统不能被轻易理解，人们很难给发生在系统中的多个活动与过程定性。日益增加的脆弱性没有被注意到，应对看似小扰动的无效努力依旧在继续，系统因此在给潜在的危机‘加油’。只需要一个微小的‘触发因素’就可以启动一个毁灭性的升级过程，这可能会在整个系统快速蔓延。危机可能（在地理意义上）源于远方，但快速地通过全球网络如滚雪球一样，从一个系统跳到另一个系统，一路上积累破坏潜力。”[2] 今天，人类相关国家加强国际合作特别是应急管理合作，确保骨干基础设施系统和网络安全以及货物、服务运输的畅通。

综上所述，加强海外应急管理，确保“一带一路”建设的顺利进行，不仅有益中方与沿线其他国家，也是我国推动人类命运共同体建设、造福整个世界的必然要求。

3. “一带一路”沿线海外应急管理的难度

应急管理是公共管理的一个重要子领域，其实质是非常态管理，通常是指对突发事件的管理。考虑到突发事件是风险对人们可承受界限的突破，应急管理将涉及的领域前置到风险。所以，今天，我们谈应急管理，就一定要涉及风险管理。

以往，人们是在一个主权国家边界范畴内去设计公共管理，包括应急管理制度。那时，人类还没有进入全球化快速发展的时代。这决定了今天“一带一路”沿线海外应急管理面临一定的挑战。

民族国家的主权具有对内的最高性与对外的排他性。当突发事件发生，一个国家向另外一个主权国家派遣救援力量，必须得到事发国的同意。否则，就具有侵犯他国主权的嫌疑。获取救援权力需要经过烦琐的审批程序，给快速响应带来一定的困难。而许多突发事件的发生、演进速度非常快，灾情瞬息万变。

通常，对于海外应急管理，我国更强调风险管理，将应急管理的关口前移。但是，在风险社会，许多风险是不可预测和难以感知的。所以，风险管理不能确保风险不演变为突发事件，况且许多海外风险也不是我国可以控制的。

根据外交理论，驻外使领馆是一个国家在其他国家领土的延伸。为了应对海外风险与突发事件，我国不断完善领事保护应急机制。但是，驻外使领馆与祖国相隔万里，并不直接掌握应急救援的各种人力、物力和财力资源，难以直接投入救助，产生立竿见影的效果。

从长远看，“一带一路”的实施主体应该是企业。目前，在海外经营的中资

企业存在风险与安全意识低下的问题，片面地强调经济利益，忽视应急管理体系建设。即便是建立了较为完善的应急管理体系，其有限的资源在很多情况下也只能起到维系暂时安全和等待外部救援的作用。

在“一带一路”沿线，许多国家的经济和社会发展情况决定了其生存的需要高于安全的需要，不仅突发事件高发、多发，而且应急管理体系不健全甚至不存在。中资企业与项目等待当地应急救援力量伸出援手，恐怕也不现实。

在面对严重危机的情况下，通过外交协调开展撤侨就成为一个不得已的选择。即便如此，我国与军事基地遍及世界各地的美国不同，目前只在吉布提拥有一个共用的后勤保障基地，距离第一时间介入撤侨甚至护侨的任务目标相差较远。

“一带一路”沿线国家甚至国际社会，对有关国家的应急救援面临着语言、文化差异、宗教信仰、风俗习惯等方面的障碍，可能引发冲突。而且，如果各国之间在应急救援方面缺少必要的沟通与协调，那么，国际应急合作的效率也会受到影响。

4. 应急管理部在海外应急管理体系构建的作用

众所周知，应急管理部主要整合了国内自然灾害与事故灾难两大类突发事件的应对职能。但是，在经济全球化背景下，中国的国家利益边界与国土边界已经不再完全重合。大量的中资企业和中国公民在“一带一路”建设大潮中“走出去”。在阐述总体国家安全观时，习近平总书记提出“既重视国土安全，又重视国民安全”。在封闭的时代，国民的主要活动范围是国土疆域之内，捍卫了国土安全基本等同于确保了国民安全。今天，发生于海外的自然灾害与事故灾难对中国的国民安全有可能会造成严重的威胁。

以往，当重大突发事件发生时，我国外交部启动领事保护机制，甚至军事力量也参与撤侨。但是，外交部驻外使领馆起到的沟通、协调国内外资源的作用，对突发事件的风险防范和应对并不能面面俱到，也缺少必要的专业知识。而动用军事力量采取保护、撤侨等行动也不是轻而易举就可以作出的决策。所以，构建常态化的海外应急管理体系是一个低成本、高效率的政策选择。

当然，应急管理部在公共卫生事件与社会安全事件的应对中不负主责。但是，不负主责并不等于不参与。应急管理部要指导卫生、公安、外交、国家发展合作署等部门做好海外突发事件的应急预案。同时，当重大社会安全事件，如导致建筑物坍塌的恐怖袭击发生后，应急管理部可以根据实际情况和外方要求，派出地震、消防救援精干力量，到海外参与现场搜救。

未来，应急管理部要加强与外交、卫生、公安、国际发展合作等部门的合作，共建海外应急管理体系，磨合海外突发事件的应对机制。特别是应急管理部要在以下方面重点谋划：

第一，加强与国际发展合作部门的合作。根据新一轮国务院机构改革方案，我国将商务部对外援助工作的有关职责、外交部对外援助协调等职责整合，组建国家国际发展合作署，作为国务院的直属机构，以更好服务国家外交总体布局和共建“一带一路”。同为新组建单位，应急管理部应加强与国际发展合作署的合作，探讨海外风险预防与管理。

第二，加强企业自身的应急管理能力建设。“一带一路”虽然不能“只算经济账、不算政治账”，但绝不是“撒钱工程”。它只有实现“政府搭台，企业唱戏”，才能实现项目的真正落地，才能做到可持续。企业要有维护自身安全的责任意识与强大能力，可以借助自身力量或专业安保公司，开展风险评估，制订应急预案，建立应急保障机制，开展应急演练，形成可以等待外部救援的基本应急能力。

不仅如此，中资企业要遵守所在国法律与风俗，积极履行企业的社会责任，树立良好的企业形象，加强与所在国公众的沟通，减少不必要的矛盾、冲突与摩擦。当所在国当地发生突发事件，中资企业积极参与救援，这不仅是履行社会责任的重要体现，还可以磨合与当地救援力量之间的关系。

还有，企业除要紧紧依靠我驻外使领馆，还要与所在国当地的警察、消防、应急等部门建立良好的关系，并尊重部落长老等民间人士，争取在突发事件应对的过程中获得当地社会各界的积极支持。

第三，加强与外交部门的合作。应急管理部可为驻外使领馆增强应急沟通与协调能力建设提供培训与帮助。驻外使领馆肩负着协调国际与国内、企业与当地社会的重要责任。外交官除了要强化领事保护机制，还要通过调查、研究，向国内及国外中资企业提供安全风险方面的研判报告，协调驻在国的中资机构、企业、华侨华人，形成应对突发事件的命运共同体。

由于“一带一路”沿线许多国家应急救援体系不完善，驻外使领馆要积极宣传中国的应急管理理念与制度，为密切中外应急合作创造有利的条件。突发事件发生后，驻外使领馆要协调驻在国的外交、海关等相关机构，为国内应急力量投入救援行动打开“绿色通道”。

第四，加强与民政部门合作。构建海外应急体系建设要推动民间组织“走出去”。我国政府应重视社会力量在参与“一带一路”沿线应急救援中扮演的重要角色，为其更好地发挥作用提供便利。许多社会组织行动可以依托遍布全球的网络，沟通、对接比较方便。而且，社会组织没有政府政治色彩，是开展公共外交的有效途径，更具草根性，可以赢得民心，服务于“一带一路”推进过程中的“民心相通”目标。

第五，加强与军队的合作。构建海外应急体系，要发挥军队在“一带一路”应急管理中兜底性的保障作用。军队有义务承担从事人道主义救援等非战争军事任务。特别是，当有关国家发生危及中国海外利益的重大突发事件时，中国军队可以在尊重别国主权的前提下，按照严格的程序，开展应急处置。这是军民深度融合的一个重要方面。

第六，加强与公安、卫生部门的合作，立足于防范与应对影响我国重要国家利益的海外巨灾，加强协调、沟通，形成共同应对的合力。

第七，加强与国际组织的安全治理合作。构建海外应急体系，要发挥联合国等国际组织与区域性组织在国际人道主义救援中的作用。“一带一路”不是中国的“独角戏”，许多突发事件也是人类共同的危机，需要从人类安全的角度加以审视。中国作为一个负责任的大国，应该在国际舞台积极推动国际应急合作，确保应急救援的有序、有力、有效。

2016 年 8 月 17 日，习近平同志在推进“一带一路”建设工作座谈会上发表讲话，提出:“要切实推进安全保障，完善安全风险评估、监测预警、应急处置，建立健全工作机制，细化工作方案，确保有关部署和举措落实到每个部门、每个项目执行单位和企业。”[3]在此过程中，应急管理部要发挥重要的倡导与专业支持的作用。因而，应急管理部应具备宽广的国际视野，在传播海外应急管理知识、打造海外应急管理体系、形成海外应急能力方面发挥作用，为“一带一路”建设保驾护航。

当然，海外应急管理涉及党政军群各个方面，甚至包括国际组织，非常复杂。所以，我们建议，党中央要在总体国家安全观指导下，系统地认识我国国家利益所面对的海外安全风险形势，成立国家应急管理委员会，将办公室设在应急管理部。该机构成立后，可以发挥党统揽全局的作用，协调党政军群的多元力量，协同应对海外重大突发事件。

参考文献

[1] 国家发展改革委，外交部，商务部. 推动共建丝绸之路经济带和 21 世纪海上丝绸之路的愿景与行动 [M]. 北京：人民出版社，2015：8-9.

[2] Arjen Boin，Paul't Hart, Eric Stern,and Bengt Sundelius，The Politics of Crisis Management：Public Leadership under Pressure，2005 by Cambridge University Press，P.7.

[3] 习近平. 习近平谈治国理政（第 2 卷）[M]. 北京：外文出版社，2017：505.

气象灾害预警信息媒体传播现状及策略

陈瑾，张永宁

（中国气象局公共气象服务中心）

摘要 我国是灾害性天气频发的国家之一，随着中国经济的持续发展和人们生活水平的不断提高，人们的生产生活受到灾害性天气的影响更加敏感和突出，如何更有效地接收到灾害性天气预警信息并指导生产生活成为当务之急，而从预警信息的传播现状来看，灾害性天气预警信息的传播大多预而不警，泛而不精，有效性和针对性相对缺乏。本文分析了灾害性天气预警信息传播的现状，提出了灾害性天气预警信息传播要动态实时调整，应结合行业、设施等方面的情况提出有针对性的防御建议以及历史相似天气情况影响分析等方面的传播策略。

关键词 灾害性天气，预警信息传播，现状分析，传播策略

1. 引言

气象灾害是我国受自然灾害影响的主要致灾因素之一。据数据统计，每年因自然灾害导致的人员伤亡及经济损失中，有 70% 左右来自气象灾害。因此，如何更有效地防范气象灾害是提高防灾减灾能力和成效的关键因素之一，这其中很好地理解和解读气象灾害预警信息从而采取有效的防范措施便至关重要。

目前，我国气象灾害预警信息的传播渠道非常广泛，包括短信、电视、广播、网络、手机等，覆盖率也在不断上升。媒体作为传播气象灾害预警信息的最主要的渠道之一，有效地传播气象灾害预警信息、服务国家防灾减灾大局是媒体的职责所在。从现阶段媒体对于气象灾害预警信息的传播现状看，媒体对于气象灾害预警信息的传播大多停留在传播气象部门发布的基础灾害预警信息层面，缺乏帮助公众理解和采取有针对性的防范措施等方面的内容。目前的传播现状导致

气象灾害预警信息的传播没有真正达到不断提升公众的灾害危机意识和防灾水平的目的，从某个角度上讲，这也是有些气象灾害预警信息虽然提前发布了但仍然造成比较大的人员伤亡及经济损失的原因之一。如何更好地传播气象灾害预警信息应作为防灾减灾的重要一环予以专项研究和部署。

2. 气象灾害预警信息传播现状及原因分析

随着互联网技术尤其是移动互联网技术的不断发展，人们接收灾害性天气预警信息的渠道更多更快速和便捷，但是与科技快速发展不匹配的是，公众对于灾害性天气预警信息的认知并没有相应地提高。广西气象部门 2016 年针对农村地区对于气象灾害预警信息传播情况的调研结果是一个很好的例证，调研数据显示，收到过气象预警信息的农村居民中，表示“不理解”和“不太理解”预警信息含义的占 34.59%。收到气象预警信息后，只有 40.27%的居民“及时采取措施规避风险”；有 31.97%的居民“视情况而定”；还有 27.76%的农村居民“不太清楚”该如何应对灾害。

作为传播链的最后一环，受众对于气象灾害预警信息的认知是决定整个信息传播有效性的最关键一步，可能受灾地区的人们不仅应该及时得到预警信息，还要有能力理解和评估信息，并作出适当的反应。从气象灾害预警信息的传播来看，目前媒体对于气象灾害预警信息更多地仅停留在传播气象部门发布的基本预警信息层面，缺乏针对提高受众对于预警信息的认知和理解能力相关方面知识或信息的传播。主要包括以下几个方面。

2.1 没有建立气象灾害预警信息分级传播机制

建立灾害预警信息传播机制是保证预警信息快速传播的有效途径之一，但是从目前各媒体的传播机制来看，绝大多数媒体都只有针对已经发生的突发自然灾害的应急传播办法，没有针对可能发生的灾害预警类信息的传播管理机制。没有相关制度保障是导致气象灾害预警信息传播不力的主要原因之一，对于可能发生的气象灾害，媒体机构往往根据管理人员的经验判断部署报道和传播规模，导致很多时候在预警阶段传播不力，出灾后才铺开报道。2014 年 17 级超强台风“威马逊”给海南造成了巨大的生命和财产损失，在台风来临之前，气象部门已多次反复发布台风超强的消息，但并没有引起主流媒体的足够重视，一些主流媒体仅仅以处理一般性消息的方式播报了相关的预警信息，即使出灾后有些媒体仍然没有给予足够的报道。

2.2　气象灾害预警信息传播停留在基本预警信息层面

气象部门发布的气象灾害预警信息主要包括基本的天气信息以及提示性防御建议，天气信息包括天气现象、温度、湿度、气压、风力等。媒体部门在传播此类信息时往往仅仅停留于传播气象部门发布的基础预警信息层面，缺乏对于预警信息的解读及有针对性的防御措施等方面的内容。由于天气预报本身无法回避的准确率以及精细度程度不高等方面的问题导致公众在理解预警信息方面存在较大的误差，往往存在侥幸或观望的心理。以北京 2012 年 7 月 21 日暴雨为例，当天北京市气象局上午预警已升级为红色，属于极度危险的气象灾害，可是预警发布后仍然有很多市民并没有主动规避危险地带或尽量不外出，从而出现了严重的人员伤亡事件。如果媒体部门在接到气象部门的预警信息后，传播时能更进一步，加强专家解读及相似天气影响严重等内容的传播，相信能促使公众更好地理解预警信息并采取有效的防范措施规避危险。

2.3　灾害预警信息传播形式单一

在新媒体快速发展的今天，媒体信息产品的形式丰富多样，有音频、视频、动画、图文、数据新闻以及各类跨界形式的作品，丰富新颖的形式是吸引和留住用户的很好方式，但是相较于其他题材，气象灾害预警信息媒体传播形式比较单一，网络以气象部门发布的专业气象图形和文字构成，影视往往以气象专业图形或天气影响空镜配解说构成，缺乏更加生动形象的表现形式。

3. 气象灾害预警信息传播的有效途径

3.1　政府部门应加强对气象灾害预警信息传播的管理

目前我国政府部门对于气象灾害预警信息传播的管理职责主要在气象部门，中国气象局发布了《气象预报发布与传播管理办法》(中国气象局令第 26 号)。针对气象灾害预警信息，该办法规定：“各级人民政府应当组织气象等有关部门建立气象灾害预警信息快速发布和传播机制，可能或已经发生重大灾害性天气时，媒体和单位应当根据气象主管机构所属的气象台的要求及时增播、插播重要灾害性天气警报和气象灾害预警信号。”“不按规定及时增播、插播重要灾害性天气警报、气象灾害预警信号和更新气象预报的”，“由有关气象主管机构按照权限责令改正，给予警告，可以并处 3 万元以下罚款；造成人员伤亡或重大财产损失，构成犯罪的，依法追究刑事责任”。

该办法自 2015 年颁布以来，气象部门对于自己掌握的传播渠道之外的媒体机构或传播机构实际很少或很难执法，不仅如此，由于自媒体的发展，人人都可以是传播员，普通公众传播虚假气象灾害预警信息执法难度更大。目前一些商业传播平台上已经出现了频频传播气象灾害预警谣言的现象，以 2017 年 6 月 22 日北京地区一次强降雨天气过程为例，北京市气象局发布北京地区有一次暴雨局地大暴雨天气过程，网络上出现了“北京将有特大暴雨、极大的狂风和强烈雷电”的谣言（见图 1）。不论是媒体机构还是自媒体人不能准确传播气象预警信息其影响都非常大，政府宣传主管部门应联合气象部门加强监管，不仅是传播的内容还有传播的时间、传播的效果都要进行实时的监测和评估，这样才能从根本上更进一步提高气象灾害预警信息传播在防灾减灾中的作用。

特大警报：
据预判，后天22号中午到夜间，有特大暴雨、极大的狂风和强烈雷电覆盖北京全境，其强度可能不亚于前几年的7·21和6·23，已经大到雷达回波无法测量的上限。建议这两天有班的请假，千万不要开车上路，不要经过低洼地带，更绝对不可以进山！
六年来京津冀最大冷涡暴雨！请注意防范！

图 1　网络流传谣言

3.2　媒体机构应建立气象灾害预警信息分级传播机制

气象灾害包括台风、暴雨、高温、寒潮、大雾、雷雨大风、大风、沙尘暴、冰雹、雪灾、道路积冰 11 类。我国气象灾害预警信号总体上分为 4 级，按照灾害的严重性和紧急程度，颜色依次为蓝色、黄色、橙色和红色，分别代表一般、较重、严重和特别严重。不同严重程度的气象灾害预警信息传播应该采取分等级传播机制，对于橙色及以上的气象灾害预警类信息应从制度上保证利用尽可能多的渠道多频次反复传播，以引起受众的足够重视并主动积极采取防御措施。

对于台风、持续性暴雨、高温、低温、寒潮、暴雪等灾害性天气由于天气系统尺度较大可提前较长时间作出预报预警的气象灾害，可以采取固定时间固定频次传播的机制，而对于短时暴雨、龙卷风、强对流等灾害性天气由于天气尺度小、突发性强、影响时间短，非常难以较长时间作出预报预警的气象灾害，应采取即时插播及所有重要版面重要传播渠道立即传播的机制。

3.3 把握好传播的准确性与气象灾害预警信息的不确定性因素之间的关系

随着气象科学技术的不断发展，我国天气预报的准确率虽然在不断提高，但不可能达到 100% 的准确。目前，我国全国暴雨预警准确率为 81.8%，强对流天气预警提前量达到 28 分钟，台风路径预报 24 小时误差 66 公里。

准确把握不同气象灾害预警的准确率是做好气象灾害预警信息传播的关键之一。一方面要避免因过于强调预警导致民众过度防御打乱正常的生活秩序并造成资源和人力的浪费，另一方面也要避免过于强调预警信息的不确定性导致民众观望、侥幸的心理而不采取预防措施。

把握好传播中气象灾害预警的准确率问题主要涉及传播语言的设计及传达的信息准确性，尤其是标题等核心信息的提炼和表达等内容方面需尤其注意对于准确率方面的体现，比如增加“可能、恐、或将”等方面的字眼，另外正文部分也要增加提示公众关注预报的动态更新及最新预报等方面的内容。

3.4 加强气象灾害背景类信息等辅助性内容的传播

相关调查数据显示，公众对于气象灾害预警信息的理解能力并不是太高，尤其是一些农村及偏远地区。这一方面与公众气象方面的知识储备多少有很大关系，另一方面与政府部门或媒体机构对于气象灾害预警信息的传播力高低关系密切。从媒体机构对于气象灾害预警信息的传播情况来看，缺乏对于与气象灾害预警信息关联的辅助性内容的传播，这个辅助性内容包括专家对预警信息的解读，比如过程特点、具体影响范围及具体防御建议等，另外还应包括历史相似气象灾害个例大气现象及灾情情况等方面的内容。这两方面的内容一个是解决天气预报信息比较笼统和专业公众不太容易很快理解的问题，另一个是解决公众对于即将到来的灾害缺乏感性认识的问题。除此之外，要切实提高公众对气象灾害预警信息的知晓度和理解度，让公众充分掌握气象防灾减灾知识和技能，还需要传播有利于提升公众气象知识修养方面的内容，公众气象修养的提升是提升公众参与气象防灾减灾的社会责任感和主动防御能力的关键所在。

3.5 创新预警信息传播形式

媒体产品形式创新是提高预警信息传播力的重要手段，尤其是在新媒体高度发展的今天，公众对于信息的阅读方式发生了很大的变化，若还保持说教式的预警信息传播形式则很难达到传播的效果。数据新闻、动图、flash 等都可以作为气象灾害预警信息传播的有效手段，另外借力音乐、说唱、快板、游戏等人们喜闻乐见的跨界形式能起到更好的传播效果。中央气象台经典的“萝卜蹲”游戏体传播暴雪寒潮预警信息在网络上引发现象级的传播就是一个很好的例证。

4. 结语

气象灾害预警信息的有效传播是提升社会及公众防灾减灾能力和水平的重要一环，在气候变化日益凸显、气象灾害频发重发以及经济快速发展受气象灾害影响更大的今天尤为重要。如何做好气象灾害预警信息传播需要政府、媒体和公众三方面共同参与和努力，从传播制度、传播机制等方面予以保障以及加强传播内容和传播形式的创新是有效传播的关键，不论是媒体机构还是具有传播功能的商业平台都肩负着不可推卸的责任和义务。

参考文献

[1] 气象预报发布与传播管理办法 . 中国气象局，2015-3-12.

[2] 罗桂湘等 . 广西农村气象灾害预警信息传播提升策略 [J]. 气象研究与应用，2016（04-0123-04）.

[3] 万奎等 . 气象灾害预警信息公众有效覆盖率浅析 [J]. 科技通报，2015（11）.

[4] 孙健等 . 我国气象预警信息覆盖率的初步分析 [J]. 气象科技进展，2013.3（5）.

九寨沟地震震后房屋安全性应急评估与探讨

吴体，王磊，肖承波

（四川省建筑科学研究院）

摘要 对九寨沟地震震后房屋安全性应急评估从依据标准、评估总体情况、不同类型结构形式房屋的震害情况等方面进行了分析总结。在总结本次应急评估经验的基础上提出:《四川省震后建筑安全性应急评估技术规程》为本次地震应急评估工作提供了很好的技术指导作用，现行规范中存在装饰层抗震安全方面内容缺失的问题，一些藏族民居的传统做法存在抗震安全隐患。

关键词 应急评估，安全性，震害

1. 引言

地震作为一种自然灾害时有发生，近年来发生了多次破坏性地震，造成了大量的人员伤亡和建筑物的破坏。突如其来的地震打破了社会正常运转及人们正常活动秩序，大多数人处于“恐惧、无助、慌乱、焦急”状态。在这十万火急的应急期间，影响社会秩序和稳定的一个重要因素是如何疏散和安置灾区群众。震后房屋安全性应急评估则是破坏性地震应急期间为避灾安置、灾后过渡安置等提供技术支撑的一项重要工作。2017 年 8 月 8 日，四川省九寨沟县发生了 7.0 级地震，震源深度 20 公里，地震最大烈度为 9 度。从这次九寨沟地震的震害情况看，有一些经验值得我们总结和思考。

2. 震后房屋安全性应急评估依据的标准

2.1 日本应急评估标准

作为环太平洋地震带上的多地震国家，日本灾害应急评估方面的研究是比较成熟的。日本的应急评估是依据财团法人日本建筑防灾协会的《受灾建筑物危险性评定手册》进行的。该手册中明确了应急评估的目的是为在建筑物遭受地震灾害后，尽可能迅速地判定由于其后的余震而发生的倒塌危险性以及建筑物的局部坠落或翻倒的危险性。根据此判定结果，可为受灾建筑物加固修复之前的使用提供有关危险性情况的相应信息，防止灾后再次发生威胁人身生命的二次灾害[1]。

日本的应急评估根据房屋各部分受灾度调查的结果分为危险（UNSAFE）、要注意（LIMITED ENTRY）和调查结束（INSPECTED）3 个等级。在手册中对于“调查结束”做了专门的补充解释。该词是指此应急评估结论带有“安全”的意思。但由于应急评估主要着眼于外观调查且范围有限，未对建筑物进行全面的安全性鉴定，实际上仅是确认了调查过的内容中没有“危险”或“要注意”这样的因素。如果把结论定为“安全”的话，可能产生保证被评估建筑物可以长期继续安全使用的误解，因此使用“调查结束”这样的一个用语。

2.2 我国应急评估标准

汶川特大地震中的应急评估主要是依据原建设部抗震办公室印发的《建筑地震破坏等级划分标准》[（1990）建抗字第 377 号］开展工作的。该标准根据建筑物的破坏情况将建筑的地震破坏划分为基本完好、轻微损坏、中等破坏、严重破坏、倒塌五个等级[2]。2006 年，原建设部下达了关于建筑震后应急评估的行业标准的编制计划。经过十余年的编制，于 2017 年 2 月发布了《建筑震后应急评估和修复技术规程》（JGJ/T 415—2017），于 2017 年 9 月 1 日开始实施。该标准中将建筑的应急评估结论分为安全、待定、危险三级。

2.3 四川省应急评估标准

四川作为一个西南地区多地震省份，从 2008 年汶川特大地震以来，先后遭遇的烈度为 8 度及以上的地震就有 5 次之多。在总结汶川特大地震以来历次地震应急评估经验的基础上，结合国内外应急评估的相关研究成果，编制了地方标准

《四川省震后建筑安全性应急评估技术规程》(DBJ51/T068—2016)。该标准于2016 年 12 月发布，2017 年 3 月 1 日开始实施。

编制四川省安全性应急评估地方标准的目的是快速区分出在一定的条件下能继续使用的建筑，以便及时提供灾区人民生活和生产活动使用[3]。根据以往应急评估和救灾的经验，在标准中明确“不适用于震后房屋建筑损失经济评估，以及非地震应急期的房屋建筑安全性鉴定和抗震鉴定”。这是由于在以往的应急评估中，将震后建筑应急评估与灾损评估混淆，这是不科学、不恰当的。有的出于经济补偿或震后发展的考虑，将建筑的震害与经济损失直接挂钩，故意扩大建筑的震害程度，干扰了建筑震害评估的真实性，直接影响应急期间人员的生活安置、抗震救灾和恢复重建工作。在应急评估结论方面，分为可用、禁用和限用三种，其中用“可用”的考虑与日本的应急评估中采用“调查结束”的原因是一致的，而限用则是“当应急处理难度小、工期短、经费少时，建筑整体评估可评为限用”。这样处理可以加快应急评估工作的速度。为了减少应急评估工作量，在地方标准中提出了可不进行应急评估的条件（同时满足）：基本满足国家现行建筑设计、抗震设计和建造标准要求；遭受低于本地区抗震设防烈度的多遇地震影响；建筑场地环境、地基基础无明显的安全隐患，建筑结构构件和非结构构件无明显损坏。另外，根据应急评估工作的特点，还提出了评估结论有效时限的概念并作出了规定。

3. 九寨沟地震震后房屋安全性应急评估概况

九寨沟地震发生后，按照《四川省震后建筑安全性应急评估技术规程》(DBJ51/T068—2016) 开展了震后房屋安全性应急评估工作。根据地震对建筑造成的破坏程度和评估当时建筑安全状况，分别作出“可用”“限用”和“禁用”结论。在评估的方式上采取在受灾群众和基层政府灾损核查的基础上，由基层干部和受灾群众带领评估小组按照房屋破坏程度由重及轻逐户逐栋评估的方式实现对受损房屋的评估全覆盖。同时，对所有的学校和医院作为评估重点均由评估小组进行应急评估。

根据九寨沟作为一个风景旅游区的特点，评估时将房屋建筑分为了住房、公共建筑和宾馆三大类，其中公共建筑类包含学校、医院、政府公共建筑、寺庙。各类建筑应急评估结论为“可用”“限用”和“禁用”的统计分布情况见表 1。

表 1　应急评估结果统计表（%）

房屋类别		评估等级类型百分比		
		可用	限用	禁用
住房		58.1	28.9	13.0
公共建筑	学校	75.3	16.1	8.6
	医院	80.9	12.8	6.3
	政府公共建筑	76.1	16.1	7.8
	寺庙	8.3	33.3	58.4
漳扎镇宾馆类房屋		52.9	30	17.1

注：表中比例为占评估的该类房屋总数的比例。

九寨沟全县农房整体受破坏程度不是特别严重，“限用”和“禁用”农房占全县农户的 10% 左右，仅部分乡镇农房受损严重，主要集中在漳扎镇（包括沟内）和大录乡。这可能是由于当地农房以木结构房屋为主，汶川特大地震后建造的农房又多数是基本按照《四川省农村居住建筑抗震技术规程》（DBJ 51/016—2013）以及相应抗震构造图集进行建造，农房的抗震性能得到了有效提升。

公共建筑评估为“禁用”比例为 10.7%，如果不考虑寺庙建筑，公共建筑的禁用比例为 7.8%。公共建筑中多数为按《建筑抗震设计规范》（GB50011—2001）及之后版本的抗震规范设计建造，既有的学校建筑又在 2009 年的“校安工程”中按照《建筑抗震鉴定标准》（GB50023—2009）、《建筑抗震加固技术规程》（JGJ116—2009）以及《四川省建筑抗震鉴定与加固技术规程》（DB51 5059/—2008）等进行了抗震鉴定和抗震加固。公共建筑的震害情况表明，严格按照规范进行设计、鉴定、加固、施工的房屋是可以满足“大震不倒，中震可修，小震不坏”的抗震设防要求的。

漳扎镇宾馆类房屋“禁用”比例达到 17.1%，甚至高于农房的“禁用”比例。现场应急评估时发现，漳扎镇的宾馆类房屋有许多是当地村民在不同年代自建的，新旧房屋混杂、结构体系混乱、施工质量水平参差不齐，导致该类房屋的安全性也高低不一。

总体而言，地震对九寨沟县房屋建筑破坏程度一般，局部地区破坏程度较重，主要集中在震中附近的高烈度区域。县城区房屋建筑受损轻微，乡镇及村社房屋建筑相对受损较重。受损较重的多为 20 世纪 90 年代或 21 世纪初建成的无抗震构造措施的砖混结构房屋。一些建造年代长久的土木结构房屋虽然也破坏严重，但主要是附属部位受损，主体结构基本完好，反映出当地传统的木结构房屋较强的抗震能力。汶川特大地震后按标准规范（图集）新建的农房普遍经受了此次地震考验，没有受到大的破坏。

4 . 不同结构形式房屋震害情况

4.1 钢筋混凝土框架结构

钢筋混凝土框架结构多数为 2008 年汶川特大地震以后建造的。从应急评估情况看，钢筋混凝土框架结构的震害整体较轻。主要震害为：框架梁柱节点混凝土剥落、酥碎，钢筋外露、变形（见图 1）；框架梁支座附近出现斜向裂缝；现浇楼梯的梯梁、梯柱节点破坏（见图 2）；梯梁裂缝、梯板断裂（见图 3）等；部分填充墙体出现裂缝、错位（见图 4），有少量填充墙出现局部倒塌。

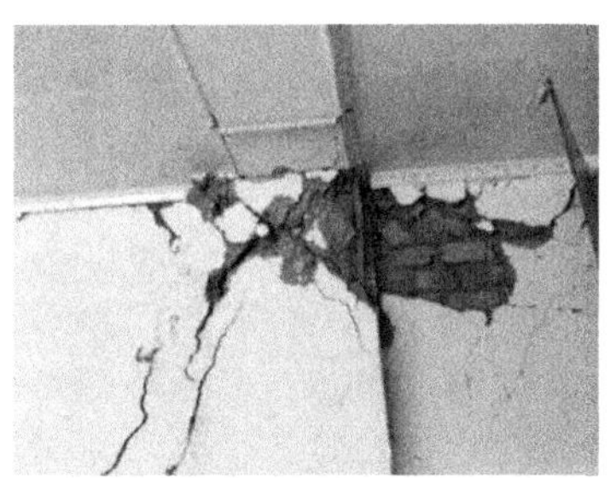

图 1　框架梁柱节点震害

图 2　梯梁、梯柱节点破坏

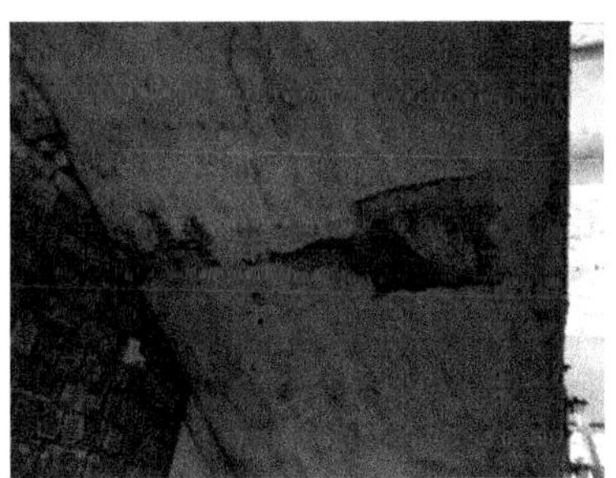

图 3　梯板断裂

图 4　填充墙裂缝

4.2 砌体结构

地震灾区的砖混结构房屋主要为住宅，层数基本为四层及以下。由于房屋开间小、层数低，加上 2008 年之后新建的砌体房屋多采取了设置圈梁、构造柱等抗震构造措施，因此砌体结构房屋震害并不严重，但未进行抗震设防或抗震构造措施不合理（如某砌体房屋在较大跨度的梁下为设置构造柱，见图 5）的砌体房屋则破坏较为严重。砌体房屋的主要破坏为墙体出现裂缝、错位（见图 6），局部墙体垮塌等。

图 5　梁下无构造柱

图 6　砌体房屋墙体裂缝

4.3　钢结构

在地震灾区的钢结构网架在本次地震中表现良好，其网架结构本身基本未出现遭受到地震而破坏的情况（见图 7），但部分网架支座节点处的混凝土支座则出现了不同程度的裂缝（见图 8）。

图 7　钢结构网架基本完好

图 8　网架支座裂缝

4.4　木结构

藏式木结构建筑是当地村镇建筑中较为普遍的一种结构类型。木结构建筑多采用穿斗木结构形式，一般是就地取材，采用松木等制作穿斗木构架，多数采用泥浆砌筑片石（块石）墙体作为外围护墙，也有采用生土墙作为外围护墙的情况。木结构房屋的主体结构部分在此次地震中很少有严重破坏，没有出现倒塌的情况。由于房屋的外墙采用泥浆砌筑石片围护墙，墙体的整体性和抗剪强度较低，多数泥浆砌筑的木结构外围护墙发生破坏，其破坏程度有局部垮塌、部分垮塌或全部垮塌等，并造成了人员伤亡（见图 9、图 10）。

图 9　围护墙局部垮塌

图 10　围护墙部分垮塌

4.5　石结构破坏

本次地震灾区有少部分石墙体承重的石结构房屋，这些房屋一般采用泥浆或水泥砂浆砌筑块石（片石）作为承重墙体。石结构房屋的震害较为严重，有部分或全部垮塌的（见图 11），也有局部垮塌的（见图 12）。

图 11　石结构房屋垮塌

图 12　石结构屋房屋盖垮塌

4.6　装饰层（物）震害

在本次地震的震后房屋安全性应急评估中发现，有很多钢筋混凝土结构房屋或砌体结构房屋在结构构件或非结构构件（如外填充墙）外侧采用贴砌块石或片石进行装饰，以体现出民族风格的情况。在遭遇地震时，这种装饰层出现了大量剥落或垮塌，导致发生人员伤亡的情况（见图 13、图 14）。

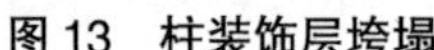
图 13　柱装饰层垮塌

图 14　梁装饰层脱落

5. 关于震害的思考

5.1　关于装饰层（物）震害方面存在的标准缺失问题

对于建筑工程建设而言，关于抗震安全主要是依据相关规范标准进行设计、施工的。《建筑抗震设计规范》（GB50011—2010）、《构筑物抗震设计规范》（GB50191—2012）等对结构以及结构构件的抗震安全从结构体系、设计计算、抗震构造等方面作出了规定。另外，《建筑抗震设计规范》（GB50011—2010）第十三章、《非结构构件抗震设计规范》（JGJ339—2015）对于非结构构件的抗震设计也作出了相应的规定。然而，现行的国家标准、行业标准对于抗震安全的规定目前都仅限于结构体系、结构构件以及非结构构件层面，对于装饰物、装饰层在遭遇地震时可能带来的抗震安全隐患则尚无规范、标准。在进行实际工程的设计时由于装饰层（物）震害方面存在的标准缺失问题，一般都不考虑装饰层（物）的抗震，在遭遇地震时，装饰层（装饰物）由于与主体结构构件或非结构构件之间无连接措施而掉落导致人员伤亡、财产损失。在相关标准进行修订时，应该增加装饰层（物）的抗震方面的规定。

5.2　传统民族做法与抗震安全问题

四川藏族民居是四川省非常具有民族特色的建筑形式之一，其具体的建造形式因地域不同而有所不同。在一项关于甲居藏寨建筑结构的调研中发现[4]，丹巴县的甲居藏寨房屋均采用毛片石墙体与木柱、木梁混合承重的结构体系。墙体厚度一般为 500 ～ 600mm，采用泥砌毛片石墙体，施工过程中，在房屋的墙体内沿高度方向每隔 1.5 ～ 1.6m 设有一道木圈梁，但对于木圈梁没有相应的搭接长度要求和闭合的要求，且木圈梁一般采用直径 100mm 左右圆木或方木，对墙体的整体性约束作用有限。承重木柱与楼盖梁或地梁的连接较为随意，有采用榫连接的，更多则是没有连接而将梁直接置于柱顶的。

马尔康的藏族民居则以石结构承重为主，也是就地取材，以泥浆砌筑承重石墙体（见图 15、图 16）。调查表明，在砌筑这些石结构承重墙体的过程中，匠人会选择性地将尺寸较大的石块用在墙体的外侧，相对小一点的用在墙体内侧，更小的则混合泥浆填在墙体的中间，形成类似夹心墙一样的承重石墙体。

图 15　藏居石结构房屋

图 16　石结构墙体砌筑

目前已经有高校开展关于藏式石墙体抗压性能的研究[5]。研究表明，石材的均匀性、墙体的组砌工艺等均对墙体的抗压承载力有较大影响。实际上，从前述两类藏族民居的简要介绍可以看出，民族建筑采用传统的民族做法和工艺建造，非常具有民族特色，且不同地区的藏式房屋的传统做法也不尽相同，但总体而言，采用传统做法建造的民居建筑在整体性、抗震安全性等方面还存在不足。

在 2013 年的中央城镇化工作会议提出要“望得见山、看得见水、记得住乡愁”，对于这些采用传统民族做法建造的藏族民居，如何既能记住乡愁、又能保证抗震安全，尚需进一步开展研究工作。

6. 结语

（1）《四川省震后建筑安全性应急评估技术规程》围绕快速区分出在一定的条件下能继续使用的建筑，以便及时提供灾区人民生活和生产活动使用并开展应急评估作出相应的技术规定。本次应急评估按照地方标准开展工作，在较短时间内完成了灾区房屋的震后安全性应急评估，为灾后重建和灾后过渡安置政策的确定提供了重要支撑。

（2）根据本次地震中装饰层（物）垮塌、掉落导致人员伤亡的震害的经验，在后续的标准制定修订工作中，应增加装饰层（物）抗震方面的技术内容。

（3）应对采用泥浆砌筑石墙体与木结构混合承重、泥浆砌筑片石墙体等传统做法进行深入研究，提高传统做法建造的具有民族特色的藏居房屋的抗震安全性。

参考文献

[1] 被災建築物応急危険度判定マニュアル［S］. 東京：日本建築防災協会，1998.

[2] 中华人民共和国建设部（1990）建抗字第 377 号通知 . 建筑地震破坏等级划分标准［R］.1990.

[3] 肖承波，吴体，高永昭 . 地震后建筑物安全性应急评估探讨［J］. 四川建筑科学研究，2015（5）：38-42.

[4] 吴体，凌程建，高永昭，王磊 . 丹巴甲居藏寨建筑结构调查［J］. 四川建筑科学研究，2009（4）：197-201.

[5] 吉喆，王汝恒，邓传力，刘潇 . 藏式石墙抗压性能试验［J］. 西南科技大学学报，2017（2）：46-49.

美军如何对超强台风“海燕”施以救援行动

曹金龙

（北京市海淀区政府）

摘要 “11·8”超强台风“海燕”携带狂风暴雨以每小时超过300千米的速度在菲律宾中部莱特岛沿海登陆，这是“有记录以来登陆时最强的热带气旋”。“海燕”猛烈的风力伴随着大规模风暴潮在菲律宾中部造成毁灭性破坏。随后，菲律宾全国进入灾难状态，超过20个国家及国际组织加入救援行动。为不断深化双边同盟关系，美国派出了大批军事力量参加了抗风救灾，这是美军海外一次大规模的国际救援行动。为了应对超强台风“海燕”，美军建立高度集中与高度自主相结合的应急救灾指挥体制，实施高度一体和高度联合的应急救援行动，形成多边协作与纵横结合的矩阵式合作救援模式。其救援的主要特点：预有准备，反应迅速；周密筹划，灵活机断；立体多维，快速投送。

关键词 气象灾害，救援分析，防灾减灾

2013年11月8日，超强台风“海燕”携带狂风暴雨以每小时超过300千米的速度在菲律宾中部莱特岛沿海登陆，这是“有记录以来登陆时最强的热带气旋”。“海燕”猛烈的风力伴随着大规模风暴潮在菲律宾中部造成毁灭性破坏，超过6100人死亡、25000人失踪，1600多万人受灾、114万栋房屋受损（其中55万栋房屋完全被毁）。11月11日，菲律宾全国进入灾难状态，超过20个国家及国际组织加入救援行动。为不断深化双边同盟关系，美国派出了大批军事力量参加了抗风救灾，这是美军海外一次大规模的国际救援行动。

1. 美军对超强台风“海燕”救援的主要做法

1.1　快速反应，建立高度集中与高度自主相结合的应急救灾指挥体制

快捷的反应能力、周密的计划能力和强有力的指挥控制能力是美军实施各种战争行动与非战争军事行动的关键。台风“海燕”巅峰状态之后，经菲律宾政府请求，美军迅速启动了危机反应机制。美国防部长哈格尔下令美军太平洋总部司令部对菲律宾的救灾行动提供支持，并迅速建立起了国防部—美军太平洋总部司令部—联合特遣部队司令部的三级应急救援指挥体制。这种指挥体制能够对三军统一指挥，密切协调行动，办事效率高，反应迅速。由美军太平洋总部司令部成立联合救援行动指挥控制中心，负责支持菲律宾抗风救灾行动指挥，太平洋总部司令哈里斯授权太平洋海军陆战队司令约翰·维斯勒中将为第 505 联合特遣部队司令，负责派驻菲律宾抗风救灾所有美军部队的指挥调动、任务区分、后勤保障和装备协调，并在菲律宾受灾最严重的塔克洛班机场建立联合特遣部队指挥部，实施靠前指挥。与此同时，第 505 联合特遣部队司令部迅速拟定紧急救灾计划，分阶段实施救援行动。救援阶段主要是依据：应急反应、紧急救援和灾后重建三项主要任务来划分。第一阶段美军的主要工作是提供空中运输、海上搜救、后勤保障等形式的支援，分发救援物品、饮用水、医疗救助、运送人员、抢通道路；第二阶段美军的主要工作是持续关注灾情，与菲律宾当局及其他救援国军队保持联系，确保救援行动更加精确、适时和有效；第三阶段的主要工作是逐渐将主要职责移交菲律宾政府和非政府组织，将任务重心转向恢复重建和稳定灾区安全秩序。在灾后重建方面，美陆军前方工作支援小组和美海军修建营对灾区基础设施的重建工作提供支持。

1.2　混合编组，实施高度一体和高度联合的应急救援行动

这次抗风救灾是一场特殊的非战争军事行动。为适应救灾行动多样化任务、多军兵种参与、多种救援样式和多种保障方式的需要，美军采取混合式编组形式，实施高度一体、高度联合行动。如救灾行动多样化包括：灾情跟踪监视和灾害评估，提供食品、饮水和药品等物资，搜救遇难人员，提供医疗、运输和通信支援，修复与建造基础设施，帮助识别遇难人员身份等。风灾的突发性、救灾的紧迫性和破坏的严重性要求美军所有救援计划、灾害评估、任务部署、命令执行

等必须同时展开、同步实施。因此，各军兵种联合实施多层次立体救援成为行动的根本保障。为了适应救援任务的多样化，美军打破军兵种界限，进行一体化混合编组，建立联合特遣部队，实施联合立体救援。这种“积木组合式”编组各军兵种和支持保障部队，各种系统高度合成、高度协调、机动灵活，能够满足进行各种救灾行动，最大限度发挥救援效能。在救援过程中，美国防部派出了“华盛顿”号航母，以及巡洋舰、驱逐舰、两栖登陆舰、补给船等多艘大型舰船，提供物资补给，实施医疗救治，并提供直升机起降平台以向偏远地区运送物资。美军先后派出海军陆战队第3远程部队2200余人，装备登陆艇、气垫船、两栖车辆及工程车辆等装备设施，分发物资、食品，搜救遇难人员，提供工程及道路保障等。为加强空运能力，美军出动10架C-130J运输机、12架MV-22“鱼鹰”倾转旋翼机和14架“海鹰”直升机，从海上作战平台起飞，向灾区运送食品、药品、帐篷和饮用水，并实施海上搜救。为加强对灾情的跟踪掌握，美军出动P-3C侦察机，实施侦察监视，掌握灾情动态，提供灾情信息。

1.3 注重协调，形成多边协作与纵横结合的矩阵式合作救援模式

菲律宾抗风救灾参与方众多，点多面广，救援行动的组织协调十分复杂。其中，既有各援助国的官方机构，又有国际和地区的非政府组织；既有军队救援力量，又有民政救助机构；既有起主导协调作用的联合国人道救难署，又有领导和参与救灾行动的菲律宾政府。美军要确保救灾行动的有序和高效，就必须重视与菲律宾政府、多国救援队及其他民事机构之间的横向合作，密切沟通、协调行动。为此，美军专门设立联络中心，加强与其他机构之间的信息分享，增强救援行动的透明度。美军根据赈灾具体需求和救援行动的实际情况分配任务，采取相应举措。同时，该联络中心还要与其他美国援助机构及美驻菲大使馆密切协同，明确美军救援行动的需求和优先顺序，确保美军救援工作取得最大收益。在众多援助机构中，美军与美国国际开发署的合作最为密切，也最为重要（美国的《对外援助法》设立了美国国际开发署，并将灾难援助权授予该署）。美军通过该署不仅可以及时、准确了解美国其他救灾机构的要求，还可以适时了解其他救灾国机构和非政府组织的需求，以便适时规划救援行动，保证行动顺利和有序。

这次英国、以色列、加拿大、澳大利亚、日本、韩国等10余个国家军队派出了救援队协助针对台风“海燕”的救灾行动。尽管各国救灾军队名义上“服务于菲律宾政府”，但事实上却是由美军担起“牵头指挥”的角色。将奔赴灾区的多数军队拢在美国旗下，编织统一的“灾区联合行动网”，对救灾行动实施统一

决策和计划、统一控制和协调。根据灾情的变化、救灾的实际和救援力量的不断增加，美军联合特遣部队司令部会同菲律宾政府根据灾情发展动态，审时度势，机断行事，灵活处置，充分发挥各国救援队的主动性和创造性，将灾区划分成矩阵区块，按各国救援队装备类型所具备的救援能力，分配责任区，同步行动、协调一致展开救援行动，以提高救灾效率，加速救援进程。

2. 美军对超强台风“海燕”救援的主要特点

2.1 预有准备，反应迅速

美军在这次抗风救灾行动中，强大及时的危机反应能力、高效有序的救灾行动来自平时充分的准备。

一是编制结构多能，备有多种预案。美军采取一体化、多能化编制，合成度更高、内部结合更紧密、协同能力更强、整体威力更大，能适于在多种条件、不同强度的战争中执行多种任务，其中包括“战争行动”“亚战争行动”“非战争行动”。美《防务全面审查报告》提出美军事力量结构能对付一系列中小规模的地区冲突和实施多种非战争军事行动。这次美军救援行动的主力，太平洋舰队第3陆战远征部队是根据任务编组组建的陆战队空地特遣部队，用于应付高、中强度地区性冲突。为了提高对危机的反应能力，美军平时就制定了编组陆战远征部队的预案，做好了投送远征部队的准备。在这次救援行动中，美军就是根据救灾需要按编组预案以第3陆战远征部队为主编成505联合特遣队，快速投入救灾行动。此外，第3陆战远征部队在台风“海燕”发生前在菲律宾进行了人道主义救援和灾难救助行动，为其应对随即而来的抗风救灾提供了宝贵的经验。

二是保持前沿存在，预置装备物资。由于地区性冲突和危机发生难以预料，美军平时不仅需要保持强大的快速反应部队，还需要在世界关键地区保持军事存在，预置储备，囤积物资。美军为提高应对危机的快速反应能力和力量投送能力，在海外战区要点陆地和海洋预置了大量的装备物资。做到一旦发生紧急情况和接到作战命令时，能够在最短的时间内完成平时到应急的转换，大大减少了美军在紧急部署时所需要的时间并节省了海、空运这些装备物资所需要的大量运力，用空间换速度，增强应急反应能力。美军为海军陆战队建立的海上预置船队拥有16艘预置船，编为3个中队，每个中队预置有一个陆战远征旅的武器装备和60天作战所需的补给品。其中，美军驻菲克拉克军事基地、驻日冲绳军事基地对美军在这次救灾行动中保持强大的反应能力发挥了至关重要的作用。

三是有针对性联合军演，提高危机反应能力。美军为加强与盟国及伙伴国之间的军事合作，定期不定期地举行联合军事演习。在双边和多边演习中，美军就多次宣称其目的是要加强“联合作战能力”“紧急反应计划”和人道主义救援，实际上这些演习都是为了检验美军应付突发性事件的快速反应和干预能力以及人道主义救援能力。“肩并肩”系列军演是美菲每年例行的大型联合军演，旨在加强两国在应对恐怖主义以及自然灾害等方面的合作。2013 年 4 月，第 29 次“肩并肩”联合军演，8000 名美菲官兵和美海军第 7 舰队 7 艘军舰参与演习，重点演练了人道主义援助、灾难救助、维和行动和野外生存等课目，有针对性地检验行动预案，探索行动方法，积累行动经验，提升两军开展传统军事训练和民用军事项目的综合能力。有针对性的军事训练使美军在这次救灾行动中有条不紊地展开行动。

2.2 周密筹划，灵活机断

应急救援行动的快速反应，归根到底要通过组织筹划来实现。美军组织计划工作具有高度的灵活性和主动性。美军救援行动的主要任务包括直接提供人道主义援助和为菲律宾实施人道主义救援行动提供支援。拥有出色的作战能力并不一定能胜任救灾工作。在作战行动中，军队具有相对明确的作战目的、固定的作战目标和作战任务。而在救灾行动中，军队执行任务的目标、范围、重点都可能随时发生改变。这些都要求美军在组织计划救援行动时具有很强的应变能力，能够根据实际情况随机应变，灵活应对。比如，这次超强台风“海燕”作为全球有记录以来的最强热带气旋，发生突然，风力猛烈，破坏严重。面对危机的突发性、紧迫性和严重性，美军太平洋总部在风灾发生的次日就立即拟定紧急救援计划。与此同时，美国海军陆战队第 3 远征部队副司令肯尼迪准将 11 月 10 日率领一个前方指挥分队和人道主义援助调查队抵达菲律宾，对菲方救灾所需支援进行初步评估，并在受灾最严重的塔克洛班机场建立美军紧急救援行动指挥中枢。美海军陆战队 90 名人员和海军陆战队第 1 航空联队 2 架 KC-130J 大力神运输机作为先行部队，满载多种设备和补给物资，从日本冲绳抵达菲律宾塔克洛班，实施人道主义救援，提供通信与后勤装备支援。在应急救援物资运输上，周密细致地对空、海运输进行分工，以充分发挥两种不同运送手段的作用。由于空运比海运速度快得多，美军救灾最初阶段，为了争取时间以空运为主，为灾区运输急需物资，而海运容量大，并能运送飞机无法运送的重达 30 吨以上的卡车、发电机、推土机等大型设备和重型装备。计划与行动的同步展开最大限度地提高了美军救援初期的反应速度，并使美军在后续行动中始终处于主动地位。周密计划，快速行动固然是争取主动的基础，但更主要的是救援力量在快速行动中对各种复杂情况的综合应变能力。美军除对所有救援力量进行系统综合筹划外，同时随着救援进程的发展和出现的新情况，及时调整和修正救援计划，使其更加符合灾区的客观实际，对各种运力划分责任，对各救援力量（包括其他救援国的救援队）区分任务，以灵活机断反应，适应灾情和救援环境的可变性，弥补计划不周的缺陷。

2.3 立体多维，快速投送

立体多维的运输和控制能力日益成为应付突发事件、实施紧急快速投送的可靠保障。美军在救援行动中的最大挑战不是物资供应不足，而是如何迅速、准确地将物资直达投送，满足各种救援救助需求。美军既要承担救援行动的后勤保障任务，保证物资的流通与供应，又要具体参与到救援行动中去，承担人员输送、医疗救护和灾区重建任务。

一是以强大的空运能力，实施先期投送。空中运输具有速度快、不受地理条件限制、安全准确的特点，美军在抗风救灾的最初阶段，为了争取时间以空运为主，使用海军陆战队第一航空联队 KC-130J 大力神运输机，从日本冲绳向灾区输送美军太平洋司令部陆战队第 3 远征旅 1200 名人员，携带供 10000 个家庭应急用的物资、食品及部分救援设备。KC-130J 大力神运输机，运载量大，具有跨洋飞行能力，可在各类简易机场起降，使“直接抵达、直接交付”的全新军事空运体制得以实现，极大地改善了应急状态。

二是以强大的海运能力，进行后续投送。海上运输具有容量大、成本低的特点，并能运送飞机难以运送的重达 30 吨以上的卡车、发电机、推土机等大型设备和重型装备，在先期应急救灾的基础上，美军通过登陆舰等其他航船向灾区输送人员和物资装备，包括工兵、宪兵、医务人员、防水帆布和大量食品等物资装备，实施舰对岸投送。

三是以强大的垂直输送能力，实施超越投送。以海上作战平台为依托，使用 MV-22 鱼鹰和直升机对重灾区实施超越式和蛙跳式支援保障，在特定区域建立临时物资补给供应点，实施应急救援救助。由于美军 MV-22 鱼鹰式倾转旋翼机和直升机强大的垂直投送能力，不仅可以直接抵达基础设施破坏严重和交通不便的灾区，还可在救援行动中超越地面障碍，实现快速直达投送，在重灾区运送应急物资和救援人员，开辟前进补给基地。如美军这次救援就在菲律宾东萨省受灾最严重的吉万镇和其他被夷为平地的村镇，开辟前进补给基地，对灾民实施人道主

义救助。特别是 MV-22 鱼鹰兼有直升机和固定翼飞机的性能，可在驱逐舰以上水面舰艇上垂直 / 短距起降，且航程远、载重量大，最大航程可达 1850 ～ 3890 千米、悬停重量可达 21800 千克。在受灾最严重的塔克洛班机场，美军的 KC-130J 运输机或 MV-22 倾转旋翼机每隔半小时双机编队起飞或降落，运送救灾物资和美军救援人员，疏散灾民到马尼拉或宿务避难安置。

四是地面接续输送，实施点对点投送。美太平洋舰队第 3 陆战远征部队利用卡车装载食物、饮用水和发电设备等应急物资，对打通道路的偏僻乡村实施救助。强大的立体运输能力，在以空间卫星为基础的“物资装备能见度系统”的支持引导下，各个投送环节连成一个有机整体，为美军基于灾区的具体需求进行随机、立体、直达投送补给，实施“适时、适地、适量”的聚集式支援，发挥了不可替代的作用。

灾后孤儿收养法律问题研究

——兼论我国收养立法的完善

李珂

（四川省社会科学院法学研究所）

摘要　灾后孤儿的收养是一项特别的人道主义措施，也是防灾减灾救灾体系中的心理援助和社会救助机制。特大灾难后孤儿的收养问题对我国收养立法的完善、灾后儿童的心理援助和社会救助机制的搭建提出了更高的要求。

关键词　收养立法，试养期，收养人资格

1. 引言

联合国《儿童权利公约》明确规定："关于儿童的一切行动，不论是由公私社会福利机构、法院、行政当局或立法机构执行，均应以儿童的最大利益为一种首要考虑。"特大灾难后孤儿的收养是一项特别的一直很受关注的人道主义措施，也是防灾减灾救灾体系中的心理援助和社会救助机制。2008 年的汶川特大地震致使数以千计的孩子成为孤儿，许多爱心人士纷纷伸出援助之手，通过各种途径表达了收养意愿。据不完全统计，汶川特大地震后全国提出收养意愿的有 8 万多人，但最终实际被收养的孤儿只有 12 人，另外 630 多名孤儿由儿童福利机构接收。地震孤儿真正走入新家庭的屈指可数。特大灾难后孤儿的收养问题对我国收养立法的完善、灾后儿童的心理援助和社会救助机制的搭建提出了更高的要求。

灾后孤儿的心理援助和社会救助，在灾难过后的前期工作基本上是由社工、志愿者和心理援助人员临时实施，由政府部门对孤儿进行临时性的集体安置。但是，孤儿的心理重建和妥善安置是一个长期的、持续的过程，需要以制度化加以保障。

2. 试养期问题

《中国公民收养子女登记办法》第七条规定："收养查找不到生父母的弃婴、儿童的，收养登记机关应当在登记前公告查找其生父母；自公告之日起满 60 日，弃婴、儿童的生父母或者其他监护人未认领的，视为查找不到生父母的弃婴、儿童。"民政部《关于汶川大地震四川省"三孤"人员救助安置的意见》指出："对于暂时无人认领的儿童，要尽量尽快将其与其他受灾群众分开，一方面尽快帮助他们查找父母和亲属，一方面尽快把他们妥善安置到四川省内条件较好的福利机构和公办学校，暂时集中养育或在学校寄宿。"按照这些规定，地震孤儿身份的确定需要一个寻找生父母或其他监护人的公告期。在这 60 天的公告期内，地震"孤儿"只能由福利机构或公办学校临时监护。过了这 60 天公告期，地震"孤儿"才有可能被收养人收养。对于遭受地震灾害身心都受到伤害的儿童来说，这 60 天等待父母来认领的公告期是否显得过于漫长？建议针对特大灾难后孤儿的收养突破现行收养立法的规定，缩短公告期，由民政部门初步审查合格的收养家庭先行将孩子收养，给这些收养家庭一个合理的试养期，让地震"孤儿"在收养家庭的关爱下，早日走出心理阴影。

2.1 设立试养期的必要性

2.1.1 从法律之间的相互衔接来讨论

《中华人民共和国民法通则》第二十条规定："公民下落不明满两年的，利害关系人可以向人民法院申请宣告他为失踪人。"第二十三条又规定："公民有下列情形之一的，利害关系人可以向人民法院申请宣告他死亡：（一）下落不明满四年的；（二）因意外事件下落不明，从事故发生之日起满二年的。"

《中华人民共和国民法通则》尚且规定对于下落不明的人在法律上认定其失踪或死亡之前有一个时限，而收养法规定收养关系一旦成立，就在收养人和被收养人之间适用法律上的父母子女关系。因此，在建立正式的收养关系之前应当确定一个时限作为收养的过渡期间，而且这一时限的长短还应不违背《中华人民共和国民法通则》关于宣告失踪和宣告死亡的时限的规定。

2.1.2 从维护收养关系的稳定来分析

一方面，收养人与被收养人需要一段时间的心理适应和生活习惯的磨合；另一方面，孤儿的生父母或亲属等灾害发生前的实际监护人尚处于下落不明的状态，还有可能出现，并恢复对孤儿的监护状态。这就需要确定一个过渡期，等待下落不明的监护人重新出现，与被收养人恢复以前的监护关系。如果缺少这个等待时期，收养一经登记就成立收养关系，适用民法意义上的父母子女关系，那当孤儿的生父母或亲属等灾害发生前的实际监护人出现时，会徒增收养与监护纠纷发生的可能。

2.2 关于试养期时长的探讨

各国根据本地不同实际情况确定了不同的试养期。法国和日本的收养试养期不少于6个月，德国规定为1年，瑞士为2年。我国亦有学者主张适用试养期，一些学者主张适用固定期限的试养期，有的主张实行6个月的试养期[1]，有的主张试养期为3到6个月[2]；也有学者认为由于被收养人和收养人之间因性格、生活习惯等因素的不同，收养人的心理适应期也相应有所不同，适用整齐划一的试养期会给收养关系增加不稳定因素，因此主张立法上确定最高和最低试养期，由各收养当事人自己决定具体的试养期时限[3]。

试养期时长应在不违背《中华人民共和国民法通则》关于宣告失踪和宣告死亡时限的情形下，分两种情况确定：第一，拟收养时，被收养人父母确已死亡的，给6个月的试养期，便于收养人与被收养人之间的磨合，也便于及时更换合适的收养人。第二，拟收养时，被收养人父母生死不明的，给收养人不高于两年的试养期。《中华人民共和国民法通则》关于宣告失踪的时限规定是自然人下落不明满两年。因意外事件下落不明，从事故发生之日起满两年的，则可以宣告其死亡。在汶川特大地震这样的自然灾害中下落不明的自然人，自其下落不明之日起满两年，可以选择宣告其失踪或死亡。确定两年最高时限的试养期，一方面能保证收养立法与《中华人民共和国民法通则》的合理衔接；另一方面，也是出于维持收养关系稳定性的考虑。

2.3 试养期内被试养人的财产及监护问题

2.3.1 试养期内被试养人的财产管理问题

我国收养法第二十三条规定："自收养关系成立之日起，养父母与养子女间的权利义务关系，适用法律关于父母子女关系的规定。养子女与生父母及其他近亲属间的权利义务关系，因收养关系的成立而消除。"也就是说，收养关系成立以后，被收养人与生父母的权利义务关系在法律上已然解除，包括对生父母遗产继承权的丧失。但是，我国现行法律并未明确规定在孩子被认定为孤儿后一直到被他人收养的这一段时间内，他对于生父母的遗产是否有继承的权利，这就形成了一个法律盲区。然而，根据继承法“保护公民的私有财产的继承权”以及收养法“保护被收养的未成年人的抚养、成长”的立法精神，我们完全可以推定这一继承权是存在的。这对于试养期内地震孤儿以及所有拟被收养人财产的归属与财产权利的维护有相当重要的指导意义。

试养期内，汶川地震孤儿所获得的补助金以及所继承的父母“遗产”等财产，应由专人或专门的机构代为保管，试养人无权支配管理。原因有二：第一，既然是试养，那就不是法律意义上的成功收养，收养法律关系尚未建立，试养人对于被试养人的照顾抚养还不是法律意义上的监护关系，因此试养人无权支配、管理与使用被试养人的财产。第二，《中华人民共和国民法通则》第十六条规定了在未成年人的父母已经死亡或者没有监护能力的情况下，未成年人的亲属、朋友、未成年人的父、母的所在单位或者未成年人住所地的居民委员会、村民委员会或者民政部门在一定情况下可以成为监护人，在未成年人被收养之前，他们拥有对未成年人的监护权，有权利也有义务对其财产实施保管。

2.3.2 试养期内被试养人的监护问题

试养期内，送养人[①]与试养人对被试养人的监护应承担连带责任。因为试养期内收养法律关系尚未成立，送养人仍然是被收养人的监护责任人；同时，试养人在试养期内行使的是实质意义上的抚养教育功能。让试养人与送养人对被试养人的监护承担连带责任，可促使试养人尽全力履行试养期内的抚养教育义务，这也是对其收养能力的一种全面考察和评估。

3. 灾后孤儿心理重建与收养人资格问题

2008 年的汶川特大地震产生了 630 多名孤儿，其中只有 12 名孤儿被成功收养，其他孤儿全都是投亲靠友，或由民政管理的儿童福利机构和敬老院安置管理。从汶川地震孤儿被儿童福利机构和敬老院安置管理的情况来看，地震孤儿普遍存在心理重建难的问题。地震孤儿不同于其他孤儿，他们本是来自正常家庭，只是由于突然的意外灾害而丧失了父母的爱，他们对亲情的需要更为强烈，地震孤儿更加适合回归家庭之中。一个人的心理世界重建至少需要 3 年以上的时间，在这个过程中，需要旁人花费极大的心力。以家庭收养的方式使地震孤儿回归家

① 依据收养法第五条的规定，地震孤儿的送养人只局限于孤儿的监护人和社会福利机构。

庭，在心理上更加有利于平复灾害给他们所带来的心理阴影，重新感受到家庭的爱和温暖，从而重塑健康的心理。因此，选择合适的收养人对地震孤儿的心理重塑非常重要，收养人的文化素质、心理健康状况、沟通能力对被收养人的成长有着直接、深刻的影响。

在我国，收养关系依行政程序而成立。收养法第十五条规定："收养应当向县级以上人民政府民政部门登记。收养关系自登记之日起成立。收养查找不到生父母的弃婴和儿童的，办理登记的民政部门应当在登记前予以公告。"民政部《收养登记工作规范》第十三条规定："受理收养登记申请的条件是：（一）收养登记机关具有管辖权；（二）收养登记当事人提出申请；（三）当事人持有的证件、证明材料符合规定。"民政部发布的《中国公民办理收养登记的若干规定》第八条指出："收养登记机关经审查，对证件齐全有效、符合《中华人民共和国收养法》规定的收养条件的，准予登记，发给《收养证》。收养关系自登记之日起成立。"可见，目前我国收养登记机关对收养人收养能力的考察仅限于书面审查，对收养目的是否合法、收养合意是否真实以及收养家庭环境是否利于被收养人成长等方面的考察往往流于形式。同时，收养申请的接受、审查、批准、登记、颁证等环节全都交由民政部门负责，缺乏专门机构对收养人的实际收养能力进行客观的评估和认定。

根据目前民政部在四川地震孤儿安置政策上采取的措施，在亲属优先和临近安置两项原则下，充分维系了孤儿现有的亲缘与地缘关系，但却忽略了孤儿与收养家庭类型的匹配[4]。汶川特大地震后，中国心理学会、北京大学心理学系和北京市心理卫生协会联合成立"中国心理学界危机和灾难心理救援项目组"，针对与地震孤儿的心理救助密切相关的收养问题，向民政部提出的题为《关于孤儿收养问题的建议书》的政策建议中也提出，应对收养家庭进行包括收养动机、家庭成员的心理健康状况、文化水平和沟通技能等方面的评估，选择最有利于孤儿成长的家庭环境[5]。

在对收养人资格的考察上，国外的经验值得我们借鉴。在法国，当事人的收养请求向民事法院提出，对收养人收养能力的审查由法院实施，收养关系依司法程序而成立。《法国民法典》第345条规定："收养，仅为已被收容在收养人一方或双方家中至少6个月而年满十五岁的儿童的利益，始得允许。"也就是说，被收养的儿童应先与收养人共同生活6个月以上，再由法院判决是否成立收养。民事法院在受理收养请求之日起6个月内，审查拟收养人是否具备法律规定的收养条件，在收养人有直系血亲的情况下，法院还将审查收养儿童是否影响其家庭生活。

可见，法国通过司法程序对收养人收养能力的考察更为全面和真实。因此，建议我国借鉴法国对于收养人收养能力的审查方式，对我国现行收养法律制度作出如下变通。第一步：在拟收养人向民政部门提出收养申请时，由民政部门对拟收养人提供的收养申请及其他证明材料进行初步审查。第二步：通过初步审查后，由民政部门根据收养人和被收养人的实际情况确定一个合理的试养期。第三步：在试养期内，由民政部门指派工作人员对收养情况进行考核，考核包括收养申请人与被收养人的相处融洽情况、被收养人身体健康状况和被收养人受教育情况等方面。第四步：试养期满后，由拟收养人向民政部门提出正式收养的申请。民政部门根据收养人的申请和试养期内的实际考核情况作出是否准予收养的认定。第五步：民政部门将所有有关收养认定的材料交由人民法院，由人民法院结合被收养人生父母或亲属被宣告失踪或宣告死亡等情形，依法宣告收养关系是否成立①，并厘清被收养人的财产与监护等法律关系问题。

此外，灾难后孤儿的心理创伤相较其他孤儿更加难以恢复，也因此对收养人的收养能力尤其是情感与沟通能力提出了更高的要求。有必要对收养家庭进行收养前的心理培训，让收养人掌握相关的技巧，包括儿童心理、儿童心理创伤的干预和治疗、各种可能问题的应对，以及儿童抚养、营养保健问题等。同时，在被收养之前，帮助孤儿做好一定的心理准备，对适应在收养家庭中的生活会有积极的帮助[6]。在美国，领养人接受领养前调查是一个必不可少的步骤。家庭调查涵盖以下内容：对领养人进行采访；还要采访领养人家庭中的其他成人成员；对领养人及其他成人成员的身体、精神、情感能力进行事实评估，等等。领养机构还要开设“如何做好养父母”的培训，内容包括一连串密集会议，集中讲授如何帮助儿童学会控制自己的行为以及理解领养的影响等。此外，收养关系产生以后，收养家庭产生的收养亲子关系也需要长期的、持续性的心理干预。民政部门以及儿童福利相关机构可以以基金会形式，雇用相关的社工、心理治疗师、家庭治疗师，对收养家庭进行长期的关注，为收养家庭收养亲子关系的构建提供必要的指导和心理救助。

① 由法院宣告收养关系成立有助于与国际通行做法接轨，也是出于维护收养关系成立的严肃性和收养关系稳定性的考虑。

4. 14 岁以上孤儿的收养问题

现代收养制度源于《法国民法典》。第一次世界大战后，大批流浪孤儿的出现成为严重的社会问题，各国都修改了相应的法律，其目的“仅在于对无子女的人予以父母的权利，对无父母或父母无养育能力的人予以父母的保护”。第二次世界大战后，通过收养制度保护儿童的功能日益得到加强。1990 年正式生效的联合国《儿童权利公约》明确规定：“关于儿童的一切行动，不论是由公私社会福利机构、法院、行政当局或立法机构执行，均应以儿童的最大利益为一种首要考虑。”《儿童权利公约》第一条专门对儿童的范畴做了界定：“儿童系指 18 岁以下的任何人，除非对其适用之法律规定成年年龄低于 18 岁。”我国民法通则第十一条明确规定：“十八周岁以上的公民是成年人，具有完全民事行为能力，可以独立进行民事活动，是完全民事行为能力人。十六周岁以上不满十八周岁的公民，以自己的劳动收入为主要生活来源的，视为完全民事行为能力人。”由此可以看出，在我国，已满 16 周岁不满 18 周岁的自然人，虽然被视为完全民事行为能力人，但我国民法对于成年人与未成年人年龄的区分界定点仍是 18 周岁。

1991 年 12 月，中国加入了联合国《儿童权利公约》，但是在紧接着制定的收养法中却对被收养人的年龄限制在 14 周岁以下。这样规定是基于收养年龄较大的子女不利于建立亲子之情理的考虑，但将已满 14 周岁未满 18 周岁的未成年人排除在收养范围之外，显然不利于收养人对这一年龄段的孩子收养愿望的满足和这一年龄段的孩子所应当享有的收养权益的维护。更重要的是，汶川特大地震已经被国家确定为特别重大突发事件，大量灾区未成年人直面被抚养的难题。收养法第八条规定：“收养人只能收养一名子女。收养孤儿、残疾儿童或者社会福利机构抚养的查找不到生父母的弃婴和儿童，可以不受收养人无子女和收养一名的限制。”建议在其中增加一款：“因自然灾害、事故灾难和公共卫生事件等特别重大突发事件而产生的收养，可以不受被收养人十四周岁、收养人无子女和收养一名的限制。”

5. 有兄弟姐妹孤儿的收养问题

联合国《儿童权利公约》序言指出：“确认为了充分而和谐地发展其个性，应让儿童在家庭环境里，在幸福、亲爱和谅解的气氛中成长。”上文提及的《关于孤儿收养问题的建议书》也谈到地震孤儿的收养需要考虑儿童对未来生活的适应情况。(1)环境：如果收养家庭位于四川或与四川文化、生活习惯相似的地区，儿童可能会更适应新的收养环境。(2)社会支持：如果儿童处于青少年期，此时同伴关系对其非常重要。如果可能，对处在这一年龄阶段的孤儿的收养，应考虑其可以和重要伙伴保持联系的可能性[5]。

民政部《关于汶川大地震四川省"三孤"人员救助安置的意见》中明确提出对汶川地震孤儿的收养将采取就近安置、亲属优先的原则，亦即该《意见》已经考虑到了上述《关于孤儿收养问题的建议书》里提到的环境因素对未成年人未来生活的影响，但还尚未将地震孤儿与其兄弟姐妹或重要同伴的相互联系因素纳入立法和政策的考究之中。因此，建议在收养法第八条中再增加一款："若被收养人为未成年人且有未成年兄弟姐妹的，原则上被收养人及其兄弟姐妹由同一收养人收养，以利于被收养人的成长。"

参考文献

[1] 宋豫，陈苇．中国大陆与港、澳、台婚姻家庭法比较研究［M］．重庆：重庆出版社，2002：327.

[2] 王歌雅．关于我国收养立法的反思与重构［J］．北方论丛，2000（6）：57.

[3] 冯乐坤．收养法的不足与完善［J］．西部法学评论，2008（3）：10.

[4] 陈云凡．中国儿童福利制度之缺失——四川地震孤残儿童收养与保护政策分析［J］．中国青年研究，2008（12）：32.

[5] 易春丽，侯志瑾．关于孤儿收养问题的建议书［J］．中国新闻周刊，2008（19）：60.

[6] 易春丽．灾后的孤儿心理干预与安置建议［J］．中国青年政治学院学报，2011（1）：33.

透视“一带一路”建设的综合气象灾害风险防范 *

孔锋[1,2]

（1. 中国气象局气象干部培训学院；2. 中国气象局发展研究中心）

摘要 “一带一路”倡议是以习近平同志为核心的党中央统筹国内国际两个大局所提出的重大决策，事关我国和平崛起，事关现代化建设战略机遇期的延展。为确保“一带一路”倡议顺利推进需要多方面的保障，其中气象灾害风险识别及其有效防控是不可或缺的环节。综合地质地理和大气环境因素，“一带一路”沿线国家和地区隶属重大自然灾害频发区域，这不仅制约着相关国家的经济社会发展，也制约着“一带一路”倡议实施的效果，而且在某种程度上也关系着我国企业走出去的成败。通过气象灾害识别与防范，加强气象防灾减灾国际合作，确保“一带一路”互联互通的相关重大基础设施的建设安全，是顺利推进“一带一路”倡议的关键，也是保障沿线国家民生的重大需求。“一带一路”域内国家气象防灾减灾工作总体上比较薄弱，亟待对“一带一路”沿线国家和地区自然灾害状况开展全面的摸底调查，系统开展自然灾害风险评估。规划和建设“一带一路”沿线地区重大自然灾害监测系统和预警体系，统一和集成现有各国的灾害治理技术、标准和规范，大力提升沿线国家和地区防灾减灾综合能力。同时加强沟通，在互相尊重的条件下开展恰当的防灾减灾援助。

关键词 一带一路，防灾减灾，巨灾，国际合作

* 基金项目：中国气象局气象软科学重点项目“基于综合风险防范视角的中国及周边国家安全和全球战略研究”（2017 [21]）；中国气象局气象软科学自主项目“新常态下中国自然灾害风险时空格局和综合防灾减灾工作的现状、趋势、挑战及战略对策范式研究”（2017 [36]）；中国气象局气象软科学自主项目“中国气象灾害防御能力评估及政策建议”（2017 [35]）。

1. 引言

“一带一路”区域孕灾环境复杂，气候环境脆弱，气候变化类型复杂多样，由气象因子导致的各类自然灾害频发[1]。加之“一带一路”区域域内人口密集，重特大自然灾害严重威胁着域内人民生命和财产安全[2]。“一带一路”倡议提出以来，已经得到了联合国和“一带一路”域内多数国家的支持，域内各国积极响应，互通有无，深化合作，不断加强与中国的多层次的贸易关系[3]。所以，“一带一路”防灾减灾工作已经不单单是中国一国之事，而是域内甚至全球各国经济社会可持续发展必须面临和解决的现实问题之一。因此，统筹国内国际两个大局，为推进“一带一路”倡议的顺利实施，必须加强该区域的防灾减灾工作[4]。

2. “一带一路”区域面临严峻的自然灾害风险

2.1 “一带一路”区域面临的自然灾害风险概况

一是“一带一路”区域地理环境复杂多变，防灾减灾能力薄弱。“一带一路”地区自然环境差异大，孕灾环境复杂，通过全球多种地表灾害的高发区，跨越高寒、高陡、高地震烈度区及太平洋和印度洋季风区[5]。加之“一带一路”沿线大多数国家经济欠发达，导致承灾体脆弱性高。尤其是域内多灾种群发群聚，灾害链频发，灾害遭遇突出，同时防灾减灾能力和经验不足，整体抗灾能力相对薄弱，因此，往往造成严峻的灾情[6]。

二是“一带一路”区域建设面临巨大自然灾害风险挑战。“一带一路”区域是世界上自然灾害种类最多、灾害危险最大、灾情最为严重的地区之一[7]。“一带一路”域内地势高差大，地质构造复杂多样，地壳运动活跃，工程建设条件差。加之受季风气候影响，降水高强度集中。因此，域内地震、滑坡、泥石流、雪灾、干旱、暴雨洪涝、台风、风暴潮等自然灾害频发，严重威胁域内重大基础设施的建设和运营安全。“一带一路”域内各地区的主要自然灾害如表 1 所示，其中气象灾害及由气象因子导致的水文、海洋、地质灾害普遍较多。综合自然风险评估的结果表明，中国及周边国家和地区综合自然灾害风险水平在“一带一路”区域中排名靠前（见图 1），是全球自然灾害最频繁、损失最严重的地区之一。

表 1 "一带一路"各地区主要自然灾害分布

地区	主要灾害
东亚	地震、洪涝、风暴、滑坡
中亚	干旱、洪涝、极端天气、地震
南亚	洪涝、地震、风暴、滑坡
西亚	地震、洪涝、干旱、风暴
东南亚	风暴、洪涝、地震
中东欧	极端天气、洪涝、干旱、风暴

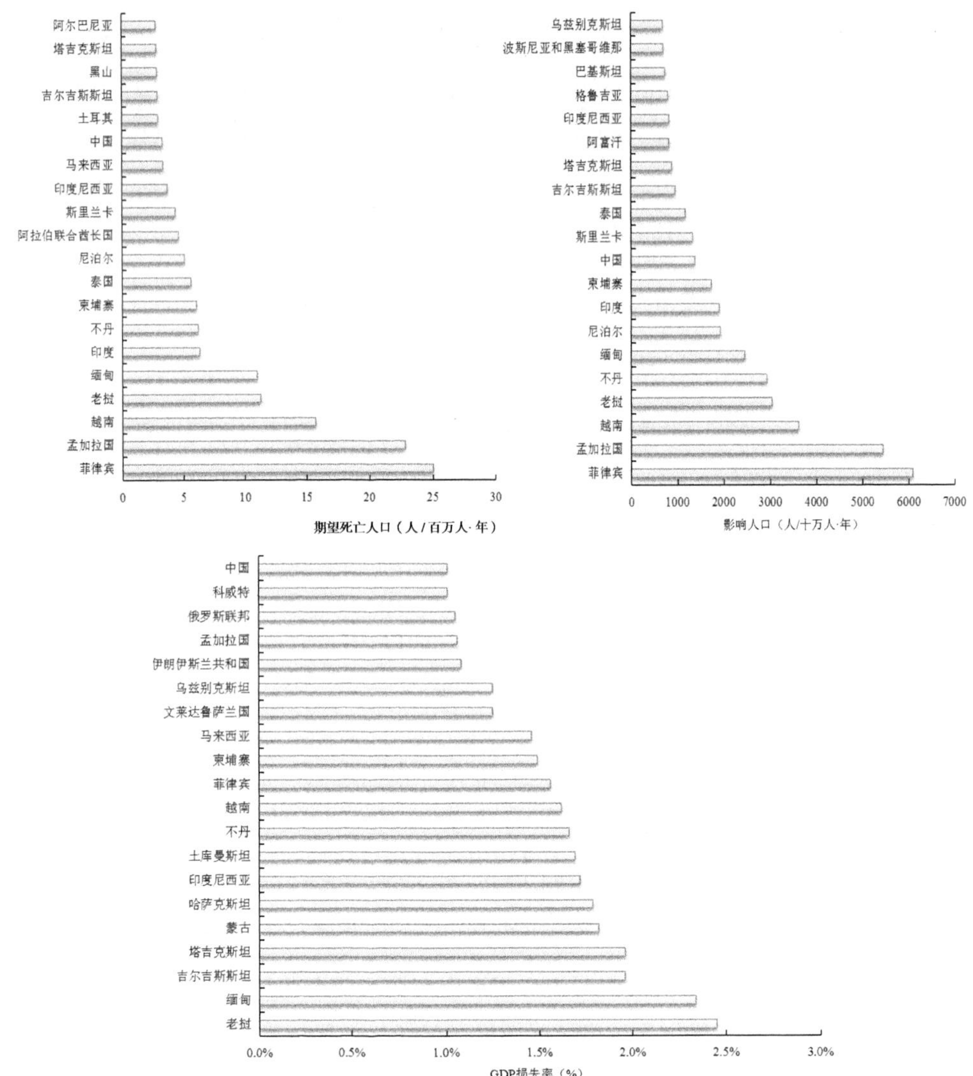

图 1 "一带一路"地区综合自然灾害年期望死亡人口率、影响人口率和 GDP 损失率排名（前 20 名）

三是“一带一路”地区建设面临严峻的由气象因素导致的重大工程灾害风险。“一带一路”域内山地灾害的类型多样，沿工程廊道山系年轻，降雨丰沛和冰雪消融，地形落差大和坡度陡，是山地灾害集中区和高风险区。近年来，气候变化导致的极端天气气候事件频次和强度趋于增加，升温导致的冰雪消融会增大滑坡、泥石流和冰湖溃决风险；同时加之强地震趋于活跃，集中高强度激发山地灾害的概率增大。因此，大规模工程建设难免会改变孕灾环境并诱发灾害。例如，对“一带一路”域内高铁建设而言，其中东欧地区寒冷气候造成的地基土层的反复冻融变形，对高铁的施工、运营危害严重；对中亚地区油气管线建设而言，由于气候干旱，土壤荒漠化，面临广泛分布的盐碱土、砾石戈壁、沙漠、流动沙丘等地质灾害，也面临强风、强降雨、大温差等气候灾害；对“一带一路”域内山地水电工程而言，气候恶劣、昼夜温差大、冻融交替循环，且饱受崩塌、滑坡、泥石流等地质灾害的影响，给水电工程的建设带来巨大的困难。如果不进行有效防范，在多种因素的共同作用下，未来“一带一路”沿线的自然灾害风险，特别是重大工程的自然灾害风险的提升趋势将会是大概率事件。

2.2 气象因素导致的重特大自然灾害对“一带一路”建设的影响

“一带一路”地区由气象因素导致的重特大自然灾害风险严峻。具体来看主要包括以下四方面：

一是由气象因素导致的山地灾害的可能影响。“一带一路”沿线地区地形差异大，地质灾害风险高，影响基础设施建设。在全球气候变暖的趋势下，“一带一路”沿线高山区的极端气温、极端降水表现出频率增加、强度增强的趋势。加之“一带一路”区域地质环境脆弱，包括滑坡、泥石流、堰塞湖、溃决洪水、冰川消融等在内的各类次生自然灾害，暴发频度增加，规模不断增大，往往带来巨大的财产损失与人员伤亡。以连接贯通西部丝路南北的关键枢纽——中巴经济走廊为例，仅 KKH 段，即中国新疆喀什到巴基斯坦北部城市塔科特，全长 1036 公里，分布着崩塌滑坡 56 处、泥石流 155 条、雪崩 21 处、大型堰塞湖 2 处，以及 10 条大型冰川。IPCC 第五次评估报告预测，在 2050 年全球平均温度比工业革命前升高 2℃的情景下，冰川和雪山将加速融化，印度河与雅鲁藏布江的径流将增大 75%。随着极端天气气候事件的增加，洪水、滑坡、泥石流等次生自然灾害的暴发频率也会有所增加。

二是极端降雨事件的可能影响。极端降雨事件是极端天气气候的一个重要表现。丝绸之路经济带沿线地形条件复杂多样，全球变暖背景下频发的极端降雨很可能引发洪水、泥石流、崩塌、滑坡等一系列次生灾害。最近 80 年中，中亚干旱区受西风环流控制，年降雨量整体上表现出增加趋势，其中冬季降水增加趋势明显达到 0.7 mm/10a。近 100 年和近 50 年中国年降雨量变化趋势不显著，但年代际波动较大。丝绸之路经济带沿线许多国家和地区都发生过极端降雨事件，并造成了严重的财产损失与人员伤亡。2010 年 8 月 7 日，中国甘肃舟曲县发生泥石流，造成 1248 人遇难，496 人失踪；2011 年 7 月 21 日，新疆阿勒泰地区自西向东出现不同程度的降水，小时降水 20 mm 以上，此次极端降雨事件造成 30000 余亩农作物遭受不同程度损坏，9000 余人口受灾，多处山洪泥石流暴发，直接经济损失近 900 万元；2012 年 10 月 31 日，印度金奈附近遭受暴雨袭击，造成 60000 人受灾，许多村庄被洪水淹没，大量居民房屋被毁。

三是极端干旱事件的可能影响。极端干旱已成为制约国民经济发展的重要影响因素之一。当今世界上最严重的干旱区位于北非和包括我国西北在内的欧亚内陆，而这一地区正是丝绸之路经济带所穿越的区域。据联合国世界气象组织估计，仅 1967—1991 年的 25 年间，干旱影响了全球 28 亿人，其中 130 万人因直接或间接地受干旱袭击而死亡。丝绸之路经济带沿线国家干旱发展趋势存在较明显差异。近年来，受全球气候暖化影响，青藏高原地区干旱日趋严重，给地方经济发展和脆弱的生态平衡系统带来严重危害。在中亚一些地区如塔吉克斯坦，受全球气候暖化影响，干旱灾害频发，对农业发展及食品安全造成一定冲击。而其他一些地方如欧洲东部，干旱现象不仅没有增强，反而呈现出减弱的趋势。

四是雪灾的可能影响。丝绸之路经济带沿线多国曾经遭受雪灾的影响。2008 年 1 月中旬至 3 月 8 日，青藏高原东北部发生严重雪灾，死亡牲畜 65.6 万头，经济损失达 19.1 亿元。2010 年 1 月，新疆北部频现降雪，造成北疆地区积雪深度普遍在 25 cm 以上，塔城、阿勒泰积雪深度在 30 ～ 90 cm；哈巴河、吉木乃等地最大积雪深度均突破冬季历史极值。2011 年 1 月，印度大部分地区遭遇了寒潮天气，北部地区最低气温降至 –23.6℃，高海拔地区近 3m 的降雪造成当地交通瘫痪。相关研究表明：在欧洲一些地方，尽管存在冬季变暖的现象，但是发生严重暴风雪的频次没有降低，极端天气事件在整个冬季仍然时有发生。中国雪灾分布比较集中，全国有 399 个雪灾县，丝绸之路经济带穿越的内蒙古、新疆、青海和西藏 4 省区在地域上形成 3 个雪灾多发区，即内蒙古中部、新疆天山以北和青藏高原东北部。雪灾年际变化波幅大，总体呈增长趋势。

3. “一带一路”防灾减灾国际合作的现状与重要性

3.1 “一带一路”国家开展气象防灾减灾国际合作的紧迫性与可行道路

“一带一路”国家与我国气象防灾减灾的合作较为薄弱。“一带一路”沿线多数国家对灾害形成机理、风险分析、监测预警、工程防治缺乏系统的研究，科学认识与防治技术储备极为缺乏，同时受政治、社会、文化、宗教等因素的影响，在防灾减灾标准、机制等方面存在很大差异。各国目前的技术水平与减灾机制难以满足气候变化、地震活跃和工程扰动加剧条件下日益增长的减灾需求，尤其是跨境巨型灾害，如地震、洪水、干旱、冰雪、风暴潮、台风、海啸，往往牵涉到多个国家，某一国家难以单独负担巨型灾害的减灾任务，涉灾国家应建立科学、高效、多层次的减灾合作机制，提升共同应对灾害的能力，保障“一带一路”建设安全，真正形成“一带一路”利益、命运和责任共同体。鉴于“一带一路”沿线国家国际减灾合作面临的形势，在“一带一路”倡议框架下，充分利用沿线各国的双边、多边合作机制以及科技合作机构与机制，创新防灾减灾合作机制，建立多边协调、互联互通、快捷高效、互利互惠的减灾合作机制是目前推动“一带一路”重大基础设施和重大工程建设，推进“一带一路”倡议全面深化实施的重要保障。当前，开展“一带一路”国际减灾合作研究与实践，可以科学利用联合国国际减灾战略、灾害风险国际研究计划、国际山地中心、中国科学院中国—斯里兰卡联合科教中心、加德满都科教中心、中亚生态与环境研究中心、中—非联合研究中心、综合风险防范国际科学计划等在本地区开展国际合作与研究的经验与教训，探索建立多边国际防灾减灾机构与机制，构建稳定支撑“一带一路”建设的国际防灾减灾科技合作体系与机制。

3.2 我国与“一带一路”国家开展防灾减灾合作的愿景和需求

在气候变化、强震活动增强和工程扰动加剧的条件下，“一带一路”沿线灾害活动频发，尤其是特大规模、群发性灾害活动频率增加，跨境灾害威胁加剧，对沿线国家防灾减灾提出了新的挑战。我国在“十二五”防灾减灾专项规划实施以来进步显著[8]，成功应对了一系列重大自然灾害，社会经济效益显著[9]。“一带一路”地区许多国家在不同场合呼吁中国在全球和区域气象防灾减灾科技进步方面发挥领导作用[10]。站在新的历史起点上，我国与“一带一路”沿线国家一道以共建“一带一路”为契机，利用我国在防灾减灾领域的技术优势和与周边国家合作平台，全面深化我国与沿线国家减灾合作，系统开展灾害机理、减灾技术、风险管理与国际减灾科技合作机制研究，解决重大灾害与跨境大型灾害减灾的关键科技问题，建立科学、高效、适宜地域条件的自然灾害风险管理与防灾减灾技术体系，整体提升沿线国家防灾减灾能力，是支撑“一带一路”倡议、国际减灾“仙台计划”和联合国2030年可持续发展计划实施的保障。

3.3 我国与“一带一路”国家开展防灾减灾合作的互补优势分析

一是区位优势。“一带一路”倡议中提出的中蒙俄、新亚欧大陆桥、中国—中亚—西亚、中国—中南半岛、中巴、孟中印缅六大经济走廊建设，是支撑“一带一路”倡议的核心与骨架。我国幅员辽阔、自然环境分异明显、区域灾害类型差异巨大，六大经济走廊涉及国内不同的地区，尤其是涉及六大经济走廊的边界省区，其自然环境条件与灾害活动状况与周边国家具有较大的相似性，因此，国内相关区域的研究成果对周边国家防灾减灾活动具有重要的参考与借鉴意义。如我国南海海洋灾害的研究有助于海上丝绸之路海洋灾害的分析与减灾；青藏高原及周边地区的防灾减灾研究可用于中巴、中尼经济走廊；新疆、内蒙古及东北地区的研究成果可支撑中蒙俄、新亚欧大陆桥、中国—中亚—西亚经济走廊的建设。

二是科技优势。改革开放以来，我国在科技领域取得了长足的进步。经过近40年努力，我国在重大地震灾害、气象灾害、山地灾害、水旱灾害、海洋灾害等自然灾害的形成机理、预测预报、监测预警、风险分析、防治技术、风险管理和灾后重建等领域取得系列成果，构建了较为完备的防灾减灾体系，整个国家的防灾、抗灾、减灾能力极大增强，防灾减灾能力已步入世界前列。如2008年汶川特大地震后，中国科学家在地震灾害和地震次生山地灾害抗震救灾、灾害机理、灾害监测、防治技术、风险管理和灾后重建等方面取得了突出的研究进展，相当一部分技术走在了国际前列，并且随着我国境外投资项目建设已经开始在国外发挥效益。而我国周边及“一带一路”沿线大多数国家为发展中国家，受政治体制、经济水平和科技实力的影响，科研研究水平明显不足，人才断代、科研设施陈旧、软硬件缺乏等问题突出，尚未形成防灾减灾业务化的应用体系，难以支撑和保障“一带一路”的实施。通过国际合作计划的实施，一大批中国研究的技术、标准、规范有望走出国门，服务当地社会，在不同环境条件下得到进一步的检验，帮助我们发现新问题，从而不断提高相应水平。

三是装备优势。我国防灾减灾工作通过近40年的发展，各类自然灾害检测仪器和设备不断革新，具有自主知识产权的自然灾害监测预警设备比例和水平大幅度提升，通过历次重特大自然灾害的检验，取得了良好的反响和社会经济效益。同时，随着我国综合国力的提高，国家投入到自然灾害仪器装备的开发经费和人员也不断增多，使得我国具有明显的相对优势。而"一带一路"域内多数国家限于人力和财力的限制，防灾减灾的相应装备相对缺乏。因此，"一带一路"域内多数国家需要我国优势装备的输出，同时我国装备的输出也是打造中国装备引领世界防灾减灾技术标准的良好契机。

四是互补优势。"一带一路"跨越的空间尺度大，沿线各国气候条件、孕灾环境变化大，不同空间位置上自然灾害类型、分布、爆发规模、演化与活动特征差异明显。目前我国缺乏"一带一路"沿线国家和地区的基本地理信息数据，无法支撑域内建设的需要。"一带一路"沿线国家知名科研机构或科学家参与防灾减灾国际合作，将有助于整合各地多年的自然灾害监测与调查数据，为"一带一路"安全建设的深入开展提供基础的数据支持。如"一带一路"沿线地震研究以地中海—喜马拉雅地震带作为研究对象，同时对整个中亚、西亚、西太平洋北部、印度洋北部等地区进行背景性研究，建立地中海—喜马拉雅地震带重点地区系列地球物理场及大地震孕育演化动力模型，直接应用于地震灾害风险评估与减灾对策研究。研究主体在境外地区，需要收集大量现场数据资料，借鉴当地已有研究成果，因此必须与"一带一路"沿线国家相关研究机构密切合作。

4."一带一路"气象灾害风险防范的对策和建议

针对"一带一路"沿线国家和地区可能存在的自然灾害风险，中国在大力推进沿线国家重要发展规划、重大工程建设过程中，需要及时调整自然灾害风险防范对策。具体包括以下六个方面：

第一，对沿线国家和地区自然灾害状况开展全面的摸底调查。建立"一带一路"沿线国家和地区的孕灾背景和灾害数据库，域内各国共享已有的基础考察数据，同时组织跨国自然灾害风险联合考察，不断深化对域内自然灾害的了解。

第二，系统开展沿线国家和地区自然灾害风险评估。在充分掌握"一带一路"沿线国家和地区自然灾害孕灾背景、分布规律等要素的基础上，对现有和即将进行的重大规划和建设工程开展全面的灾害风险评估。尤其是借鉴不同地区的优势，对域内频发的重特大自然灾害联合开展风险评估，以规避未来可能出现的自然灾害风险。

第三，统筹建设“一带一路”地区重特大自然灾害监测预警体系。鉴于“一带一路”域内各国监测预警系统水平不一致，为了规避域内自然灾害风险，降低人员伤亡和财产损失，有必要通过协商建立统一的重特大自然灾害监测预警体系。

第四，统一和集成现有各国的灾害治理技术、标准和规范。“一带一路”沿线受自然灾害威胁的区域面积广阔，灾害点比较分散，亟待发展空—天—地立体、全天候的监测预警方法。建议通过各国协商，整合域内各国和地区的优势资源，提高“一带一路”地区监测预警水平，全面科学保障“一带一路”建设的深入开展。

第五，大力提升沿线地区防灾减灾综合能力。“一带一路”沿线大多数国家面临共同的区域自然灾害风险。尤其是在发生跨国巨灾时，以一国之力难以处置。加之各国之间救灾机制和信息共享具有差异，常常造成严重的区域性人员伤亡和财产损失。因此，亟须在风险管理、治理方面建立多国综合防灾减灾的协调和信息共享机制。各国不断借鉴区域其他国家防灾减灾救灾的优势，提升本国的综合防灾减灾能力。此外，做好灾前、灾中、灾后各阶段跨国合作的总结，并定期组织开展综合防灾减灾救灾的相关培训工作和区域性灾害风险治理会议，定期开展跨国救灾演练，制订适合本区域的综合防灾减灾救灾预案。

第六，加强沟通，在互相尊重的条件下开展恰当的防灾减灾援助。防灾减灾国际合作可能需要军事能力和资产作为重要手段进行救援，所以，增加了许多国家参与到防灾减灾国际合作中的顾虑。因此，推进“一带一路”沿线国家的防灾减灾国际合作，尊重沿线不同国家和地区的社会、经济、文化、宗教信仰，加强各国之间的政治互信，并且要强调防灾减灾的人道主义救援民事性质，规范各国在合作过程中遵守国际法，注重沟通和协调，在尊重受灾国意愿的基础上开展各项工作。

参考文献

[1] 李晓，李俊久．“一带一路”与中国地缘政治经济战略的重构 [J]．世界经济与政治，2015（10）：30-59.

[2] 翟崑．“一带一路”建设的战略思考 [J]．国际观察，2015（4）：49-60.

[3] 刘卫东．“一带一路”战略的科学内涵与科学问题 [J]．地理科学进展，2015，34（5）：538-544.

[4] 史培军．推进综合防灾减灾救灾能力建设——学习《中共中央 国务院关于推进防灾

减灾救灾体制机制改革的意见》的体会［J］. 中国减灾，2017（2）：24-26.

［5］孔锋，吕丽莉，王一飞，等.“一带一路”建设的综合灾害风险防范及其战略对策［J］. 安徽农业科学，2017，45（22）：214-216.

［6］王义桅，郑栋.“一带一路”战略的道德风险与应对措施［J］. 东北亚论坛，2015（4）：49-49.

［7］杨涛，郭琦，肖天贵.“一带一路”沿线自然灾害分布特征研究［J］. 中国安全生产科学技术，2016，12（10）：165-171.

［8］史培军. 我国综合防灾减灾救灾事业回顾与展望［J］. 中国减灾，2016（19）：16-19.

［9］孔锋，林霖，刘冬. 服务“一带一路”建设，建立南海地区自然灾害风险防范机制［J］. 中国发展观察，2017（9）：47-49.

［10］杜德斌，马亚华.“一带一路”：中华民族复兴的地缘大战略［J］. 地理研究，2015，34（6）：1005-1014.

四

灾害研究的关键概念梳理

童星
（南京大学）

摘要　灾害管理全过程中，关注的核心是排查危险源和削减脆弱性，从而建设富有韧性的社区和社会。安全工程科学和人文社会科学对危险源、脆弱性、韧性都有不同的理解，作出了不同的贡献。本文通过透视比较不同学科的相关认知，揭示其对于灾害管理的政策意义。

关键词　灾害研究，危险源，脆弱性，韧性

在灾害管理的全过程中，最需要关注的问题是排查危险源和削减脆弱性，从而建设富有韧性的社区和社会，因此，危险源、脆弱性、韧性就成了灾害研究中回避不了的关键概念，安全工程科学和人文社会科学对这些概念有着不同的理解，值得认真梳理，并揭示其对于灾害管理实践的意义。

1. 危险源

英文表达为 hazard，释义是 a source of danger，即危险的根源。又称风险源，与中文里的“隐患”一词含义接近。

第一，在不同学科视角下，对危险源概念的理解有差异。

在安全工程科学看来，危险源就是可能造成物质损失或者人员伤亡的潜在的不安全因素。危险源的构成要素主要有：(1) 潜在的危险性，指事故一旦发生，可能造成的损失和危害程度；(2) 存在条件，包括储存条件、防护条件、管理条件等；(3) 触发因素，包括人为因素、管理因素、自然因素等。

在人文社会科学看来，灾害由危险源所引发，而危险源又与“事件”和“风险”相区分，因为危险源只是一种风险客体，并非是经组织与制度诠释或已经造成社会损失的现实[1]。

第二，在不同学科视角下，对危险源的分类也有差异。

在安全工程科学看来，危险源划分标准相对明确，分类体系也相对规范且具有操作性和实践指导性。目前对危险源的分类主要有以下 3 种方法：（1）根据《生产过程危险和危害因素分类代码》来分类，生产过程中的危险源分为 6 大类、37 小类。6 大类危险和危害因素分别是物理性的、化学性的、生物性的、生理和心理性的、行为性的以及其他。（2）根据生产作业过程划分，包括化学品类（易燃易爆性、腐蚀性等化学危险物质），辐射类（放射性、电磁波装置等），生物类（动植物等带有病原体的生物），特种设备类（大型机械、锅炉、管道等），电器类（发电厂、变压厂等），土木工程类（煤矿、水利、桥梁等建筑工程），交通运输类（飞机、汽车等）。（3）根据能量意外释放理论划分为两类：第一类危险源会意外释放能量或者危险物质，它自身可能会做功，决定着风险与事故发生的严重程度；第二类危险源是指导致第一类危险源失去限制和约束的所有危险源的总称，是围绕第一类危险源而可能发生的危险状况，包括人的不安全行为和物质所处的不安全状态，它决定着风险与事故发生的可能程度。第二类危险源又称为现实的危险源，即隐患。

在人文社会科学视角下，危险源分类则相对模糊和宏大，企图揭示危险与风险之间的转换。目前使用较多的是大卫·亚历山大（David Alexander）的三分法：自然危险源（natural hazards）、科技危险源（technological hazards）和社会危险源（social hazards）[2]。在后来的危险（源）属性的分析脉络上，有两个理论分支贡献巨大。其一，风险社会理论。该理论认定在风险社会中，危险源的“人化”特征与不确定性增加，从而改变了人们以往对危险源的认知。其二，风险的社会建构理论。其核心观点是：危险源不再被简单认为是客观的，而是社会行动主体的感知产物。这样一来，危险源不再仅仅存在于自然 – 科技领域和社会层面，也被扩展到人们制造出来的风险和感知到的危险。相应地，危险源也从造成灾害的单一自变量变成了受社会层面与建构层面影响的因变量，危险源便具有主客观连续统的属性，极端事件是灾害发生原因光谱（reason spectrum）上的一部分，而不是原因光谱的最后一环（end of the spectrum）[3]。

在公共管理话语体系中，人文社会科学的“风险”一词与安全工程科学的“隐患”一词，常常指代着危险源。认识与排查隐患成为制订应急预案的前提。在中国政府应急管理实践中，为了进一步落实安全管理责任制度，实现“源头治理”的要求，一直重视通过专项治理行动，在重点行业和重点领域开展针对自然灾害、安全生产、社会安全和公共卫生风险的隐患排查与治理工作。隐患排查旨在对所处区域的各类系统或各个领域存在的可能导致灾害危机的所有隐藏的风险进行识别、评估与削减防缓。隐患排查及治理是常态期公共安全治理的重要组成部分，做好隐患排查及治理工作有助于减少灾害危机发生的可能及其损失。为了增强源头风险治理的主动性，在实践中又探索出较完整的风险评价制度建设体系。风险评价的对象主要是重大政策决策和重大建设项目，风险评价的内容有 4 项：（1）经济效益风险评价，取“内向 + 社会”的维度，受开发主义驱动；（2）技术安全风险评价，取“内向 + 自然”的维度，受科学主义驱动；（3）环境影响风险评价，取“外向 + 自然”的维度，受生态环保主义驱动；（4）社会稳定风险评价，取“外向 + 社会”的维度，受公平正义观和后物质主义的驱动。虽然这 4 种风险评价的功能各异，但它们之间存在着内在的关联性：经济效益风险评价是基础，技术安全风险评价是保障，环境影响风险评价是深化，社会稳定风险评价则是归宿[4]。

在隐患排查和风险评价中，还形成了风险管理的若干政策工具。例如：风险地图（risk map），它是以地图为载体，将关键风险信息作可视化显示，即对关键风险评估结果信息的地图表达[5]，应用于辅助决策；风险地图采用地理信息技术，结合测绘数据，通过计算机的处理，动态地展现风险实况，不仅可以使公众和政府决策人员直观地得知某区域的风险信息，还可以对风险进行评估，快速作出风险预防决策[6]。

2. 脆弱性

“脆弱性”（vulnerability）又译为“易损性”，这是一个极具张力的词汇，意指“被伤害”或面对攻击而无力防御[7]。在灾害研究中，脆弱性一般被定义为暴露于自然危险源之下而没有足够能力来应对其影响。脆弱性概念最早出现在工程领域，而后被社会科学家们扩展到社会 – 经济与政治 – 制度层面。曾有学者列出了学界关于脆弱性的多达 25 种以上的定义[8]。

在安全工程科学所属的科学技术研究传统下，脆弱性的定义常与技术—工程—自然要素相结合。例如，地理学认为脆弱性由高风险区域所决定；气象学认为脆弱性是由于缺乏恶劣天气的预警系统；工程学认为脆弱性同构造结构无法抵抗灾害破坏力相关；环境科学认为环境退化可能导致气候变化和长期灾害，其本身就是脆弱性的重要表现；流行病学则认为营养不良与其他健康因素的差异导致群体面对灾害时的脆弱性不一。总之，在科学技术研究传统看来，加强土地使用规制，建立和有效利用预警系统，提升建筑物的防灾级别，加强资源和环境保护等，皆可作为干预灾害脆弱性的路径选择。

在人文社会科学研究传统下，脆弱性的定义则常与结构—功能—制度—文化相关联。例如，人类学认为脆弱性缘于价值观、态度、实践方面的限制；经济学认为脆弱性同贫困有关，从而导致某些人群在灾害预防、整备、恢复方面的能力缺乏；社会学从社会结构切入，认为脆弱性与群体的种族、性别、年龄、健康等要素相关；心理学认为脆弱性是人们轻视风险并无法很好地处置环境压力；政治学从政治结构、决策行为以及政策执行过程等方面识别脆弱性；在法学视角看来，脆弱性缘于对法律执行的忽视；新闻学则认为脆弱性是由于对灾害危险源认知和应灾意识缺乏而造成的。总之，在人文社会科学研究传统看来，改变人们的风险态度，优化社会结构，关注社会困难群体，加强心理引导，完善政治系统结构并加强防灾减灾政策的执行，消除灾害迷思（disaster myth）并提升媒体能力以教育公众等，都是削减灾害脆弱性的重要方式。

无论哪种危险源一旦转化为灾害，都要依赖脆弱性作为中介，才会对人们的生命财产和社区社会的秩序造成伤害。因此，防灾减灾救灾的重点就由风险隐患排查转到了脆弱性削减方面，即以“不变”（脆弱性的削减）应“万变”（各式各样不确定的危险源）。随着脆弱性研究的深入，逐渐形成以安全工程科学为背景的“风险–危险”模型和以人文社会科学为背景的“压力–释放”模型，作为解释脆弱性的理论框架。

“风险–危险”模型（Risk-Hazard Model，RH Model）源于自然灾害研究的地理学传统，主要理论贡献者是怀特（G.White）和巴顿（I.Burton）。该研究路径强调灾害后果是自然因素与社会因素相互作用的结果。RH 模型将极端事件的影响分为两个组成部分，即面对危险的暴露程度和特定人群的敏感性①，二者是评估灾害影响的基本依据，于是脆弱性被视为具有静态性与结果导向性。

然而，RH 模型无法回答和解释如下的问题：为什么特定人群处于更易于遭受灾害影响的境地？他们是怎样变得脆弱的？哪种人群才是脆弱的？脱胎于结构主义和新马克思主义的美国政治经济学，将脆弱性研究引入政治–经济或政治–生态的理论框架下，强调对社会和经济过程的分析，构建了“压力–释放”模型

① 敏感度（sensitivity）概念源于医学，后被广泛用于投资项目的经济评估中：若某参数的小幅变化能导致经济效益指标的较大变化，则称此参数敏感度高，否则敏感度就低。仿此（反向），在灾害研究中，若小幅的灾变能导致承灾体较大的损失，则称此承灾体敏感度高，否则敏感度就低。敏感度与脆弱性呈正相关关系。根据此原理，可以利用或设计某些设施，以其高敏感度来对灾害及其前兆进行监测预警。

(Pressure and Release Model，PAR Model)。“压力－释放”模型由布本·维斯勒(Ben Wisner)、皮尔斯·布莱克(Piers Blaikie)、特里·坎农(Terry Cannon)等人提出，重点关注脆弱性的产生原因和灾害发生之间的互动关系。该模型更加强调动态性，认为灾害的发生是两种相对力量共同作用的结果，力图说明政治与经济背景是灾害发生的根本原因，这些背景因素同时又塑造了人和组织在灾害中的行为反应。

PAR 模型与 RH 模型相似之处在于都将自然属性与社会属性相结合作为灾害发生的存因考察；所不同的是 PAR 模型更加注重对灾害的社会存因的互动过程分析。政治与经济因素被认为是灾害发生的深层社会因素；政治与经济因素通过影响人们在权利和资源方面的可得性，进而形成如缺乏技能、投资、训练等方面的“动态压力”，最终将某些人群暴露于不安全的情形下，例如处于危险的空间布局下，低收入与高生活风险，缺乏有效的灾害应急准备与措施等；不安全情形与灾害事件的共同作用导致特定人群的受灾状况。与 PAR 模型相对应的是可及性模型(Access Model)，该模型作为 PAR 模型的补充，揭示了权利、资源在不同人群之间的分配过程。此外，PAR 模型还具有管理意义，模型中的“释放能力”就是强调通过一系列的政策行为来减少灾害的影响。

在政策工具产出层面，为了满足地区间脆弱性程度比较的需要，出现了脆弱性指标化与量化研究；随着地理信息系统(Geography Information System，GIS)在灾害研究领域的应用，脆弱性区域制图也被认为是社会科学与自然科学相结合而形成的有效分析工具。在脆弱性指标建构上，以苏珊·科特(Susan L.Cutter)为代表的社会脆弱性指数(Social Vulnerability Index，SoVI)研究影响最广，该研究以美国为样本，利用人口普查数据，对美国各州的社会脆弱性状况进行比较研究。社会脆弱性被分为多个维度来进行测量，包括个人健康、年龄、建筑密度、单个部门经济依赖性、住宅与租用权、性别、种族、职业、家庭结构、教育、公共设施依赖程度等，都成了社会脆弱性指数(SoVI)的构成基础。社会脆弱性指数可用于脆弱性程度的地区间量化比较分析，它的重要功能是用于估计灾害可能造成的各种潜在影响，从而在管理和政策层面进行相关的事前干预。

3. 社会韧性

Resilience，同一个英文单词被译为韧性、抗逆力、恢复力。从中文字面上看，抗逆力是指灾害到来时保持原有状态的能力，恢复力则是指受灾遭到破坏后变成原有状态的能力，二者的视角和着力点不同，而系统抗逆力、恢复力的增强，就意味着该系统具有良好的韧性。

近年来，“resilience”逐渐成为灾害研究的热点，也被引入政策实践。联合国世界减灾大会（WCDRR）通过的《2005—2015 年兵库行动框架》（Hyogo Framework for Action）和《2015—2030 年仙台减轻灾害风险框架》（Sendai Framework for Disaster Risk Reduction），都提出提高国家和社区的抗逆力，并将提高受灾地区的恢复力作为减灾目标。显然，韧性（抗逆力、恢复力）同脆弱性、敏感度呈反向关系。目前，对韧性概念尚未有统一的定义，不同的团体组织对韧性的界定不同。综合来看，对韧性的定义主要有四种倾向：（1）韧性是组织或系统的内在特质；（2）韧性是组织或系统适应灾害的能力；（3）韧性是组织或系统的灾后恢复能力；（4）韧性是组织或系统的学习能力[9]。

同样作为灾害研究的热门关键词，脆弱性概念出现在前，韧性概念出现在后。韧性概念一般都与应对及恢复能力（capacity）和适应力（adaptive）联系在一起，较为典型的如：威尔达夫斯基（A.Wildavsky）将韧性定义为“非预期危险成为现实后的应对能力和迅速恢复力”[10]；路易斯·康福（L.K.Comfort）将韧性定义为“利用现存资源和技能以适应新的系统和操作环境的能力”[11]。

脆弱性和韧性这两个概念之间的关系主要区分为两种情况：一是二者分别处在同一连续统的两极：一极为脆弱性，即导致灾害的原因；另一极则是韧性，即抵抗与应对灾害的能力。脆弱性更多地被认为是暴露于危险中，而造成群体处于危险境地的原因就在于社会、经济、政治、技术、地理区位等因素。从灾害管理周期角度上看，脆弱性关注的是减灾（mitigation）阶段，而韧性关注的是灾害发生后的应对与恢复阶段。二是二者相互包含。一方面，脆弱性包含韧性，韧性是构成脆弱性的一个因素，脆弱性和韧性在能力层面上达成统一。也就是说，脆弱性的定义中同时包含了负面和正面双重作用，它是二者相互作用的结果。另一方面，韧性同样也可以包含脆弱性。脆弱性在韧性社区建设实践中，被当作一种评估与测量工具。互为包含的关系形成了“韧性是脆弱性的一部分，同样脆弱性也是韧性的一部分”。

美国跨学科地震工程研究中心（MCEER）从三个角度阐发韧性。（1）认为促使社区从地震中快速恢复有四个要素：鲁棒性（robustness，又译为健壮性）、冗余性（redundancy）、富足性（resourcefulness）、快速性（rapidity），简称 4R 模型[12]。（2）提出韧性存在于四个系统中：技术（technical）、组织（organizational）、社会（social）、经济（economic）四个领域，简称 TOSE 模型[13]。（3）区分了内源性韧性与适应性韧性。内源性韧性指在灾害发生时，家庭、公司、社区等不同经济体充当力量来源的特质，类似于4R模型中的“鲁棒性”，被译为“抗逆力”较为合适；适应性韧性则指灾害发生时社会组织凭借其努力和独创精神，以克服灾害的消极影响，类似于4R模型中的“冗余性”和“富足性”，被译为“恢复力”较为合适[14]。内源性韧性与适应性韧性的分类法，同笔者曾经将应急管理能力分为潜在的能力与现实的能力[15]，有异曲同工之效。

综上，社会系统或社区的韧性即弹性，可以被理解为这样的能力：通过适应或抵制来预测最小化和吸收潜在的压力或破坏力；在灾难性事件中管理或维护某些基本功能和结构；事件发生后迅速恢复或“反弹”。所谓韧性社区，即指长期适应灾害高发的环境，具有较高的预测预警和反应协调能力，能在灾时不完全依赖外界救援，通过自身防灾韧性，使空间环境、社会结构等方面恢复到灾前状态，并能通过吸取灾害经验，进一步提高防灾韧性的社区[16]。

韧性概念的综合属性及其应用，正在为新时期灾害治理提供着重要政策指导，其突出的表现是落实了灾后可持续恢复。所谓可持续恢复（sustainable recovery），是指由利益相关者以高于物质重建的方式将受灾的社区和区域恢复到灾前水平的过程；也就是将灾后恢复与可持续发展相结合的灾后恢复理念和方法。灾后可持续恢复需要提高居民的总体生活水平，发展地方经济，提升环境质量，以求达成恢复后的社区比灾前更适合生活、工作和休闲，并对灾后恢复长期过程中的群体生活质量持续地予以高度关注。

早期关于灾后可持续恢复的研究，多是基于美国州和地方政府向联邦申请援助或联合国国际援助的经验，主要强调在层级结构下受助方的需求匹配、组织能力、自力更生等因素。近些年来，灾后恢复的一个重要变化就是援助方的多元化，恢复成了一个复杂的交互过程，不同能力与需求的组织在技术、经济、社会等一系列议题上的互动对不同的群体产生了不同的影响。同时，在巨灾的情境下，灾后恢复必然是多元主体的参与过程，灾后的可持续恢复也只能通过利益相关者之间的互动来获得。

值得强调的是，中国汶川特大地震的灾后重建创造了可持续恢复的最新经验。2008年5月12日汶川发生特大地震，在紧急抢险救援尚未完全结束之际，9月19日国务院就印发《汶川地震灾后恢复重建总体规划》，加上10个专项规划、川甘陕3个灾区省年度实施计划、51个重灾县（市、区）具体实施规划，形成了科学的规划体系；中央财政专拨3000亿元建立灾后恢复重建基金；党中央、国务院启动对口支援机制，19个对口支援省（直辖市）全力以赴，共实施对口支援项目4121个，安排资金843.8亿元，还与受援地建立了长效合作关系；三年重建任务两年基本完成，实现了“家家有房住，户户有就业，人人有保障，设施有提高，经济有发展，生态有改善”的重建目标[17]。民间普遍反映，灾前该地区落后全国平均水平20年，经过灾后重建，则超前全国平均水平20年，充分体现了举国体制“集中力量办大事”的优越性和“一方有难、八方支援”的精神风貌。

参考文献

[1] James F. Short, Jr. The Social Fabric at Risk: Toward the Social Transformation of Risk Analysis, American Sociological Review Vol. 49, No. 6 (Dec., 1984), pp. 711-725.

[2] D. Alexander. Confronting Catastrophe, New York: Oxford University Press, 2000, pp.7-10.

[3] R.W. Perry. What is a disaster? in H. Rodriguez, E. L. Quarantelli, R.R. Dynes (eds.), Handbook of Disaster Research, Springer, 2005, pp.9.

[4] 童星，张乐. 重大邻避设施决策风险评价的关系谱系与价值演进 [J]. 河海大学学报（哲学社会科学版），2016（3）.

[5] 沙勇忠，徐瑞霞. 风险信息地图的结构模型及应用 [J]. 情报科学，2010（12）.

[6] 贺桂珍，吕永龙. 风险地图——环境风险管理的有效新工具 [J]. 生态毒理学报，2012（1）.

[7] Lundy, K.C., Janes, S. Community Health Nursing: Caring for the Public's Health. 2nd ed. Massachusetts:Jones and Bartlett Publishers, 2009, pp.616.

[8] S. B. Manyena. The concept of resilience revisited, Disasters, 2006 (4): 433-450.

[9] 王艳，张海波. 灾害抗逆力：定义、维度和测量 [J]. 风险灾害危机研究，2016（4）.

[10] A. Wildavsky. Trial Without Error: Anticipation Vs. Resilience as Strategies for Risk Reduction, in M. Maxey, and R. Kuhn (eds.), Regulatory Reform: New Vision or Old Course, New York: Praeger, 1985, pp. 200-201.

[11] L. K. Comfort, et al. Reframing disaster policy: the global evolution of vulnerable communities, Environmental Hazards, 1993 (1): 39-44.

[12] Bruneau, M., Chang, S., Eguchi, R., Lee, G., O'Rourke, T., Reinhorn, A., Shinozuka, M., Tierney, K., Wallace, W., von Winterfelt, D., 2003. A Framework to Quantitatively Assess and Enhance the Seismic Resilience of Communities, EERI Spectra Journal, Vol.19, No.4, pp.733- 752.

[13] Kathleen Tierney and Michel Bruneau, Conceptualizing and Measuring Resilience: A Key to Disaster Loss Reduction[R], Number 250, TR News, Washton DC:Transportation Research Board, 2007:14-17.

[14] Adam Rose，Defining and Measuring Economic Resilience to Disasters [J], Disaster Prevention and Management :An International Journal，2004 (13)：307-314.

[15] 张海波，童星 . 应急能力评估的理论框架 [J] . 中国行政管理，2009 (4) .

[16] Twigg J. Characteristics of a disaster-resilient community: a guidance note (version 2) [J] . 2009.

[17] 国家发展和改革委员会 . 汶川地震灾后恢复重建主要进展情况 . 2011-5-10.

甘肃典型城市建设与地质灾害风险管控的思考

——以兰州市为例

黎志恒[1]，孟兴民[2]，郭富赟[3]

（1. 甘肃省地质矿产勘查开发局；2. 兰州大学；3. 甘肃省地质灾害应急中心）

摘要 甘肃是全国地质灾害最为严重的省份之一，灾害具有点多面广、突发性强、危害性大等特征。本文以兰州城市建设为例，积极探索城市“开发性”建设与地质灾害风险管控研究。兰州市因特殊的地形地貌和日益加剧的人类工程活动以及降雨等因素相互作用，导致城市区滑坡、崩塌、泥石流、地面塌陷等地质灾害发育，隐患逐渐增多，重大地质灾害多与城市建设密切相关，严重威胁着人民生命财产、建设工程安全，制约着城市经济社会可持续发展。通过对典型城市地质灾害风险实例的分析，以期探索推进黄土高原城市地质灾害风险管控的新技术发展。

关键词 兰州城市，建设工程，地质灾害，风险管控

1. 引言

甘肃省是一个山地高原型省份，全省土地面积 42.58×10^4 km^2，其中山地和丘陵约占 78%。全省 86 个县（市、区）中，有 62 个县（市、区）位于山区丘陵地带，地质灾害隐患主要分布集中于中东南部的兰州、天水、陇南、定西、临夏、甘南、平凉、庆阳、白银 9 个市州，共计 11653 处，占全省地质灾害隐患点的 94%。甘肃省城镇地质灾害发育，以上 9 个市州所在地中，有 278 个城镇受到地质灾害威胁。特别是兰州市作为全国地质灾害最为严重的省会城市，如何结合城市建设做好地质灾害风险管控，既是地质灾害防范中面临的基本问题，也是制

约城市可持续发展的难题。

进入21世纪以来，兰州城市建设高速发展，受人类工程活动和极端气候等主控因素影响，兰州市地质灾害呈现不断高发的态势。典型的如：2002年10月19日城关区青白石打狼沟泥石流；2003年7月6日发生的庙滩子滑坡；2007年9月17日九州石峡口南部山体滑坡灾害，影响了九州开发区约10万人的正常通行；2009年"5·16"九州开发区滑坡，造成7人死亡；2009年9月16日发生的小达坪滑坡，造成3人死亡；2014年8月16日发生了宝兰客专洪亮营隧道滑坡，造成5名施工人员被困；2015年1月，兰州陆续发生了北环路上洼子滑坡、报恩寺滑坡，造成北环路施工中断。总结近期兰州地质灾害的特点，主要表现为人类工程因素对地质灾害的形成起主导作用，平山造地、修路建房、绿化灌溉、建筑加载、采矿挖沙、管道渗漏等因素引发了大量的工程型滑坡、泥石流灾害等。这些问题都与选址勘察、用地评价、规划布局有关[1-3]。因此，开展兰州城市地质灾害风险管控研究极为必要。本文以笔者近年来在兰州市亲历的重大地质灾害应急处置案例为背景，不仅对兰州城市"开发性"建设与地质灾害风险管控进行了深入思考，而且以期为西北城镇化进程中的地质灾害防治科学研究提供参考。

2. 兰州市地质灾害基本概况

兰州市地处青藏高原和黄土高原的交会处，在我国南北地震带的影响范围内，历史上的1125年7级地震及周边的1920年海原8级地震、1927年古浪8级地震都曾引起市区发生大量的滑坡。该城市属于"两山夹一谷"的地貌形态的山城，南北两山以中低山、黄土丘陵地貌为主，主城区处于黄河的1～4级阶地。黄土、泥岩构成的二元结构斜坡特征，阶地马兰黄土、冲积土形成的多层结构斜坡，构成了地质灾害形成的基本条件。城区范围滑坡、崩塌呈带（片）状分布，且集中分布于人类活动强烈的城区河谷高阶地前缘，主要发育在第四系及中、新生界的软弱泥岩地层中。城市地质构造复杂，新构造运动强烈，特殊的地形地貌和日益加剧的人类工程活动以及降雨等因素相互作用，导致滑坡、崩塌、泥石流、地面塌陷等地质灾害十分严重[4-6]。

兰州市历史地质灾害极为严重，自1949年以来兰州市因地质灾害已造成670余人死亡，累计直接经济损失近10亿元[2]（见图1）。

截至2017年底调查资料，兰州市共有地质灾害隐患点2451处，其中：城关区564处、七里河区294处、安宁区102处、西固区557处、红古区147处、榆中县368处、皋兰县131处、永登县288处。按灾害类型分：滑坡345处、不稳定斜坡1639处、崩塌199处、泥石流256处、地面塌陷12处。受威胁人口51.4万人，受威胁财产354.57亿元，主要集中分布在主城区、人口密集区，成为中国乃至世界上滑坡、泥石流灾害最严重的大型城市之一。

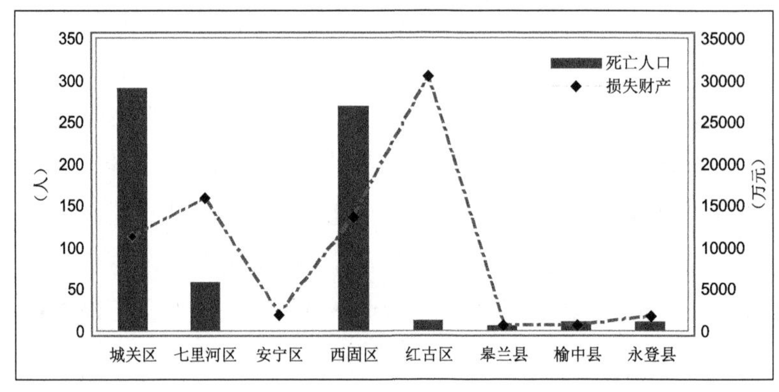

图1　兰州市各县区地质灾害历史灾情

3. 城市建设对地质灾害的影响

兰州市城市人口由新中国成立初期的17万人增长到现今的300余万人，城区面积也由16km^{2}扩展到250km^2。初期的兰州市城区主要坐落于远离山前的黄河Ⅰ、Ⅱ级阶地上。随着城市建设规模的扩大，城市建设不断地向黄河两岸山前地带拓展，由此而引发的地质灾害问题，成为目前乃至今后一段时间内很难改变的局面。兰州市也因此进入了我国地质灾害最为严重的省会城市行列。兰州城市建设引发的地质灾害，主要表现为开挖坡脚、平山造地、矿山开采、堆渣以及建筑挤占行洪通道等。

3.1　城市建设开挖坡脚

兰州市两山夹一谷的特殊地貌类型，形成了特殊的用地格局。随着河谷区用地不断消耗，城市建设不断向南北两山斜坡地带扩展，使得市区两山山前地带普遍存在着开挖坡脚、占地建设现象。城市建设切坡工程形成了大量的数米乃至数十米高的黄土边坡，严重破坏了斜坡的原始稳定性，使得崩塌、滑坡隐患非常发育，威胁着坡脚、坡顶居民的人身和财产安全。同时，残留的四级阶地形成的高陡边坡上下均已开发成建设用地，以伏龙坪、华林坪、晏家坪、徐家坪、桃树坪、盐场堡等区域的边坡最为典型，已构成城区地质灾害的高发地带，也是兰州市地质灾害防治的重点地段。这类灾害具有点多面广、单体规模小、突发性强又难以预防等诸多特点，虽然规模较小，一旦发生灾害，往往造成毁灭性的灾难[7-10]。

兰州市境内有陇海等 4 大铁路干线及 6 条国道相交会，省道、南北两山前缘绕城公路、乡村道路等也较为发达。铁路沿线、隧道出入口的边坡防护工程较完善，边坡稳定性较高。崩塌、滑坡等灾害主要分布在近年来修建的城市交通沿线，这些交通干线多沿沟谷坡脚修建，对地质环境的扰动较为强烈，尤其是削坡工程使斜坡变高变陡，为地质灾害的发生埋下了隐患。建设工程形成的大量高陡人工黄土边坡，虽部分进行了防护措施处理，但局部发生边坡失稳滑动造成公路中断的现象时有发生。特别是自 2015—2018 年 8 月期间，北环路建设及运营过程中已连续引发了上洼子、凤凰山等四处滑坡，给城市交通干线的安全运行造成严重危害。

3.2 扩展空间平山造地

近年来，随着城市用地需求不断扩大，主城区及新区开展了大规模的平山造地工程，其对地质环境的扰动强度远远大于自然侵蚀过程。平山造地不仅对原地貌形态进行了剧烈改变，同时由于挖垫方形成的人工高边坡集中形成了新的地质灾害隐患。

平山造地形成的边坡主要分布于城市周边的黄土丘陵区和高坪区，主要采用挖垫方形成建设用地，边坡结构主要为黄土边坡和黄土基岩混合边坡两种结构的边坡类型，建设工程往往形成高达数十米甚至百米的挖方或垫方边坡。特别是部分地段在土地开发时将坡顶推平后产生的土方顺斜坡松散堆积，易在降雨作用下发生堆积层滑坡，该类边坡灾害将是未来城市地质灾害重点防治的对象。同时填土易形成填土沉陷灾害，这在桃树坪、碧桂园等平山造地开发区已有出现。

3.3 矿山采空及堆渣

兰州市窑街矿区、阿干矿区是计划经济时期建立的老矿业基地，煤矿开采形成的采空区引发上覆围岩体的变形和破坏，导致地表产生裂缝和塌陷，毁坏地面上的建筑物、道路及农田等，造成了重大经济损失。工矿区开采引发大部分老滑坡复活或局部活动，如山寨坪滑坡等。大规模发生的滑坡不仅直接破坏矿山地质环境，威胁居民安全，同时也为矿区沟谷泥石流的形成提供了物质条件，如阿干矿区的大西沟泥石流等。采沙取石是兰州市城市建设的重要建筑材料源，在城区黄河及大型沟谷Ⅲ级以上阶台地中分布着丰富的砂石料资源。历史上大量无序的采沙者采用冲蚀淘采形式进行不合理的开采，引发崩塌、滑坡及地面塌陷等灾害。如城区南部笋箩沟中游左岸Ⅳ级高阶地中前缘李家庄段，就是因长期的历史采沙引发山体失稳，这个区域经历了近50多年的开采，村庄西侧山体出现采空塌陷裂缝、塌陷坑及局部出现滑坡、崩塌等灾害隐患，直接威胁人口330余人。

3.4 建设工程挤占行洪通道

兰州市城市建设用地缺乏，导致建设用地不断向山区拓展，同时也不断向沟内扩展。这一现象在南北两山都表现得极为突出。例如李麻沙沟，这一流域面积近70km^{2}的沟道内，已建成的各类建筑物严重挤占了行洪通道，主沟仅保留5m宽的人工渠道作为排洪通道，极大地加剧了地质灾害的隐患危险性。位于青白石的大浪沟先后在2003年、2018年两次发生泥石流灾害，造成了严重的财产损失。兰州市南北两山分布有较大规模的泥石流沟64条，一旦遇到极端降水天气，极易引发地质灾害。

图2 李麻沙沟下游的人工建筑物分布图

4. 城市建设引发地质灾害的典型案例

随着城镇化速度的推进，兰州城市基础设施、旧城改造、水利、土地开发等建设工程有较大幅度增加，以及工矿企业人类工程活动加剧等因素的影响，造成的经济损失和社会影响是巨大的，比较典型的案例包括南山路、北环路绕城公路建设，引发的南北两山斜坡及前缘地带，如皋兰山、北环路滑坡、泥石流等灾害频发；海石湾煤矿、阿干镇矿山建设人类工程活动等造成滑坡、塌陷、泥石流等灾害规模之大[11-13]，实属罕见。

4.1 兰州市九州开发区石峡口滑坡灾害典型案例分析

九州开发区位于兰州市城关区北部、白塔山和五一山之间、罗锅沟沟谷内。区内地质构造较复杂，加之由于坡顶长期绿化浇灌，降水入渗和城市扩建，山下居民削坡建房，使区内斜坡失稳，滑坡、崩塌等灾害屡屡发生，属于地质灾害高发易发区。

4.1.1 九州石峡口滑坡灾害概况

2007 年 9 月 17 日上午 10 时 15 分，兰州市九州石峡口发生第一次大规模滑坡，滑坡体积约 $6.2\times10^4m^3$，整体缓慢蠕动下滑，大量黄土和岩块滑落，堵断罗锅沟主洪道，并压埋九州大道，造成公路中断，给九州开发区及周边约 10 万居民道路通行、100 多家单位的正常生活和生产造成了极大的不便，同时也严重威胁滑坡体对面的武警甘肃总队油库，影响罗锅沟正常的污水排泄和汛期泄洪。2009 年 5 月 16 日，九州开发区石峡口山体滑坡，滑坡体积约 $2\times10^4m^3$，滑体下方一幢居民楼两个单元被摧毁，造成 7 人死亡、1 人重伤，紧急撤离险区群众 163 户 600 余人（见图 3）。

4.1.2 九州石峡口滑坡灾害风险分析

2007 年 9 月 17 日和 2009 年 5 月 16 日发生九州石峡口滑坡灾害。这一城区地质环境复杂，尤其是地形地貌条件、地层岩性等为滑坡发生奠定了基础，除大气降水对斜坡稳定性的影响外，坡顶上浇水绿化也是促使滑坡的诱因之一。这两次滑坡灾害二者平面距离不足 50m，均处于罗锅沟右岸斜坡，地形高陡，山体总高度 140m。滑坡剪出口位于前寒武系变质片岩中，呈波状起伏，位置高出地面约 30m。滑坡的特征和成因为降雨及不合理的人工绿化灌溉，高陡的地形是诱发该滑坡复活的主要因素。该区域为地质灾害的高风险区。

图 3 兰州市九州大道石峡口滑坡（2009 年）

4.2 兰州市北环路滑坡灾害典型案例分析（2015 年）

4.2.1 北环路滑坡灾害概况

2015 年 1 月 12 日和 1 月 25 日，位于兰州市北环路安宁区沙井驿凤凰山上洼子北侧和凤凰山报恩寺东侧分别发生滑坡灾害[14-15]。

（1）上洼子滑坡

2015 年 1 月 12 日 16 时 20 分，凤凰山上洼子北侧山体发生滑坡（见图 4），造成坡体中下部在建的北环路长约 300m、高约 15m 的路肩边坡被毁，严重影响北环路的正常施工。滑坡体位于凤凰山南坡，地处黄河Ⅲ级阶地，属于侵蚀堆积黄土丘陵和河谷阶地地貌类型。由于滑坡发生初期变形缓慢，人员及时发现并撤离，未造成人员伤亡。该滑坡划分为东侧的 H1 滑坡（滑块）和西侧的 H2 滑坡（滑块）。H1 滑坡（滑块）沿滑动方向最大长度 270m，平均宽度 200m，面积 $3.90 \times 10^4 m^2$，平均厚度 20m，总方量 $78.5 \times 10^4 m^3$；H2 滑坡（滑块）沿滑动方向最大长度约 200m，平均宽度 80m，面积 $1.49 \times 10^4 m^2$，平均厚度 18m，总方量 $33.5 \times 10^4 m^3$，为黄土泥岩切层滑坡。

（2）凤凰山报恩寺滑坡

2015 年 1 月 25 日凌晨 5 时许，凤凰山报恩寺东侧 300m 处山体发生滑坡（见图 5），造成坡体上的 3 座高压线塔及下方在建北环路路肩边坡损毁，未造成人员伤亡。报恩寺坐落于滑坡东侧，地处黄河北岸，属凤凰山南坡老滑坡群的 3

号滑坡前缘复活。凤凰山 3 号老滑坡具有多期、多级、多次活动的特点，该滑坡沿滑动方向最大长度 815m，滑坡体平均宽度 420m，面积 $34.23\times10^4m^2$，滑体平均厚度约 45m，总体积 $1540\times10^4m^3$，为深层特大型黄土 – 泥岩切层滑坡。

图 4　兰州市北环路上洼子滑坡

图 5　兰州市安宁区凤凰山报恩寺滑坡

4.2.2　北环路滑坡成因及风险分析

上洼子滑坡成因分析：该滑坡为老滑坡的复活，其变形以浅层 – 中层变形为主；由于陡峭的地形条件、岩土体结构和人类工程不合理地开挖坡脚等，是导致滑坡发生的直接因素。报恩寺滑坡成因分析：在降雨、地震及强烈人类活动（平山整地、开挖坡脚、坡顶堆载、绿化灌溉等）影响下坡体极易变形，进而改变凤凰山 3 号老滑坡的稳定状态，产生大范围深层的复活；滑坡滑动后，后壁表层风积黄土一直处于不稳定状态，小规模的崩落现象时有发生。北环路的这两处滑坡，对其道路建设施工、前缘沙厂建筑设施、坡下停车场、铁路枢纽编组站相关设施及人民生命财产安全构成了威胁，为地质灾害的高风险区。

4.3　兰州市海石湾煤矿滑坡典型案例分析（2018 年）

2018 年 4 月 9 日中午 12 时左右，兰州市红古区海石湾煤矿上工业广场老滑坡复活蠕变，发生滑坡灾害。窑街煤电集团海矿上工业广场位于老滑坡体上，滑坡破坏了矿区广场、道路及绿地，没有人员伤亡（见图 6）。

图 6　兰州市海石湾煤矿“4· 9”滑坡（2018 年）

4.3.1　海石湾煤矿滑坡概况

滑坡中心地理坐标东经 102°53′42.60″，北纬 36°22′31.25″。滑坡长 240m，宽 506m，滑向 110 度，滑体厚约 20m，滑体方量约 $300 \times 10^4 m^3$。滑坡位于海矿主立井东侧，距离主立井约 7m，距离副立井约 30m。特殊的地形地貌、岩土结构为老滑坡复活创造了有利条件。

4.3.2　海石湾煤矿滑坡成因及风险分析

（1）滑坡成因及特征

滑坡成因：水的作用为主要诱发因素；弃渣的超量堆载为次要诱发因素。

滑坡的影响因素：一是地貌与地形条件，区内梁峁起伏、沟壑纵横，自然斜坡陡峻，坡脚沟谷深切，地形多呈上缓下陡阶梯状陡坎。二是地层岩性，主要为老滑坡堆积碎石土及新近系砂岩、泥岩。滑坡复活滑动后，滑体内含水量高，出露的桩间土下部含水量局部呈软塑状，4# 桩前冒水，降低土体抗剪强度，地下水是该滑坡的主要诱发因素。

（2）滑动的风险分析

海石湾煤矿上工业广场建设初期即出现老滑坡复活。自 1994 年以来，滑坡每年在蠕变，坡体年蠕变位移约 0.4 ～ 0.8m。 由于降雨和矿区人工排水形成的水体渗漏，造成滑体含水量高，部分接近饱和，局部呈软塑状，降低了土体强度，加重了土体自重。海矿生产的主立井、副井、锅炉房等建筑均在老滑坡上部平台。据监测资料分析，滑坡滑动后仍处于不稳定状态，威胁着矿区的生产、生活和财产安全，属地质灾害高风险区。

5. 城市地质灾害风险管控的对策

兰州市城市地质灾害极为严重，如何做好地质灾害风险管控是摆在政府面前的重要课题，综合自然资源管理、城市空间规划和目前国际、国内在地质灾害风险管控方面的有效做法[16-18]，提出以下对策建议。

5.1 科学规划，合理布局，构建城市安全的预防格局

甘肃地质灾害发育的大多城市分布于山区，城镇化形成的人口、财产比较集中。因此，规划的人口密集区域或重要保护对象宜避开地质灾害高风险区。结合兰州城市建设规划，城区沿坡地带尽量调整为城市景观带；沿沟地带两侧规划为城市道路缓冲带，也可称为灾害的缓冲带，避免类似舟曲山洪泥石流在行洪通道出现的灾难。合理布局城建工程，减少对自然基础的破坏，以使城镇空间体系与地质灾害防治、生态安全格局相适应。重视地质灾害防治与土地利用的结合，将综合治理区域作为未来的景观建设区或视治理情况划定出建设区，以构建地质灾害综合治理的城市地质环境安全预防格局。

5.2 加强城市地质灾害风险管控理念的科普宣传

充分利用现代科学技术，提高地质灾害信息采集精度、突发灾害处理水平和信息共享机制；注重人才队伍的建设，建立科学的人才培养、引进、交流、培训机制，建立健全防灾机构，改变人才匮乏的现状；充分利用广播、电视、网络、报纸、杂志等媒体，广泛宣传防灾减灾及风险管控的重要意义，将生态地质环境保护放在重要位置，吸收国际上的先进经验，宣传地质灾害风险管控的理念，将城中村改造、建设区段选址、地质灾害治理和土地整治开发有机结合，达到扶贫富民、消除灾害、扩展用地的多赢效果，将其成功经验积极推广。

5.3 建立与城市建设相适应的地质灾害防治技术标准

根据甘肃实施的地质灾害综合防治体系建设工作，加快建立与城市建设相适应的地质灾害综合防治体系的国家技术标准，完善城市建设与地质灾害防护措施的地方行业规程。理论与实际结合，重视地质灾害的特征信息研究，逐步完善监测、预警系统。加强基层人员基本技能及群测群防能力培训，加快专业人才的培养，提升地质灾害专业监测水平。面向国际科技前沿，着力攻破城市建设中地质

灾害风险管控与防范管理的关键技术，提高城市地质灾害风险管控与防治的管理水平。

6. 结语

城市是人类社会经济发展和活动中心，我国的城市地质灾害风险管控研究进展迅速。兰州市作为地质灾害最为严重的省会城市，其风险管控难度是极大的，做好这项工作的意义也十分巨大。本文是笔者长期从事地质灾害调查和应急工作所做的一些思考，希望起到抛砖引玉的作用，唤起大家对城市地质灾害风险管控方面的关注，共同推进地质灾害防治的科技进步。

参考文献

[1]丁祖全，黎志恒．兰州市地质灾害与防治[M]．兰州：甘肃科学技术出版社，2009.

[2]高晖，张永军，张旭光．兰州城区黄土斜坡地质灾害影响因素分析[J]．甘肃地质，2012，21(3)：30-36.

[3]李治财，刘高．黄土滑坡与黄土洞穴的相关性及其相互作用机理[J]．兰州大学学报：自然科学版，2014，50(1)：21-25.

[4]马金辉，年雁云，蔡迪花．兰州地区滑坡风险因素及其与区域构造的关系[J]．自然灾害学报，2006，15(3)：14-17.

[5]王思敬．论人类工程活动与地质环境的相互作用及其环境效应[J]．地质灾害与环境保护，1997，8(1)：19-26.

[6]孟晖，胡海涛．中国主要人类工程活动引起的滑坡、崩塌和泥石流灾害[J]．工程地质学报，1996，4(4)：69-74.

[7]李相然．人类工程活动引起的几种地貌变形灾害及防治对策[J]．宁夏大学学报(自然科学版)，1997，18(3)：277-281.

[8]何红前，陈志新，叶万军等．黄土高边坡变形破坏的基本形式及其机理分析[J]．西部探矿工程，2005(11)：109-110.

[9]李保雄，牛永红，苗天德．兰州马兰黄土的水敏感性特征[J]．岩土工程学报，2007，29(2)：294-298.

[10]王靖泰，李永进，李保雄．兰州黄土的物理特性[J]．水文地质工程地质，1994(4)：12-17.

[11]李保雄，苗天德．红层软岩滑坡运移机制[J]．兰州大学学报(自然科学版)，2004，40(3)：95-98.

[12]周自强，李保雄，王志荣．兰州文昌阁黄土：基岩滑坡临滑预报[J]．兰州大学学

报（自然科学版），2007，43（1）：11-14.

［13］穆鹏，董凤兰，吴玮江．兰州市九州石峡口滑坡形成机制与稳定性分析［J］．西北地震学报，2008，30（4）：332-336.

［14］伦国星，崔志杰等．兰州市安宁区凤凰山上洼子滑坡形成条件及稳定性分析［J］．兰州大学学报（自然科学版），2015（6）：803-808.

［15］李松，黎志恒等．兰州市凤凰山报恩寺滑坡发育特征及变形分析［J］．兰州大学学报（自然科学版），2015（6）：790-796.

［16］李永进，冯学才．兰州市地质灾害特征与防灾战略［J］．甘肃科学学报，2003，15（S1）：30-33.

［17］畅俊杰．兰州市区滑坡泥石流危害、成因及防治对策［J］．水土保持研究，2003，10（4）：250-252.

［18］鲍文，崔鹏．兰州城市发展与山地灾害防治［J］．干旱区资源与环境，2008，22（3）：33-36.

减灾理路创新：气象阈值触发赔付机制 *

段华明

（广东省委党校现代化研究中心）

摘要 气象阈值触发赔付机制，将气温、降水、风速等气象条件与农业产量或气象灾害损益程度相对应，构建天气指数，形成天气指数保险合同，根据天气突变情况，如果达到阈值（临界值）时直接触发赔付，机制性优化救灾补偿，删繁就简灾害损失统计，科学规避虚假灾情，有效降低救灾成本，增强防灾减损动力。这契合防灾减灾救灾的紧迫性和求实性，是防灾减灾救灾的理路创新。

关键词 气象阈值，触发赔付机制，优化救灾补偿，规避虚假灾情，增强减损动力

1. 引言

在灾难报道中，国外出现频率高的是保险损失的字眼。反观国内，长期以来，每当重大自然灾害出现之后，新闻报道必然出现两种数字，一是伤亡人数，二是经济损失。多年来，中央政府主导型的灾害管理和财政救助模式，使得全社会默认政府财政为救灾和重建的主要资金支撑和来源，形成对国家救助和财政资助相当大的依赖性，在极大程度上加重了政府的财政负担，还降低了灾后经济恢复的效率。社会没有树立起起码的参保意识，遇到天灾人祸，眼巴巴地等待政府的拨款和好心人的捐款。这种过度依赖于政府财政支出和慈善募捐的状态，形成反向激励作用，各地方不同程度存在着发生自然灾害依赖观望、伸手向上的思想和现象，为了获得上级财政和社会各界的大力支持，上报经济损失的时候，大都

* 国家哲学社会科学基金项目“我国灾害损失评估的社会学研究”（12BSH024）阶段性成果。

就高不就低，不断出现虚报多报谎报；而发生了事故灾难，却是迟报瞒报漏报。

中国在社会主义市场经济条件下的防灾减灾救灾思路，当是政府危时应急和救助兜底，与灾害风险商业保险平时保障两方面联通并举，更加注重发挥市场机制和社会力量的作用，推动完善多层次灾害救助体系，克服等靠要思想和惯性，对做好预防和赔付有重要意义。

2. 规避天气风险的理路创新

农林牧渔业领域开展天气指数保险具有交易成本较低的优势，为全社会规避天气风险提供了新的思路和方法。曾经有保险公司为水力发电企业提供保险产品，当大坝水位下降到某个数值，影响发电的时候，保险公司就会赔偿发电企业。联合国确定的国际减灾战略要求世界各国要强化灾害保险对防灾救灾的贡献率。世界银行先后在摩洛哥、尼加拉瓜、乌克兰、印度、埃塞俄比亚、秘鲁和马拉维等发展中国家进行农业气候指数保险产品的试点和研发工作。联合国粮农组织、世界银行、联合国粮食计划署、国际农业发展基金等国际机构，法国、美国和加拿大等一些发达国家，都在天气指数农业保险领域投入大量人力财力开展研究与推广实施。

《中华人民共和国突发事件应对法》明确规定，建立国家财政支持的巨灾[①]风险保险体系，并鼓励单位和公民参加保险。中国将天气指数保险纳入农业保险体系，2007 年首家农业保险公司推出首个天气指数保险，在南汇（2009 年 8 月划归浦东新区）西瓜种植区域试点。2008 年，安徽长丰县、怀远县分别作为旱、涝灾产品的研发试点基地。2013 年，九部门联合发布《国家适应气候变化战略》，明确建立健全风险分担机制，支持农业、林业等领域开发保险产品和开展相关保险业务，开展和促进天气指数保险产品的试点和推广工作。

2016 年下半年，广东在全国率先推出巨灾指数保险，保障范围涵盖了台风、强降雨、地震三类重大自然灾害，提供风险保障 23.47 亿元，在保险期间内（1 年）累计向 9 个地市支付赔款 8727.6 万元[②]。2016 年“海马”台风来袭，承保机

① 国际上对巨灾没明确统一定义，一般是突发性、无法预料、无法避免且危害严重的灾难性事故，包括地震、飓风、海啸、特大洪水和风暴潮等，引发严重人身伤亡和（或）巨大财产损失，对区域或国家经济社会产生严重影响。各国根据实际情况对其进行定义和划分，具体精确到级数和破坏程度，显著特点是频率低，但一旦发生，影响范围之广、损失程度之大会超出预期，仅依靠政府救助和捐赠远远不够，巨灾保险是转移风险的有效方式和必要选择。

② 数据出自：李晶晶，极端天气频发 天气险销量走高，信息时报（广州），2017 年 7 月 26 日。

构在1天内立即赔付（全国巨灾保险赔付最快一笔）。2017年8月，强台风“天鸽”触发两个地市的保险赔付阈值，承保机构迅速赔付1200万元和1000万元。至此，广东巨灾指数保险累计赔付超过1亿元。2017年9月，广东省政府采购中心将巨灾保险服务机构采购项目分包进行公开招标，推动巨灾指数保险扩面提质增效，实现巨灾保险全省覆盖。为进一步体现巨灾指数保险的风险平滑作用和效果，新的巨灾保险合同服务期从原来的1年延长至3年，便于从更长的时间期限内对巨灾保险成效进行总体评估，提高保险服务水平。

作为完善多层次灾害救助体系的重要组成，巨灾指数保险创新在于指数保险模式的应用。一是有利于提高整体抗风险能力。广东巨灾指数保险由政府作为投保人和被保险人，灾害发生后，直接由保险公司赔付给地方政府，再由政府统一安排救灾。通过政府转移支付，使保险赔付资金全面覆盖受灾地区，特别是那些没有保险意识或没有经济能力购买商业保险的企业和群众也将从中受益，防止“因灾致贫”“因灾返贫”，有效提高受灾地区的整体抗风险能力。二是对财政支出有放大效应。巨灾发生后，各级政府在履行应急响应、灾难救助、灾后重建等公共责任过程中可能发生大额财政支出。巨灾保险通过运用大数法则，能充分发挥费率的杠杆作用，提供经济补偿，对财政支出具有放大效应，是科学化、制度化、市场化应急救灾财政资金保障体系的重要组成。三是赔付效率大幅提升。巨灾指数保险的赔付触发机制来自气象部门公布的灾害等级，在这些客观参数达到阈值时，无须查勘定损即可按合同约定的保险赔付资金支付给地方政府。赔付标准客观、公开、透明，可复核、可监督，避免了损失勘验、赔偿核实、赔付争议等问题，有利于节省救灾时间，提高救灾效率。由于广东各地市自然条件、经济社会发展水平等情况存在较大差异，因此巨灾保险试点工作坚持因地制宜的原则，根据当地灾害特点及经济规模、保险缺口、财政负担等因素，从台风、强降雨、地震三种重点灾害中选择1～3种进行投保。承保公司针对试点地市政府需求，采用“一市一方案”的做法，设计保险方案，量身定制个性化的产品和费率。

3. 广东气象阈值触发赔付机制的嬗变

2016年，广东省推动气象阈值触发赔付机制，将气温、降水、风速等气象条件与农业产量或气象灾害损益程度相对应，构建天气指数，形成天气指数保险合同，根据天气突变情况，如果达到阈值（临界值）时，直接触发赔付。气象阈值触发赔付无须报案，直接对接中国气象台等公开发布的官方数据，不需要人员专门勘察实际损失，是否赔付，赔偿金额多少，依据的是标准化合约，只看有没有达到事先约定的指数值，当指数达到一定标准时，系统便可以自动启动理赔，赔付实效明显提高。在同一农业风险区域内，所有天气指数保险费率相同，不需要进行风险差异分类，发生损失时赔付相同。而且只要符合条款规定的气象条件，出现一次就理赔一次，气象异常的“恶劣”程度越高，赔付系数也会越高，连续天数越长赔得就越多。

3.1 机制性优化救灾补偿

查灾核灾是传统灾害损失评估的难点，对农业因遭受自然灾害、意外事故导致的经济损失，要测算实际产量或收入损失，往往都要经过二次定损。对尚在生长期的农作物、水产品很难测算造成了多少损失，要比照过往的平均产量确定损失，操作起来复杂而拖拉，农民得不到及时补偿。气象阈值触发赔付是把复杂问题简单化，依照的是客观的天气指数，赔款系统自动赔付，不需要工作人员舟车劳顿“下田”专门勘察实际损失，减少了灾害损失评估经常在定损、查险、估价、补偿等方面存在的较大分歧，时效还更快。农作物产业化急需简单易操作的方式来规避自然灾害带来的重大损失。

3.2 删繁就简灾害损失统计

传统政策性救灾补偿和灾后重建，依据的是逐级上报的灾害损失统计。由于多部门调查及数据收集，灾损重复计算，灾情统计信息精准性、时效性较差，灾害损失汇集的信息容易失真，难以及时准确地反映灾情并分析防灾减灾和应急措施的成效与不足。为了试图保证灾情统计和救灾款项管理，系统设置操作烦琐，台账越做越冗杂。气象阈值触发赔付机制使得灾损统计删繁就简，只管天上数据而不论地下情况，天气发生异变时只需从气象部门获得相应的数据，而气象数据资料相对齐全完善，获得气象信息数据比较容易，也比较准确。

3.3 科学规避虚假灾情

以往灾损逐级上报时，灾情报告往往存在夸大灾害损失或人为制造损失的情况。气象阈值触发赔付机制不需要专门统计报送损失情况，依据的气象数据客观透明，触发赔偿自动发生，能够有效规避虚假灾情。

3.4 有效降低救灾成本

由于无须人工参与，不用测算实际损失，其理赔程序和技术相对易于操作，承保、理赔等环节简便高效，免去了对灾情统计审核勘察过程的大工作量，不需要时常进行监督，减少了大量人力物力财力资源的耗费。与其灾难突如其来时政府抢险救援花费大量财政开支，尚不如提早给农户投天气指数保险，将农业系统风险转移到金融与再保险市场，利用资本市场分散和规避农业风险，克服救灾不计成本、形成浪费致灾的积弊。

3.5 增强防灾减损动力

由于气象阈值触发赔付不是按灾害损失计算赔额，而是根据现实天气指数和约定之间的偏差进行标准统一赔付，额外损失责任由自己承担，能够产生正效激励：关心如何防止损失发生，致力于减少无谓损失，降低风险，放手改善生产和住房条件等基础设施，这样赔付下来就等于赚了；若只是等着赔偿，额外损失只能自己承担，连本都保不住。这种严格规范的赔付标准有利于克服等靠要思想和惯性，提高农户的生产积极性，增强防灾减损动力。

3.6 契合防灾减灾救灾的紧迫性和求实性

气象阈值触发赔付通过机理机制创新，彰显多种优势，提高救灾的技术含量，减缩灾损评估时间和空间上的环节和流程，免去了大工作量核灾的成本，也免去了在核灾过程中的争议周旋，更免去了可能出现的道德风险与逆向选择，能够极大地减轻财政开支负担。引入救灾成本效益核算商业保险机制，在加强气象设施建设的基础上推出天气指数保险，建立有效补贴、专业化的农业气象阈值触发赔付机制，健全灾害损失评估联动工作机制，建立受灾补偿费分担机制，是防灾减灾救灾的有效途径和改革方向，大有可为，前景广阔。

4. 互联网助推天气指数保险

近年来，互联网和大数据技术的发展，提升气象指数制定技术，加速了国内天气指数保险的发展进程，使保费和保额都相对较低的农产品成为可能，天气指数保险以客观气象数据作为理赔依据，整个流程可以在网上自动完成，理赔更加自动化、效率更高。互联网农作物天气指数保险以最快的时间让农户获得补偿。

2016 年底，北京一家互联网公司携手保险公司成立了“气象保险 DIY 平台”，基于气象大数据模型和保险精算模型，将天气指数保险产品的设计和生成开放给用户，用户可以根据自己面临的天气情境在手机上快速定制一份个性化的天气指数保险，保险公司负责承保，保单可瞬时生成。当实际天气状况达到设定的赔付条件时，保险公司会予以即时赔付。

5. 中国灾害风险保险试点述评

中国正在建立灾害风险保险制度，灾害风险政策性保险提上议事日程（如在 2003 年非典时期，明确规定把非典列入灾险范围之内），旨在实现灾害风险的整体性管理，提高灾害风险损失补偿效率，更好地实现风险分散。2013 年，中共十八届三中全会《关于全面深化改革若干重大问题的决定》提出，完善保险的经济补偿机制，建立巨灾保险制度。2014 年，国务院《关于加快发展现代保险服务业的若干意见》第十条，就建立巨灾保险制度进行了全面阐述。2013 年，中国保监会批复深圳、云南、宁波、厦门为巨灾保险方案首批试点地区。

5.1 深圳方案侧重保人身

2013 年 12 月，《深圳市巨灾保险方案》出台，由市政府出资向保险公司购买巨灾救助保险，用保险杠杆撬动灾后救助体系，提升深圳应对巨灾风险的能力和水平。2014 年起，深圳市每年固定拿出财政资金 3600 万元，与中国人民财产保险深圳分公司签订巨灾保险协议书，只要在深圳辖区发生暴雨、洪水、台风等 15 种自然灾害时，处于深圳行政区域范围的自然人（包括深圳市户籍人口、常住人口以及临时来深人士），如果遭遇人身、财产损害，均可获得相应的巨灾保险保障，每人每次灾害人身伤亡救助最高金额 10 万元，每次总限额 20 亿元。深圳市还另外拿出 3000 万元作为巨灾保险基金，并吸收企业、个人等社会捐助，形成应对巨灾风险的公共平台。

5.2 云南方案侧重保房屋

2015 年，云南在全国率先试点农房地震保险。云南 50% 以上的农房为土木结构，往往小震大灾、大震巨灾，因此巨灾保险以保地震农房损失为主。由共保体、再保险公司、财政部门按照“政府 + 市场”机制运行，分级赔付。赔付率≤150% 由共保体承担；150% ＜赔付率≤ 300% 时，超赔再保险承担；赔付率＞

300% 时，巨灾风险准备金赔偿；对于预计赔付率在 300% 以上且巨灾风险准备金耗尽的情况，政府启动财政兜底预案。

5.3 宁波方案实施效果明显

2014 年 11 月，宁波市建立财产和人身伤亡相结合的公共巨灾保险制度，三年试点，市政府首年出资 3800 万元向保险机构购买总保额 6 亿元的自然灾害险，2016 年和 2017 年每年保费增加到 5700 万元，总保额增加到 7 亿元，其中 6 亿元为自然灾害险，1 亿元为公共安全险。2018 年起公共巨灾保险正式实施。

宁波巨灾保险的保障范围为当地容易遭受的台风、龙卷风、强热带风暴、暴雨、洪水和雷击及其引起的突发性滑坡、泥石流、水库溃坝、漏电和化工装置爆炸、泄漏等次生灾害造成的人身伤亡抚恤及家庭财产损失救助；保障对象为灾害发生时处于宁波市行政区域范围内的所有人口的人身伤亡抚恤，以及市行政区域内常住居民的家庭财产损失救助。保费支出由财政统筹安排，第一年受益人群约 1000 万，此后根据每年实际赔付及风险保障变动情况，对保险费率进行调整。造成居民住宅进水 20 厘米以上或房屋损毁，居民可从保险机构获得 500 元至 2000 元不等的救助赔款；造成人员伤亡，可从保险机构获得 1 万元至 10 万元不等的抚恤赔款；因见义勇为行为导致伤亡、残疾的，由保险机构赔付最高每人 10 万元的增补抚恤赔款。2016 年起增设公共安全保险项目，在发生火灾、爆炸、群众性拥挤踩踏、恐怖袭击等重大公共安全事件后，无法找到事件责任人或责任人无力赔偿情况下，保险机构给予受害者最高 10 万元的人身伤亡抚恤理赔；对需要安置的受害者，给予每人每天 90 元最多 90 天的安置费用补偿。

宁波巨灾保险的直接动因是 2013 年“菲特”台风影响，该市受灾人口 248 万，直接经济损失 333 亿元，保险公司赔付额超过 37 亿元。这一数字 3 倍于新中国成立以来宁波保险业的累积利润。由政府为市民买单巨灾保险，对保险公司是个输血，分解了可能出现的灾害风险负担。公共巨灾保险实施三年来，先后经历了“灿鸿”“杜鹃”“莫兰蒂”等台风灾害，累计向 16.8 万户（次）居民家庭支付救助赔款 9521 万元。2017 年第三方专业评估机构对公共巨灾保险试点绩效评估，结果显示有 83.7% 的受灾群众对实施效果感到满意。

5.4 厦门方案有独到之处

厦门市 2006 年始为农村住房投保农房统一保险，2009 年为常住人口投保市民自然灾害公众责任保险。2016 年第 14 号台风“莫兰蒂”对厦门市造成了严重影响，促使2017年5月厦门市巨灾保险制度落地，采用“政府主导、商业保险经办、社会化参与”模式。与过去“两险”相比，巨灾保险有五点进步：（1）保障人群全覆盖，以灾害发生时处于厦门市行政区域范围内的所有自然人作为保障对象，赔偿标准上实行城乡一体无差别。（2）保险限额更高，人身伤亡最高20万元、住房损失最高10万元、财产损失最高5000元的赔偿，均为目前全国巨灾保险的最高标准。（3）责任范围更广，包含地震、台风、暴雨、洪水、雷击等15种自然灾害；居民家庭火灾、森林火灾；无责任主体或责任主体无赔偿能力的突发公共安全事件。（4）赔偿处理更快，在灾发或接到报灾后24小时内前往受灾现场，开展勘险、理赔服务。在索赔单证齐全、双方达成一致意见后，赔偿金3个工作日内直接支付到受灾人员提供的个人账户。（5）建立风险准备金制度，在低赔付年份，把部分结余保费转为风险准备金，这一做法减轻了财政资金压力，为加大巨灾保险分保、建立政府基金、探讨巨灾证券化提供了空间。

适应中国国情，迫切需要充分运用商业保险资源，对于高自然风险地区和易发灾害地区，由政府出面组织参与商业保险，并限额承保，这有利于确保灾民在灾后得到及时救助，有利于灾区的社会稳定和生产生活尽快恢复。应当改变举国行政体制救灾的机制，使商业保险行业更好地进入灾害风险保险体系，发挥资源配置作用，构建中央政府政策主导指引和地方政府分配统筹，政府、保险公司和社会共同协作的灾害风险保险机制，能够在灾害到来之时，使各方面发挥最大合力作用，将损失程度降到最低。

灾害社会工作让城市更具韧性

——社区灾害社会工作的深圳实践

张卓华，陈火星，徐晓磊
（深圳市社会工作者协会）

摘要 随着城镇化进程加快，城市这个开放的复杂巨型系统面临的不确定性因素和未知风险也不断增加。在各种突如其来的自然灾害和突发事件面前，往往表现出极大的脆弱性，这些脆弱性正逐渐成为制约城市生存和可持续发展的瓶颈问题。如果城市社区居民在面对这些突如其来的灾害和风险事件时，展现较强的“复原力”“抗逆力”，将在很大程度上减轻灾害和突发事件的影响。社会工作者对灾害突发事件的积极回应和专业的服务，无论从对受灾人员个体的心理抚慰、回应社区需求的社区重建、社区生计发展等，均为受灾个人、社群、社区的韧性建设提供了不同程度的支持。

关键词 灾害，社会工作，社区防灾减灾，韧性城市

1. 引言

“让城市更具韧性”是联合国减灾署发起的全球运动。联合国减灾战略署2016年的新年问候“坚韧的人，坚韧的星球”，2017年墨西哥召开的减灾大会也提出建设安全有韧性的世界。中国与有关国家、联合国机构、区域组织广泛开展防灾减灾救灾领域合作，从国家层面发布实施《国家综合防灾减灾规划（2016—2020年）》，推动落实联合国2030年可持续发展议程和《2015—2030年仙台减轻灾害风险框架》。

当城市日益成为复杂的巨型系统，同时也越来越脆弱，韧性观念为城市的发展提供了新的思路，韧性观念被广泛运用于城市规划、减防灾，城市安全与预

警、应对经济危机和人口老龄化、应对交通污染和环境变化等方面。毋庸置疑，韧性观念为推动城市减防灾提供了新的思路和新的行动指南。深圳作为一个快速发展的现代化大城市，经济社会的快速发展，现代建筑与城中村交织的建筑分布、外来人口和流动人口的巨大体量、亚热带海洋性季风气候、复杂的海滨低丘地貌形态导致台风暴雨、洪涝灾害、边坡危险等自然灾害容易发生，对深圳城市的社会韧性和生态韧性提出了巨大的挑战。由于人们要在一定的社会里生活（不管他们之间是何种共生关系——共同利益或不同利益的相依性），就会发展出一定的，基于某种社会关系的连接性，在一定的阈限中这种连接性就是社会韧性。在心理学和社会工作学科，韧性还被称为“抗逆力”“复原力”[1]。当韧性观念用于灾害研究领域，其最大的特点，并不只是受灾地区重建为恢复原来样貌的过程，而是一个比原来更加稳固的状态。社会工作者对灾害突发事件的积极回应和专业的服务，无论从对受灾人员个体的心理抚慰、回应社区需求的社区重建、社区生计发展等，均为受灾个人、社群、社区的韧性建设提供了不同程度的支持。本文希望能够通过梳理深圳社工灾害①服务经验，探索深圳在城市社区减防灾和应急服务中的行动经验与权责困境，以期完善社会工作在灾害服务中的制度和机制，更好地服务社群，建立更加安全的社区，建立更加有韧性的城市。

2. 社会工作介入社区灾害服务的前提和基础

2.1 深圳社会工作 10 年积累为灾害社会工作发展提供了现实基础

2006 年，党的十六届六中全会提出了建设宏大社会工作专业人才队伍的决策部署。同年，民政部在深圳召开全国民政系统社会工作人才队伍建设推进会，要求深圳作为改革开放的窗口、排头兵，承担起探索中国社会工作发展的重任。2007 年，经过一系列的调查研究，深圳市委、市政府在全国率先出台了《关于加强社会工作人才队伍建设推进社会工作发展的意见》及 7 个配套政策（以下简称“1+7”文件），确定了“党委统一领导、政府主导推动、民间组织运作、公众广泛参与”的发展格局；初步建立社工注册准入、继续教育、督导、评估、纪律惩戒等现代社会工作制度体系。得益于“1+7”文件宏观视野的顶层制度设计，经过 10 年探索实践，深圳社会工作的服务组织、社会工作者、服务领域和服务

① 本文中的灾害主要是指自然灾害，也包括基于自然致灾因素和人为因素相互交织产生的事故灾难和意外事故。

成效均取得了显著的成绩。目前，深圳社工服务范围已经覆盖全市670个基层社区，服务项目涵盖老年人、妇女、儿童青少年、残障人士、婚姻家庭、学校、企业、社区等多个群体和场域。深圳专业社会工作从2007年开始探索实践，从2008年“5·12”汶川特大地震开始介入灾害社工服务，鲁甸地震、雅安地震、塔县地震均有深圳社工服务的印记。同时，深圳社工亦积极回应深圳发生的自然灾害和突发事件，可以说灾害社会工作的发展与深圳社会工作的发展相生相伴，也可以说深圳社会工作发展的广泛基础是深圳灾害社会工作发展的基石。

2.2 “三社联动”为社会工作介入社区减防灾提供了切实可行的实践路径

自德国社会学家滕尼斯提出“社区”的概念，1933年费孝通等燕京大学青年学者将英文“community”翻译成“社区”。世界卫生组织1974年将社区界定为:“社区是指以固定的地理区域范围内的社会团体，其成员有着共同的兴趣，彼此认识且相互往来，行使社会功能，创造社会规范，形成特有的价值体系和社会福利。每个成员均经由家庭、近邻、社区而融合成更大的社区。”近年来，我国政府文件中频繁出现“社区”和延伸的社区工作者、社区服务、社区治理等概念。社区已经成为现代中国社会服务体系的基本单元，成为国家社会治理的基本单元。《关于加强城乡社区综合减防灾工作的指导意见》更是明确指出，社区综合减防灾工作是适应全球气候变化、减少灾害风险、减轻灾害损失的迫切需要，是提升政府公共服务水平的重要举措，是强化基层应急管理、建设安全和谐社区的重要内容。在社会工作领域，社区社会工作不仅是社会工作的三大手法，更是社工连接社区、服务社群的重要场域。国家现代化治理体系中以社区为平台、社会组织为载体、社会工作人才队伍为支撑的三社联动的社区治理机制，为社会工作介入社区减防灾提供了切实可行的实践路径。

2.3 法律法规及政策文件为社会组织和社会工作介入灾害服务提供了有力保障

2007年颁布实施的《中华人民共和国突发事件应对法》指出，国家建立统一领导、综合协调、分类管理、分级负责、属地管理为主的应急管理体制，明确提出统一领导的应急管理国家责任；2010年发布的《自然灾害救助条例》提出以人为本、政府主导、分级管理、社会互助、灾民自救的原则，则包含了政府主导、互助、自救的多方责任与多元参与；2013年民政部《关于加快推进灾害社会工作服务的指导意见》指出，积极发挥社会工作在灾前预防、灾中应急与灾后重建中的专业作用，建立一支日常管理规范、应急救援介入高效、训练有素的灾害社工队伍。2014 年公布的《社会救助暂行办法》规定，受灾人员救助包括自然灾害救助制度和国家对因火灾、交通事故等意外事件的临时救助，首次提出政府应当发挥社会工作服务机构和社会工作者作用，为社会救助对象提供社会融入、能力提升、心理疏导等专业服务。2015 年民政部《关于支持引导社会力量参与救灾工作的指导意见》指出，在常态减灾阶段积极鼓励和支持社会力量参与日常减灾各项工作。2016 年国务院办公厅印发《国家综合防灾减灾规划（2016—2020 年）的通知》，强调加强对社会力量参与防灾减灾救灾工作的引导和支持；强化基层灾害信息员、社会工作者和志愿者等队伍建设。

3. 深圳灾害社会工作服务探索

3.1 深圳灾害社会工作志愿服务队的建设

2013 年，民政部《关于加快推进灾害社会工作服务的指导意见》首次明确“灾害社会工作”的概念[①]，并提出建立一支日常管理规范、应急救援介入高效、训练有素的灾害社工志愿队伍。2015 年 5 月 12 日全国防灾减灾日，深圳灾害社工志愿服务队正式授旗。2015 年在市社工协会的统筹下、在深圳山地救援队的协同下，通过行业公开招募、社工自愿报名、机构支持、行业选拔等程序首批 50 名注册社工成为灾害社会工作志愿服务队队员；2016 年该项目获深圳市民政局资金资助，开始探索建立系统化的培训体系和管理体系；2017 年带动各区建立 5 支灾害社工服务队，队伍人数增加到 254 人，2018 年增加到 286 人；探索灾害社工服务指南（标准）、开展日常管理和应急服务在内的信息系统开发。目前，课程体系包括：社会工作知识与实务、减防灾知识、社区风险地图绘制、避险救灾技能、医疗救护、志愿服务、宣传技能、体能训练、团队建设等课程；队伍管理体系包括：队伍日常管理、应急介入流程管理和应急服务工作记录等制度。深圳灾害社工志愿服务队队员平时在自身岗位和社区运用灾害社会工作的知识开展相关工作，在灾害发生和紧急事件发生时能积极响应行业号召参与备灾救灾，专业的人做专业的事，系统的专业训练和队伍建制是能够在社区开展灾害社工服务的关键因素。

① 灾害社会工作是以受灾群众、家庭和社区为服务对象，运用社会工作专业方法，帮助受灾对象修复受损关系、提升发展能力、增强社会功能、走出生活困境的专业服务，是社会工作服务的重要组成部分。

3.2 立足社区需求的灾害社工服务三部曲

从社区需求调研到社区减防灾教育开展，从个案服务到家庭、社区服务的同步重建，从社区减防灾服务行动到灾害社工服务机制建构…… 深圳社工以社区服务为基础，在市区镇三级部门的支持下，开启了灾害社工服务三部曲。

3.2.1 从社区需求调研到社区减防灾教育开展

应对灾害很大程度上是教育的责任，灾害是人的生活的一部分，也是人类智慧的一部分，防灾减灾应成为人的本能和基本素质[2]。在人类越来越依靠技术生产生活，依靠技术发展减防灾，如何提升居民的减防灾意识和能力，在人与人之间建立互相支持的网络，增加社区社会资本，共同应对灾害事件，社区居民的减防灾教育和社区居民的参与和互助，在社区减防灾工作中的重要性日益凸显。2016 年受深圳市民政局委托，市社工协会以灾害社工为骨干，发动社区服务社工参与，选取深圳不同类型的 12 个典型社区为样本，对市区街道社区主管领导开展 48 次深度访谈，对社区居民问卷调查 330 份，有效问卷 326 份，以定性研究和定量研究结合的方式，结合国内外和深圳已经开展的社区减防灾培训经验，拟定了深圳社区减防灾教育培训体系，为有的放矢地开展社区减防灾教育培训奠定了基础。2017 年在龙华区民政局的支持下，龙华区福城、大浪、观湖三个街道通过民生微实事委托市社工协会开展了社区工作人员六个层级、四个模块的培训课程。六个层级指街道分管领导，第一响应人：街道社会事务办，社区工作站和场所产权 / 使用单位负责人；专职联络员：街道社会事务科、社区工作站、场所使用单位各指定一名人员；业务骨干：民政专干、居委会专干；学校安全员；专业社工；志愿者队伍。四个模块指减防灾政策基础、指挥统筹基础方法、专项技能、安全通识四个方面的培训。2017 年 11 月，在福田区政法委的支持下，市社工协会在福田区组建了深圳市原中心城区第一支减灾社工志愿服务队，队员全部来自从事一线服务的福田区注册社工，熟悉区域特点，有广泛的服务开展基础。市社工协会计划通过开展社区灾害风险防范、社区风险地图绘制、社区防灾减灾意识提升、队伍建设等培训，使这些社工更直接地为社区居民带来防灾减灾社区倡导、安全风险防范知识宣传、减灾防灾技能培训等服务。这一队伍的建立，使灾害社工服务在深圳更加落地。

3.2.2 从个案服务到家庭、社区服务的同步重建

在灾害事件的社工服务回应中，我们首先要服务的是受灾害影响的个人的个案跟进，但个案服务又与家庭、社区的服务不可分离，强调个人、家庭、社区的

同步重建，强调多重系统概念，注重资源间的流动与互补[3]。以深圳社工在光明泥石流滑坡事故中的社工服务为例：2015 年 12 月 20 日中午，深圳光明新区一渣土受纳场发生滑坡事故，事故发生地社区社工 1 个小时内随社区工作站工作人员抵达事故现场，协助现场工作。同时，市社工协会根据行业应急服务条例，随即启动应急预案，召集 21 名社工于 21 日中午抵达最大的体育馆安置区，在当地社工服务组织的帮助下，设立社工服务中心。两天之内，集结了在事发区域的六个类别的社工服务，从事故现场的临时问询服务点到安置区社工服务点，从遇难人员家属个案服务到在地社区的社区服务，从伤员所在的医院社工到事故遇难人员火化的殡仪馆社工服务点，所有的服务在现场临时设立的社工服务中心的指挥下互通资讯、互相支持、共享资源，迅速搭建了全方位全过程的服务网络。在紧急介入阶段，对失联家属根据"一家一组，一组一策"的原则开展精准化服务。紧急介入阶段的服务结束后，在地的 4 个社区服务中心联动，在地社区基金和其他单位的支持下，通过社区骨干培力计划，开展了心理疏导、环境改善、亲子家庭教育、社区融合四大类 20 项社区重建服务。同时，对于遇难家属的未成年人子女，链接当事人家乡的深圳商会，由紧急介入阶段一家一组的结对社工，在征得家属同意后，将开展为期 10 年的助学成长计划。从个案服务到家庭、社区服务的同步重建，从紧急介入到灾害重建，积极的行动策略为深圳灾害社工服务积累了大量的经验。

3.2.3 从社区减防灾服务行动到灾害社工服务机制建构

深圳灾害社工服务在服务开展初期与大多数灾害救助社会组织一样，面临着如何进入灾区、如何与政府协同、如何与其他组织合作、如何与受灾人群一起开展服务的工作衔接问题。工作机制的建立是服务顺利开展的必要条件，经过 9 年的摸索，基本形成政社联动、民间协同、主动作为相结合的服务介入机制。

（1）政社联动。2010 年，深圳市政府出台《关于进一步加强应急队伍建设的意见》，明确将深圳义工、红十字会、山地救援队等社会力量纳入政府建立的应急队伍的范畴，切实发挥社会力量在应急宣传、模拟演练、医疗救护、特殊救援及突发事件辅助性应急救援工作等方面的积极作用，从地方规范性文件为社会组织介入突发事件提供了清晰的指引。2016 年，深圳市灾害社工志愿服务队被纳入"民政部救灾社会力量数据库"。在实际服务开展中，深圳灾害社工志愿服务队在市民政局救灾救助和慈善处、社会工作处相关业务处室的直接指导下，在深圳市政府启动灾害应急响应机制时，灾害社工服务队会同步启动备勤机制，各队员在自己所属岗位分区域就地备勤并与岗位所属社区工作站、居委会紧密配合，共同开展应急救灾服务。为确保流浪乞讨人员在高温、寒潮、台风、暴雨等灾害天气中的生命安全，从 2011 年开始深圳市救助站在深圳市民政局的支持下以政府购买社工服务的方式在全市开展“情暖鹏城”项目。该项目组建了“社工 + 心理咨询师 + 车辆司机”团队，实行全天候常态化运营（开通项目微博及热线电话、针对最接近露宿者的环卫工人及保安的宣传工作等）和在灾害天气发生期间 24 小时响应提供“街头应急救助服务”双结合服务模式。六年来承接服务的团队联合 110、120、城管局、医院、社区党群服务中心、民间志愿者、环卫安保公司等单位，建立了应急救助机制，将全市划分为东、中、西三个服务片区，实现了在 1 小时内 100% 及时响应求助需求，及时发现和解决应急救助露宿者，保障流浪乞讨人员的生命安全，促进了社会健康和谐发展。

（2）民间联合。2016 年 5 月 12 日，深圳市社工协会作为发起单位，与壹基金等 12 家单位联合发起成立了深圳市减灾救灾联合会，作为防灾、减灾、救灾方面的区域性联合型社会组织。联合会主要在减灾救灾资源管理与调度平台、减灾救灾专业队伍建设、减灾救灾新技术及产品的交流促进等方面开展工作。目前依托联合会的网络，深圳社工已与壹基金合作儿童平安训练营社区宣传活动，也与减灾联合会建立了信息交流和资源共享机制。

（3）主动作为。作为社工专业服务组织，深圳社工不仅在灾害来临时开展灾害应急服务，还注重依托平时的工作，关注老年人、儿童、妇女等群体，开展社区减防灾工作。如东西方社工服务社以社区居民互助为目标的“黄金时间有我在”社区紧急救助宣导项目；龙祥社工服务中心的儿童安全号列车；新现代社工服务社以家庭安全为关注点的民强社区“救”灾身边，安全随行等项目的开展；升阳升社工服务社在南山开展的以中年人为骨干的社区减防灾志愿者培训，为社区一线社工开展社区减防灾积累了经验，以主动作为的服务推动了服务机制的建立。

4. 灾害社会工作的权与责

2014 年，深圳市政府印发《政府购买服务的实施意见及两个配套文件的通知》，明确提出要加大社会组织的培育力度，有序引导、动员社会力量积极参与公共服务供给，将群众转移安置、应急救助培训、救灾物资管理等防灾救灾事项列入政府向社会组织购买服务的目录，为社会组织介入灾害服务的资金予以了政策保障。同时，深圳灾害社工服务在开展过程中得到了市区镇各级政府的大力支持和社会组织的大力帮助。但是，作为一种基于专业服务和志愿服务混同的灾害社工服务，在服务过程中的风险一直是我们关注的问题。深圳灾害社工既是社工，也是志愿者，社工本身有依据劳动合同的社会保险和志愿者保险，协会也为队员购买了商业保险，但灾害本身的高风险属性无形之中增加了社工的职业风险和社工对服务对象服务过程中的潜在风险。目前，我们并没有社工职业责任风险的保险，且行业应急服务的调度是否属于社工执业的一部分、意外发生是否是社会保险范畴，需要我们进一步明晰权责划分和责任承担。

参考文献

[1] 王思斌 . 社会韧性与经济韧性的关系及建构 [J]. 探索与争鸣，2016（2）：4-8+2.

[2] 顾林生 . 防灾减灾是安全城市的基本指标 [EB / OL]. 南方都市报（奥一网）. www.oeeee.com/nis/201505/18/352874.html2015-05-18.

[3] 林萬億 . 灾难管理与社会工作实务手册 [M]. 台北：巨流图书股份有限公司，2013：40-41.

基于公众服务属性开展社区防灾减灾教育培训的潍坊实践

肖军伟，高秀娥

（山东省潍坊市民政局）

摘要 在防灾减灾科普宣传和教育工作中潍坊市在市级层面开展了面向社区居民的防灾减灾知识和技能专题培训。本文从实践的角度介绍了培训的背景、做法和由此对社区防灾减灾救灾工作进行的思考。潍坊的实践对防灾减灾国民教育有一定启示意义。

关键词 防灾减灾，社区，教育培训，潍坊

1. 引言

党的十九大明确提出要树立安全发展理念，弘扬生命至上、安全第一的思想，健全公共安全体系，提升防灾减灾救灾能力。从习近平总书记视察唐山时的重要讲话精神到中共中央、国务院《关于推进防灾减灾救灾体制机制改革的意见》（以下简称《意见》）的出台，党的十九届二中全会通过的《深化党和国家机构改革方案》中应急管理部的组建，防灾减灾救灾事业在新时代正勾勒着美好蓝图。防灾减灾宣传教育作为先行者，正从幕后走向前台，综观日本、西欧、美国的防灾减灾经验，防灾减灾理念先行。转变人的观念，基层一线的宣传教育不可或缺，《意见》明确提出要将防灾减灾纳入国民教育计划，推进防灾减灾知识和技能进学校、进机关、进企事业单位、进社区、进农村、进家庭。要求定期开展社区防灾减灾宣传教育活动，组织居民开展应急救护技能培训和逃生避险演练，增强风险防范意识，提升公众应急避险和自救互救技能。潍坊市在贯彻执行《意见》中，基于公众服务的属性，抓住社区这个基础，开展了面向群众的防灾减灾教育培训，培训群众学习防灾减灾知识、练习自救互救技能，着力提升基层防灾减灾能力，探索防灾减灾科普宣传教育的潍坊路径。

2. 基于公众需求的背景分析

2.1 社区防灾减灾救灾

社区防灾减灾救灾通常是指社区层面开展的防灾减灾救灾活动，其主体主要指社区的居民、企业、学校、社会组织、基层政府等。1994 年召开的第一次世界减灾大会明确提出了“社区减灾”的各项任务，认为在任何人都有享受安全权利的基础上，安全社区应当拥有保障安全的意识、技能、设施条件、预警系统、预防体系和工作网络。我国的社区减灾起步不早，但发展迅速，特别是 2008 年以来，国家减灾委和民政部开展了全国综合减灾示范社区创建工作，使社区减灾工作得到前所未有的重视，数以万计的社区在减灾工作制度建设、预案制订和演练、减灾设施和避难场所建设、减灾宣传教育活动等方面做了大量工作。

随着不断探索，防灾减灾救灾确立了以防为主、防抗救相结合的工作方针，坚持以防为主、防抗救相结合，坚持常态减灾和非常态救灾相统一，努力实现从注重灾后救助向注重灾前预防转变，从应对单一灾种向综合减灾转变，从减少灾害损失向减轻灾害风险转变，即“两个坚持、三个转变”的防灾减灾救灾工作新理念，社区减灾也被赋予了防灾减灾救灾新内涵。

社区防灾减灾救灾一般来说有四个层面的构成。社区是社会的最基本单元或者社会大机体的细胞，是广大人民群众工作、生活的重要场所，是防灾减灾的前沿阵地，社区防灾减灾救灾工作是最基础、最基层的防灾减灾救灾工作；社区防灾减灾的目的是以减轻各种灾害对社区人居环境的影响，切实减少因灾人员伤亡和财产损失，保障社区群众的生命财产安全，建设“安全社区”；社区防灾减灾是全面综合的，囊括了社区内的自然灾害、环境灾害、人为技术灾害和其他公共事件应对过程的全部内容；社区群众、组织是社区防灾减灾的主体，也是受益者，推动居民参与，满足居民需求是社区防灾减灾工作的现实途径。

2.2 潍坊市灾害基本情况

潍坊市位于山东半岛中部，南依泰沂山脉，北濒渤海莱州湾，辖四区、六市、两县，陆地面积 1.6 万平方公里，北部海岸线 140 公里，海域面积 1400 平方公里，常住人口 936 万。处在中国东部最大的断裂带——郯庐地震带，历史上曾发生过多次破坏性地震。洪涝、干旱、冰雹、台风、雷电、风暴潮、低温冷冻等自然灾害频繁发生。以1995年到2012年为例，因自然灾害造成的直接经济损失在10亿元以上的年份有12个（见图1）。“十二五”期间，全市受灾人口约为96.3万人次，倒损房屋18457间，直接经济损失近98.7亿元（见表1）。特别是自2013年秋到2017年连续4年干旱，主要河流处于基流或断流状态，水资源长期短缺已成定局，灾害形势十分严峻。

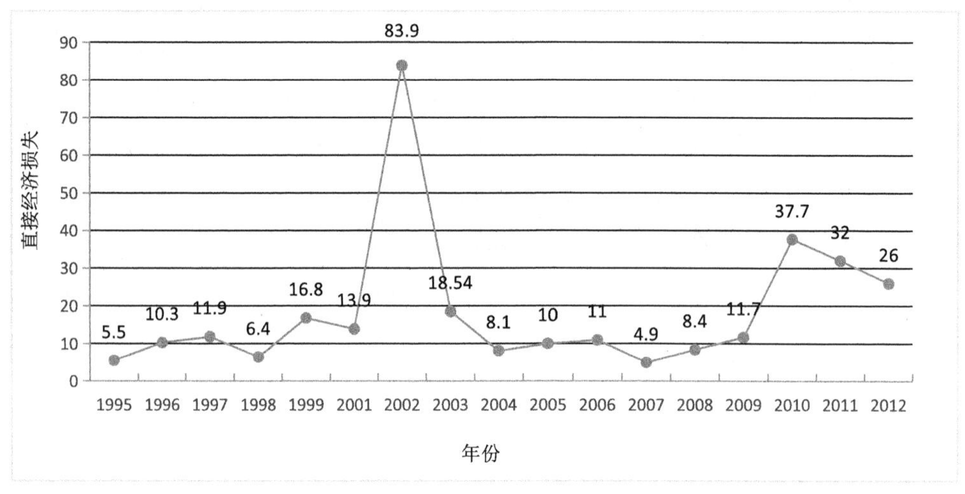

图1　1995年到2012年潍坊市自然灾害所造成损失情况（亿元）

表1　潍坊市“十二五”期间受灾情况

受灾人口	96.3万
倒损房屋	18457间
直接经济损失	98.7亿元

2.3　防灾减灾全民培训的背景

2.3.1　设立机构、明确职能

潍坊市委、市政府高度重视防灾减灾工作，按照以防为主、防抗救相结合的工作方针，积极推动防灾减灾救灾工作的改革实践。为加强防灾减灾宣传教育，提高公民的防灾避险意识和自救互救能力，2014年市政府将“建设市防灾减灾培训中心，有计划地开展全民防灾减灾知识培训和技能训练”列为25件民生实事之一。同年设立了潍坊市防灾减灾中心，承担全市防灾减灾知识普及宣传、教育培训等职责，全民培训有了组织者。

2.3.2 灾害信息员培训的经验可循

2014 年开始，潍坊市开展了灾害信息员万人培训计划，用三年时间，每年培训县、乡、村三级灾害信息员 3000 人次。培训内容涵盖灾害评估、灾害信息报送、救灾装备操作等业务知识和技能，有效提升了全市灾害信息员的专业能力。为全民防灾减灾培训工作的开展积累了经验，打下了基础。

2.3.3 社会力量的调动

根据民政部《关于支持引导社会力量参与救灾工作的指导意见》，潍坊市积极引导社会力量参与防灾减灾救灾工作全过程，发挥市场的决定作用，实施了民生综合保险工程，开展了应急救灾物资协议储备，成立了防灾救灾协会，社会力量的积极性、能动性被调动起来，全民培训有了实施力量。

2.3.4 综合减灾示范社区的创建

综合减灾示范社区创建稳步推进。2015 年，开展了市级综合减灾示范社区创建工作，到 2017 年国家级、省级、市级"综合减灾示范社区"分别达到 33 个、52 个、41 个，国家级地震科普示范基地和示范社区分别达到 2 个和 8 个，省级地震科普示范基地、地震安全示范学校、示范企业分别达到 7 个、81 个、6 个。各级各类示范社区、示范基地的创建使社区防灾减灾工作受到前所未有的重视。

2.4 群众的现实需求

有了宣传教育培训的组织者，为切实了解基层防灾减灾工作现状，了解广大人民群众的现实需要，持续开展了防灾减灾救灾工作大调研。通过抽样调查，走访全市 12 个县（市、区）、15 个镇街、30 余个村居（社区），干部群众 300 余人次参与了问卷调查、座谈交流。通过调研对群众的防灾减灾救灾观有了初步的认识，了解了群众对防灾减灾知识的渴求，对自救互救技能的需要。

2.5 面临的问题

通过调研等方式发现潍坊市防灾减灾救灾基础依然薄弱，民众的防灾减灾意识仍然较为淡薄，对身边潜在的灾害风险缺乏正确认识，特别是社区的灾害风险管理水平较弱。对防灾减灾知识技能，基层干部不重视、老年人不知道、年轻人不关心。防灾减灾宣传教育和培训体系亟待完善，公众防灾减灾意识和能力需进一步提高，特别是面向基层的防灾减灾宣传教育有待进一步深化。

3. 面向社区居民的防灾减灾教育培训

潍坊市面向公众开展了防灾减灾教育培训，通过建立一支防灾减灾知识技能培训师队伍，一支防灾减灾知识技能普及宣传员队伍，深入城乡社区，为社区居民提供防灾减灾知识宣讲、自救互救技能教授、应急疏散演练等服务。

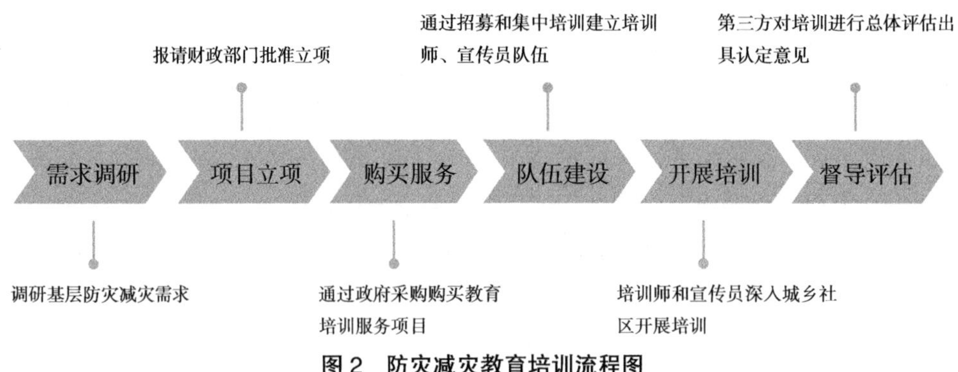

图2　防灾减灾教育培训流程图

3.1　教育培训的立项

年初，将防灾减灾教育培训项目列入财政预算项目，同时列入政府购买服务项目名录。全程委托第三方，发布需求公告，组织报名审核事宜，由市公共资源交易中心通过竞争性磋商的方式确定中标单位承担具体实施工作。

3.2　培训队伍建设

为推动服务项目的落地生根，建立了两支专业人才队伍。

3.2.1　建立一支培训师队伍

从全市社会力量中择优选调了70名具备资质的社会工作师和心理咨询师进行了集中培训，聘请防灾减灾领域知名专家和专业减灾救援培训师授课，印制培训师培训教材，培训完成进行专业能力测试，将培训合格的60名人员确定为防灾减灾知识技能培训师。要求培训师具备基本的防灾减灾知识技能，做到“三知三会”：知道防灾减灾政策法规，知道防灾减灾基本理论，知道防灾减灾基本防御知识；会组织语言讲解防灾减灾理论常识，会指导社区居民准确识别查找身边的致灾因子，会自救互救实地操作基本技能。

3.2.2 培训一批宣传员队伍

从各城乡社区选派 1 名社区工作人员，参加培训师集中培训，培训合格后确定为防灾减灾知识技能普及宣传员，负责本社区防灾减灾知识普及宣传和群众的组织工作，为深入社区开展防灾减灾教育培训打下了基础。

3.3 群众培训服务的开展

培训采取“1+X”模式，根据社区居民需求科学合理设置课程，理论和实践、操作、演练等相结合。内容上，通过印制防灾减灾知识技能进社区培训教材，设置政策理论宣讲、灾害知识宣传、自救互救技能演练等课程。形式上，通过教师授课、现场操作演练、座谈交流等让社区居民在互动交流中增进学习。过程中，借助幻灯片、教案、模具向社区居民宣讲防灾减灾基本常识、灾害防御基本知识，学习止血、包扎、人工呼吸、心肺复苏、心脏骤停急救等自救互救基本技能，开展地震、火灾的应急逃生演练。

3.4 评估验收

为确保培训取得实效，全程委托第三方对培训服务进行考核验收。按照抽查标准不少于 30% 的比例，通过电话回访、座谈讨论、问卷调查等方式，考核小组走访城乡社区，形成验收报告。

3.5 培训成效

2017 年，共完成 215 个城乡社区的服务任务，培训社区居民 10000 余人次，该项工作被评为潍坊市优质服务项目三等奖。培训建立了防灾减灾教育培训人才队伍，初步组建起一支熟悉防灾减灾政策法规、基本理论，掌握灾害基本防御知识、自救互救技能，并能够讲解防灾减灾理论常识、指导社区居民查找身边致灾因子的人才队伍。培训受到群众的欢迎，问卷调查群众满意度达到 90%。通过培训，群众认为学到了有用的小窍门的超过 95%、知道了怎么去应对灾害的超过 70%，认为在急救技能操作上学了技能、练了操作的占 50%，90% 以上的群众希望这种面向公众的灾害应急培训再多一些、经常一些。第三方评估认为，通过培训培养了社区居民的防灾减灾意识，教会了居民遇到灾害危险时的基本自救与互救技能，提升了防灾减灾知识普及社会化水平。

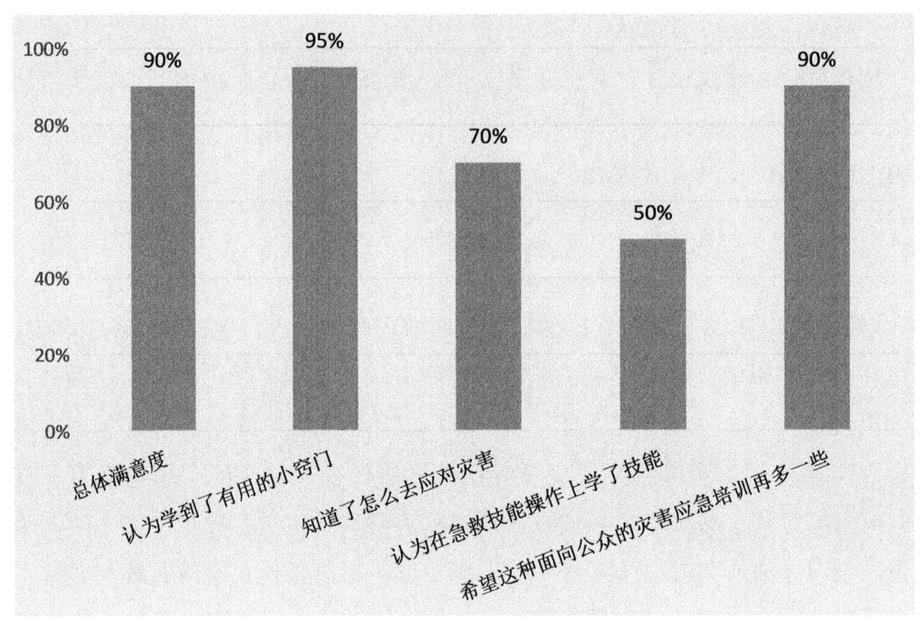

图 3 第三方评估群众满意度情况

4. 对社区防灾减灾教育培训的几点思考

4.1 社区防灾减灾救灾必须坚持党的领导

社区问题多为结构取向，在防灾减灾救灾工作中需要从宏观和社会层面进行介入。党的十八大以来，党中央、国务院对防灾减灾救灾工作加大了重视力度，推进防灾减灾救灾体制机制改革的力度前所未有，将防灾减灾救灾工作推向了新的高度。在党的领导下，确立了“两个坚持、三个转变”的防灾减灾救灾工作新理念，社区防灾减灾救灾工作必须坚持党的领导。

4.2 坚持防灾减灾科普教育的公益属性

从世界范围看，日本、美国等国家除学校防灾减灾教育外，不同程度地开设了面向公众的各种减灾培训课程，如日本的“京都市民防灾教育中心”、美国“防灾型社区”的构建，均可为公众提供免费的防灾减灾知识和技能培训。而且日本在“防灾周”里，规定民众要参加不同规模的防灾演练。这种公益属性的学习体验，使民众能够亲身体验灾害发生时的感觉，掌握发生灾害后保护自己及援助他人所需要的最基本的技能。潍坊市采取政府购买服务的方式，以社区为单位为公众提供防灾减灾知识技能的学习训练，体现了其公益属性。

4.3 防灾减灾科普教育必须坚持以人民为中心

坚持“以人民为中心”是习近平新时代中国特色社会主义思想的重要内容，防灾减灾救灾表面上应对的是自然灾害、事故灾难等，但根本上服务的是人民群众，人民是防灾减灾救灾工作的中心。潍坊市的实践，从调研到具体的实施，始终围绕人民群众的需求开展工作、提供服务，突出了人民的中心地位。

4.4 社区是防灾减灾救灾的基础

社区是社会有机体最基本的内容，是宏观社会的缩影。每一个社会人都居住在一个社区里，社区直接面向群众，是落实政策的“最后一公里”。建好防灾减灾的摩天大楼基础在社区，目的为社区居民。潍坊市的实践，以社区为基础，并培训社区工作人员，培育社区防灾减灾的“火种”。教育培训师资、专业设备由社区外力量提供，培训地点、时间、方式、人员组织上由社区确定，尊重了社区自决，强调了社区参与。

4.5 防灾减灾救灾教育人才是关键

人才是事业成败的关键要素和决定因素。开展防灾减灾教育培训瓶颈就是人才，潍坊市通过聘请专家教授授课建立一支具备社工师、心理咨询师资格的培训师队伍和一支宣传员队伍，他们或者从事防灾减灾救灾工作或者熟悉社区工作，为面向公众开展教育培训提供了人才保证。

5. 结语

潍坊市基于公共服务属性，从市级层面对社区开展防灾减灾教育培训是对《意见》的有益探索与实践，特别是两支培训队伍的建立为防灾减灾工作提供了专业人才保障。但实际操作中也存在着承办方防灾减灾专业性不强、培训师队伍发挥作用不充分、社区群众参训率低等矛盾和问题。这需要组织方认真总结经验，不断优化方案，在发展中改进不足。潍坊市的实践是落实中央方针、基于本市实际走出的新路径，对防灾减灾救灾工作有积极的启示意义。

参考文献

[1]俸锡金，王东明．社区减灾政策分析［M］．北京：北京大学出版社，2014.

[2]吕芳．社区减灾［M］．北京：中国社会出版社，2011.

[3]王志莲，周晓红．推进社区减灾的理论与实践［J］．发现，2007，S1: 306-312.

[4]郑居涣，李耀庄．日本防灾教育的成功经验与启示［J］．中国公共安全（学术版），2007（9）：107-109.

[5]游志斌．美国“防灾型社区”的创建机制及启示［J］．理论前沿，2006（4）：34-35.

神话叙事：族群本土经验质疑本质心理学

——基于羌族儿童创伤心理康复田野研究的再诠释*

张金权[1]，邓莉萍[2]

（1. 四川省社会科学院研究生学院；2. 西南财经大学社会发展研究院）

摘要 采用族群语境下的神话故事叙事实践策略，对于灾后羌族儿童创伤心理集体康复促进所取得的成功，批判性地指出了基于本质主义哲学方法论的心理学创伤康复治疗的知识文本并非具有跨越各种族群文化的普适性。相反，族群应对生活－心理问题的文化实践作为特定语境的叙事文本，则从族群文化视角，宣誓了本土文化中有待于深入挖掘的、有别于本质主义心理学哲学方法论的本土心理概念构架的存在。

关键词 神话，族群叙事，本质主义，心理学，方法论

1. 序言

以当代世界哲学为背景，概言之，存在“普遍规律说”“认识论说”“语言分析说”“文化样式说”“存在意义说”“精神境界说”“文化批判说”和“实践论说”八种主要的哲学观[1]。这八种哲学观虽有不同的面向，但以回溯的方式，可以找到共通的源头，即对世界本原的探索。从西方第一个哲学家泰勒斯开始，经阿那克西米尼、赫拉克利特、恩培多克勒、毕达哥拉斯、留基伯、德谟克利特到苏格拉底、柏拉图和亚里士多德，无论是“水”“火”“土”“气”还是“数字”“理念”，都试图揭示世界的本质[2]，只是这些本质充斥着形而上的色彩。

进入欧洲的中世纪，宗教神学占据统治地位，哲学为神学服务，无论是奥

* 作者感谢四川省社会科学院王曙光教授对该文的指导。

古斯丁口中的“天上之城”与“地上之城”，还是托马斯·阿奎那口中的“天恩”与“人性”，都无法摆脱上帝和神的存在和旨意[3]。于是人们在对上帝的虔诚中，本质主义开始扩展到人们的精神层面。从14世纪开始，西方资本主义萌芽发展、科技革新、文艺复兴悄然揭开帷幕，哲学理性再度回归。近代哲学出现“认识论”转向，哲学家开始关注作为绝对性知识存在的基础，有洛克和霍布斯的物质实体，有笛卡尔和莱布尼茨的精神实体。理性开始成为发现永恒真理和普遍规律的工具，笛卡尔的“天赋观念”、康德的“先验范畴”、黑格尔的“绝对精神”把理性发挥到了极致[4]。

无论是泛灵论时代的“灵魂”，自然哲学时代的“水”“火”“土”“气”，宗教哲学时代的“上帝”和“神”，还是文艺复兴时代的“自然”、启蒙时代的“规律”等，都是人类认识史上人们试图用来概括世界本体的范畴[5]。本体信仰和本体论思维以及在此基础上形成的本质主义追求不仅限于对世界本原的理解，而且涉及对人的本质及哲学学科和其他学科关系的认识，甚至可以说影响到现代人的整个“知识生活”。从总体上看，哲学、社会学、人类学、经济学、政治学、心理学等学科的最终目标都在于寻求永恒真理、普遍规律和稳定的本质“恒常”。

2. 本质主义心理学方法论

1879年，冯特创立第一个心理学实验室，确立心理学的研究方向，标志现代西方心理学的建立。心理学从哲学中分化出来成为一门独立科学以后，和任何一门新兴科学产生时一样，围绕着这一科学的对象、任务、性质和方法展开了激烈的争论，产生了现代心理学十大学派，即：内容心理学、意动心理学、构造心理学、机能心理学、精神分析、格式塔心理学、行为主义、皮亚杰学派、人本主义心理学、认知心理学[6]。在理性教化和科技革命的基础上形成的现代西方世界观坚信人类可以客观地展现世界、科学地理解世界，并认为知识是形成普遍富有、公正与和平的理性基础。在现代性思维影响下，按理论渊源和联系划分的现代西方心理学的十大流派，在方法论上都蕴含着科学主义和人本主义的对立[7]。但无论是科学主义还是人本主义，都深受本质主义哲学方法论的影响。

精神分析蕴含科学主义和人本主义两种色彩，坚持因果决定论的同时强调解释学的思考方式；行为主义连同其他几大流派，坚定地站在实证主义和科学主义一方，确立明确的标准将模糊的、不明确的知识排除在外，观察法和实验法是其常用的方法。为此，美国著名心理学家黎黑曾指出：“整个行为主义精神是实证主义的，甚至可以说行为主义乃是实证主义的心理学。”[8]人本主义心理学与科学主义心理学相抗衡，深受现象学和存在主义哲学的影响[9]。“存在主义哲学”认为人区别于其他存在，人是先于“本质”的，人塑造自己的“本质”[1]。由于现象与本质可以通过感官直接获得，所以作为主体的人占据核心地位，人获取信息的能力，理解信息、处理信息的能力显得格外重要。现象学的方法就是要进入他人的内在世界，用他人的眼光看待生活的世界，关键在于人的理解而非外在事实分析。

人本主义心理学从人文科学的主观范式出发，以整体论和问题中心论为取向展开对以自然科学的客观范式标榜，以还原论和方法中心论为取向的科学主义心理学的批判；在两种方法论的背后存在着主观与客观、人与物的二元对立，科学主义心理学以“客观”和“物”为中心，忽视了人的主观性、个体差异性、能动性和复杂性，因而人本主义心理学是对科学主义心理学的重要补充（罗钧恒，2010）。但是人本主义心理学对科学主义心理学的批判仅仅是一种内部批判，并未超越现代性思维的范畴。人本主义心理学始终专注于一个值得信赖的“真实自我”[10]，不断追求自我实现和满足，因此人本主义心理学保留了本质主义、个体主义和基础主义等现代性特征。

本质主义认为世界、人与物都有内在的特定结构，因此是唯一的、可以推广的，从而形成“普遍主义”认识，即全人类会逐步趋向同一并接受同样的价值和信仰。这为西方推行其政治、经济和文化霸权找到了合适的理由，却不利于本土化和多样化的发展，容易造成非此即彼的思维困境[9]。另外，本质主义将真理视为一切知识的基础、全部科学的中心和“元叙事”，因而导致“还原主义”“客观主义”“霸权主义”。所以，本质主义心理学方法论为我们所批判，更迫切地呼唤一种新的方法论视角。

3. 神话与儿童心理康复：叙事实践的实证与诠释含义

汶川特大地震后，中国—澳大利亚相关大学和研究机构开展了一项由“儿童灾后创伤心理状况及康复需求评估”“健康心理集体促进文化实践”及“过程与效果评估”三个阶段组成的题为“5 · 12”汶川大地震灾后羌族儿童心理文化康复研究”的研究[11]。本文使用的数据主要来自上述社会人类学和心理学研究。此前，以本质主义和人本主义方法论为指导的西方临床心理学的咨询、辅导和治疗在四川汶川特大地震灾后心理康复活动中，尤其是针对灾难发生初期人群中出现的“急性期应激反应障碍”的缓解与疏导扮演着重要角色。无论是采用“自由联想技术”的精神分析模式，利用梦及暗示催眠等技术作用使病人能全部吐露出潜意识中的个人真情而不留意所说的一切，还是以罗杰斯为代表的个人中心治疗模式的“协调”“无条件关怀”和“移情理解”；抑或是注重客观行为的可观察性和可测量性的行为主义治疗模式的“系统脱敏法”和“引示心理疗法”，还是认知－行为治疗模式的“替代性观察学习”“角色模仿”和“内部对话”[12]等，对羌族儿童的心理康复在某种程度上起到了作用。但是，随着时间的推移，在灾后长期心理重建过程中，即使是撇开各种资质不明和随意性较大的咨询干预活动，临床心理辅导治疗在理念、效果以及方式方法的适当性方面，无论是针对延迟发生的“创伤后应激障碍”及其相关慢性症状，还是急性期压抑和潜藏下来并可能长期潜伏的负面心理影响，其基本面仍然面临着不断增长的质疑[11]。尽管精神病学、流行病学、社会工作等模式也介入其中，但更多遵循西方固定方法论的指导，所以起到的作用十分有限。

面对上述情况，我们不禁思索，羌族作为一个生活在自然环境恶劣、自然灾害频发地区的民族，在历史的长河中，羌族人如何求得生存，并在那片土地上繁衍生息？面对无数次自然灾害的冲击，在没有临床心理治疗等西方应对模式以前，羌族人如何在自己的文化情境中重塑他们的强大内心？羌族人是通过怎样的实践形式传承他们民族独特的文化内涵？是否存在一种本土的力量在发挥主导作用？“5 · 12”汶川地震灾后羌族儿童心理康复研究或许给出了一个令人信服的答案：在少数民族社会，一则当地神话故事会被日常言说，或作为仪式唱词传唱。神话在此作为传达传统信仰、彰显人文精神的载体，当面对生活难题、生存危机时，神话则会作为族群语境中传统文化经验的叙事文本表现出来[13]。神话作为一种叙事文本和信仰形式，在羌族应对自然灾难特别是地震等大灾大难时蕴含着巨大的能量，数据分析也证实了这一点。

3.1 绘画中的灾难本土表达

羌族儿童的绘画向我们传达出羌族儿童对于地震的本土性理解，并且这种本土性理解与居住区域、受创伤程度等有紧密的关系。从表 1 中我们可以看到：到县城的距离与地震的本土性理解有密切的关系，离县城的距离越远，羌族儿童越倾向于用完全民间的说法和拟人化的想象来解释地震，如“木比塔造地”“鳄鱼翻身”“癞蛤蟆支地”等；相反，县城及邻近的周边地区，则更加倾向于用书本上或学校里学到的科学知识和原理来解释地震，如“地球板块之间的碰撞挤压”“处于火山地震带上”等。另外，个体或者家庭在地震中受到的创伤程度也会影响羌族儿童对于地震的理解。个体或家庭在地震中受到的创伤越大，他们更倾向于采用完全本土化和民间的说法来解释地震。

表 1　177 幅绘画展示羌族儿童理解地震的话语特点 [a]

灾难绘画解释的 3 个类型特点（n=177）[c]	科学解释（n=47）[d]		科学解释＋民间说法＋拟人化想象（n=70）[ef]		完全民间说法＋拟人化想象 (n=60) [ef]	
灾难绘画解释的相关因素	β	p	β	p	β	p
年龄	0.278	***	-0.096	**	-0.117	**
性别	0.054	n.s.	0.045	n.s.	0.061	n.s
居住区域 (距离县城的距离)	0.304	***	-0.212	***	-0.296	***
家庭成员伤亡 [g]	0.046	n.s.	0.182	**	0.370	***
自己身体创伤 [g]	0.091	n.s.	0.084	*	0.305	***
没有明显身体创伤	0.175	***	0.050	n.s.	0.031	n.s.
	R^2=21.1% ***		R^2=24.6% ***		R^2 = 26.8% ***	

a. 数据来源于王曙光、丹芬妮·克茨（2013）。

b. 信息来自访谈问卷最后一个问题：“我们为你准备了彩色画笔和纸张等文具，你能否画一幅画说明什么是你理解的地震？”

c. 177 幅绘画中不包括全部收集到的 372 幅当中那些未完成的、画面模糊和纸张残缺无法识别的绘画。绘画表现的 3 种类型特点是从绘画表现的各种灾难场景（如，山崩地裂、河水泛滥、房屋倒塌、人群奔跑、拟人化的奇异景观、传说中生活在地下的各种动物，以及各种抽象符号等）所包含的解释倾向的大体归类。

d. 强调绘画表述所具有的科学思考和立场，并不涉及知识是否完全正确。

e. 儿童的拟人化或民间说法描述是指他们将地震发生的原因人格化或依据当地神话、传说（如“木比塔造地”“鳄鱼翻身”“癞蛤蟆支地”等）进行赋予拟人化的描述。

f 一些儿童的观点是混合的，但分析会根据观点的突出倾向性程度来归类。

g. 在“家庭成员伤亡”和“自己身体创伤”的情况中会有“复选”交叉，分析人数会出现重叠累计。

β. 即标准回归系数（Beta）；相关性显著水平：* <0.05，** <0.01，*** <0.001；n.s. 表示没有统计的显著性。

3.2　神话话语的灾后情景意义

《木姐珠与斗安朱》是羌族“释比”故事经典《下坛经》中的一则在羌族地区流传十分广泛的神话故事，是作为当地羌人面对生活难题和灾难挫折用以族群励志、抗争和提升生命意义理解的传统本土话语文本[3]。故事讲述仙女木姐珠与羌寨俊男斗安朱相爱遭到父亲天神木比塔的反对，最终以智慧、毅力和胆识战胜了天神制造的各种灾难与难题。故事既包含了天地形成、族群起源、文化价值、宗教信仰等神话故事通常具有的宪章性意义，同时又特别体现了羌族民众面对灾难挫折的“释比”智慧、经验和抗争精神，因而成为羌族应对灾难最重要的传统文化经验文本。汶川特大地震灾后，作为羌族传统经典神话话语文本的《木姐珠与斗安朱》仍然由羌族文化首领释比进行讲解吟唱，后来也将其以神话剧的形式纳入羌族儿童心理康复研究的计划与实践中来，这样的做法也深受羌族儿童的欢迎。表 2 是居住在不同地域的儿童对于神话剧的不同关注层面的统计。从表中我们不难发现：居住于县城中的儿童更加关注神话剧或神话故事的知识与认知意义，譬如木姐珠和斗安朱处理问题时的智慧和知识，他们用一种更加类似于“局外人”或“旁人”的眼光来看待神话故事。相反，居住在远离县城的偏远山寨中的儿童更多关注神话剧或神话故事中所表现出来的文化与情感、信念与信仰、品质与志向以及斗争的信心等方面，譬如斗安朱的力量、坚忍、无所畏惧和木姐珠的信心、策略以及与挫折困苦斗争的精神等。羌族人正是用这样的一些信念与信仰内容来建构他们对于地震乃至其他灾难的理解与解释框架。毫无疑问，这正是羌族儿童灾后心理康复的精神源泉与动力，也是神话话语文本在羌族语境中、在地震灾后所浮现出来的情景意义。

表 2　儿童对于神话故事不同关注层面的差别 *a

神话剧目中的两个基本关注层面：类别（表述）（n = 105）	居住在不同地域的儿童 n（%）[b]			
	县城及城区 n=36（%）	县城周边村寨 n=34（%）	远离县城偏远山寨 n=35（%）	p
1. 文化情感、信念、规范的意识形态类别				
情感（木姐珠下凡人间寻找真情让人感动）	19（52.8）	16（47.1）	15（42.9）	n.s.
族群惯习（羌民协作生活的传统精神）	14（38.9）	31（91.2）	35（100.0）	**
信仰与信念（天神的威严与释比的威望与智慧）	12（33.3）	27（79.4）	34（97.1）	***
品性与志向（斗安朱的力量、坚忍、无所畏惧）	26（72.2）	31（91.2）	33（94.2）	n.s.
态度与认同感（释比的威望、威严、神秘）	24（66.7）	33（97.1）	34（97.1）	*
信心（与挫折斗争的精神、木姐珠的信心、策略）	30（83.3）	33（97.1）	33（94.2）	n.s.
兴趣（故事精彩、神奇、幻想、游戏、好玩）	30（83.3）	32（94.1）	34（97.1）	n.s.
$\chi^2 = 26.33$　df = 12　p <0.01				

续表

神话剧目中的两个基本关注层面：类别（表述）（n = 105）	居住在不同地域的儿童 n（%）[b]			
	县城及城区 n=36（%）	县城周边村寨 n=34（%）	远离县城偏远山寨 n=35（%）	p
2. 知识与认知类别				
自然认知（天地创造、万物起源、地震原因）	35（97.2）	24（70.6）	20（57.1）	**
文化认知（释比作为族群文化首领、精神象征）	30（83.3）	29（85.3）	31（88.6）	n.s.
智慧、知识（木姐珠处理问题的丰富知识）	34（94.4）	25（73.5）	21（60.0）	*
$\chi^2 = 9.27$ df = 4 p <0.05				

* 数据来源于王曙光、丹芬妮·克茨（2013）。

a. 以上条目获得是来自过程评估阶段对于“故事交流形式文化适宜性”评估简短问卷中的开放式问题：“故事剧目中哪些是你特别关注和感兴趣的内容？”分析采用“二次归类”的方法。

b. 儿童关注的内容因有“复选”交叉，纳入分析的人数因而会出现累计重叠情况。

3.3 神话叙事实践改变行为

神话作为羌族的一种重要的话语和信仰形式，无论是释比的宣讲还是用其他的方式加以表达，在话语实践中，特别是在羌族的特殊语境中，蕴含在话语背后的情景意义对儿童心理康复有积极的促进作用，进而是一系列行为的明显改善。表 3 给我们提供了这方面变化的一个详细信息，特别是在干预组和对照组的对比中，能够让我们更加清晰地看到这一变化。对于羌族儿童心理的弹性康复状况，我们可以从 11 项儿童的行为观察指标中得出初步的结论。在干预组中，相较于干预前，羌族儿童在参与神话故事话语交流实践后，他们的各项指标（如合群与主动参与等）都有明显的提升，提升幅度最低的一项（“对于指令的关注”）也达到 0.83，提升幅度最高的一项（“注意力程度”）则高达 3.46。同样，我们可以清楚地看到对照组的情况。对照组儿童并未参与神话故事话语交流实践，综观其 11 项行为指标，虽然随着时间的推移，儿童的心理与行为状况有好转迹象，但是恢复和提升的速度十分缓慢。除“活跃与灵活性”一项指标的上升幅度为 1.08（超过 1），其他各项指标的上升幅度均在 1 以下，“合作态度”和“快乐感”两项上升幅度都非常低，分别为 0.17 和 0.2，也就是说时间的流逝并没有让灾后羌族儿童的心理状况有自然明显的好转。

表3　儿童参与神话故事话语交流实践对于心理弹性促进显著性检验[a]

行为观察指标[bcd]	2009年6月至2012年6月期间 干预组与对照组干预前－后变化方差（F）检验情况						
干预前 :n=2737 干预后 :n=1646[f]	干预组[e] 干预前－后平均分数			对照组[e] 干预前－后平均分数			两组差别检验
	前	后	%（95%CI）p[g]	前	后	%（95%CI）p[g]	
1. 合群与主动参与	1.97	4.05	2.08（0.72，3.44）**	1.91	2.68	0.77（0.33，1.21）*	*
2. 快乐感	0.96	1.92	0.96（0.44，1.47）*	0.89	1.08	0.20（-0.11，0.50）n.s	**
3. 善于眼神交往	1.94	3.02	1.08（0.53，1.62）**	1.92	2.46	0.54（-0.56，1.64）n.s	***
4. 活跃与灵活性	2.31	4.86	2.55（1.24，3.86）***	2.30	3.39	1.08（0.55，1.62）*	**
5. 主动交流	1.92	3.93	2.01（1.44，2.57）***	1.88	2.41	0.53（-0.51，1.58）n.s	***
6. 合作态度	3.47	4.97	1.49（0.96，2.03）***	3.43	4.60	0.17（0.51，1.83）**	n.s.
7. 学习进步情况	1.66	4.28	2.62（1.66，3.58）***	1.65	2.49	0.84（0.33，1.34）*	***
8. 注意力程度	1.03	4.49	3.46（1.31，5.61）***	1.02	1.43	0.41（-0.24，1.06）n.s	***
9. 语言活跃性	2.51	4.61	2.09（0.97，3.22）***	2.53	3.40	0.87（0.43，1.30）*	**
10. 尝试新任务	1.17	2.86	1.69（0.76，2.62）**	1.14	1.63	0.49（-0.44，1.41）n.s	***
11. 关注指令	3.93	4.76	0.83（0.40，1.26）*	3.96	4.52	0.56（0.11，1.01）*	n.s.
平均分数合计	2.08	4.07	1.99（0.91，3.07）***	2.01	2.69	0.68（-0.76，2.12）n.s	***

注解：a. 此数据来自父母、监护人以及小学教师对项目点儿童持续观察的样本。（王曙光、D. 克茨，2013）进入统计的样本通过问卷相关条目询问以确认此期间外没有参加除本项研究活动而外的任何其他心理咨询辅导活动。其中，2年期间观察的数据可参见该研究的其他相关文献。

b. 观察指标保持基线与干预后评估相一致。干预组样本来自开展基于神话故事的文化实践活动的汶川与茂县；对照组样本来自没有实施该项活动的理县蒲溪沟乡。

c. 表中列出儿童心理弹性11项特征来自前期探索性阶段的开放式定性资料的分析归纳。定性描述的问题为："请描述灾后儿童行为复原较好（或较差）的表现特点"。其他一些不具普遍性的特征不包括在这11项特征中。

d. 11项心理弹性或复原力行为表现观察指标由四个等级进行评分，采用Likert-type的四个等级测量尺度的五分制计分。11项观察指标的内在相关可信度测量获得的Cronbach's alpha系数为0.74。

e. 干预组数据包括实施干预前3次回访的平均数和干预后最近（2012年）的评估数据。对照组是一次性的基线数据调查和最近（2012年）的纵向评估数据。

f. 受访父母和教师提供的被观察儿童人数已由2009年的2737人下降到干预活动开展3年后

2012 年的 1646 人，失访率为 39.86%（2011 年是 17.22%）。造成此样本中高失访率的主要原因包括：（1）随时间跨度延长，许多年龄较大儿童逐步离开原来就读的小学和村寨；（2）由于当地志愿者工作的中断与部分受访者失去联系；（3）转移安置地址变更与频繁的人口流动；（4）以及因参加其他形式的心理辅导活动而被筛除等。

g. 95% CI 指：95% 的可信度区间的 F 检验。

通过表 4，我们可以进一步了解羌族儿童心理康复的多元影响因素以及不同影响因素影响力的大小（R^2 的大小）。表中的四个影响因素，按其影响力的大小排序，依次为“神话故事话语的参与式交流”“社区基础上的文化倡导与生计支持”“人口统计及环境参与”“灾难影响导致的脆弱性类型”。进一步我们可以发现：第一，神话故事话语交流的各种形式的具体活动（神话剧展演、故事角色扮演等）对儿童心理康复都有显著的促进作用，表现出内部的协调性。第二，社区基础上的文化倡导与生计支持对儿童心理康复有重要的影响。社区与集体的经济、文化等支持，相较于纯粹的个人治疗与心理康复，有绝对的优势。第三，人口统计因素中的年龄、性别、受教育程度与儿童心理康复没有明显的关系，但各种集体活动的参与度却与儿童心理康复关系明显，呈现正相关。第四，灾难导致的脆弱性类型与儿童心理弹性康复有微弱的关系。

3.4 神话叙事改变行为之原因

3.4.1 在神话叙事中构建意义

叙事是重要的意义解读手段，人们常常把自己关心并尝试理解和解决的问题编码于叙事中[14]。羌族神话叙事的背后蕴藏着丰富的社会文化意义。这些神话在羌族的历史长河中以碎片化的形式散落于民间，主要以当地的文化领导人，即释比口头讲述的方式代代相传。尽管，羌族人生活居住在不同的区域，故事的讲述有些许差异，但是其核心意义却始终存在。汶川特大地震，给处于地震中心区域的羌民造成了沉重的打击，但是此时，散落于民间的羌族神话却以更加集中的形式发挥作用。木姐珠和斗安朱与灾难作斗争并最终战胜灾难的果敢、智慧、勇气和信念成为激励每一个灾民的精神良药。神话故事中的人物形象通过释比的讲述，更加生动、亲切。将待解决的问题编码进神话叙事中，给儿童以积极性的引导和暗示，神话故事扮演着“积极性替代经验”的角色，从而提高了儿童的“自我效能感”。

表 4　心理弹性复原主导性因素的多元回归分析 *

参与神话故事话语交流儿童行为改变的多样化影响因素[a]	心理弹性恢复表现（行为观察指标计分水平）[a]	
（n= 350）	β	ρ
1. 人口统计及环境参与变量		
年龄	-0.071	n.s.
性别	0.047	n.s.
受教育程度	0.80	n.s.
参与羌寨幼儿园活动（在村寨幼儿园参与的次数）	0.214	**
参与学校活动（在学校内参与活动的次数）	0.391	***
参与乡村开展的活动（参与的次数）	0.307	***
地域（家庭位于县城的距离）	-0.328	***
	R^2 = 19.6% F（5，350）=11.6，p < .01	
2. 灾难影响导致的脆弱性类型[b]		
A. 家庭有成员伤亡	0.172	*
B. 家庭子女照顾能力下降	0.223	**
C. 自己不同程度身体创伤	0.065	n.s.
D. 家庭成员和自己没有明显身体创伤	0.053	n.s.
	R^2 = 12.2% F（4，344）= 9.7，p < .05	
3. 神话故事话语参与式交流活动[c]		
儿童神话故事乡村剧参与式展演	0.407	***
故事角色扮演	0.411	***
故事传讲	0.243	**
故事游戏	0.391	***
故事绘画	0.324	***
故事的讨论	0.421	***
基于故事学习的服务羌寨活动	0.339	***
	R^2 = 39.8% F（7，343）= 25.6，p < .000	
4. 社区基础上的文化倡导与生计支持		
参与释比传统活动	0.366	***
参加乡村或学校组织的校外活动	0.203	**
家庭获得社会救助	0.363	***
	R^2 = 34.2% F（3，258）= 21.4，p < .000	

* 数据来源于王曙光、丹芬妮·克茨（2013）。

a. 数据来自 2012 年项目点学校、幼儿园、乡村活动背景的儿童样本。

b. 指测量不同类型中脆弱性程度与行为改变的关系。

c. 指测量参与该项目不同类型故事交流活动的程度（参与类型、次数、时间）与行为改变的关系。

β. 标准回归系数（Beta）。

p. 相关性显著水平　* < 0.05，** <0.01，*** <0.001。

n.s. 相关没有显著性。

3.4.2 地方性的神话意义彰显

意义不是一般的和抽象的，不是存在于词典中的，甚至不是存在于人的大脑内部的一般符号表征，相反，它处在具体的社会和话语实践中。事实上，在这些社会和话语实践中不断转换，同时意义是关于情景的，通过语境在语境中为语境而定义，通常用于丰富的话语知识[14]。神话不是在一般意义上发挥作用，它的独特意义只能发生在特定的地域或者特定的族群中，即神话意义的地方性和本土性。在话语分析中，我们称之为“语境”。同样一则神话，在不同的地域，人们对其意义可能存在截然不同的理解。以羌族神话《木姐珠与斗安朱》来说，居住在县城的羌族儿童和居住在县城周边以及居住在边远山寨的儿童对其意义的理解也会存在差异，这就是我们常说的“情景意义”。情景意义来源于对语境的理解，而话语反映和建构语境。三者相互联系，相互影响，密不可分。羌族神话自古已被释比和羌民言说，平时散落于民间，遇到灾难时集中突显它的力量。也正是在神话被言说中，强化了神话本身，更建构和形塑了羌族的集体和文化语境。在话语和语境的双重映射和建构中，神话的情景意义得以彰显，那便是蕴藏在神话中针对本民族的富有凝聚力和激励作用的信念、信仰、勇气和斗争精神等。

3.4.3 在神话叙事中建构身份与联系

羌族神话平日里呈现出慵懒平和的形态，却在故事的讲述中建构着身份与联系。羌族儿童从小听着释比讲述木姐珠与斗安朱的故事，不仅没有感到厌烦，而且每次都有新的体验和发现。在这样的过程中，儿童从小便能够感受到自己族群的存在，并对自己民族神话故事中的英雄人物产生喜爱与崇敬之情。随着年龄的增长，个体的族群的身份认同更加明显和强烈。也正是在神话故事的讲述中，羌族儿童与儿童之间、儿童与释比之间、父母与释比之间的联系得到建立与强化。神话作为一根文化纽带将羌族人紧紧地联系在了一起。羌族神话故事“形散而神不散”，它是羌族历史长河中，经历无数先民的吟唱而积淀下来的整个民族的文化精神宝藏。面对灾难时，羌民并没有感到孤独与无助，因为在他们的背后有整个民族文化的支撑，神话就是集体文化的集中体现和重要表征。

4. 讨论：从本质主义到建构主义

西方本质主义世界观，不仅在哲学的一般意义上指导研究者进行研究，而且对在此方法论基础上建立起来的自然科学和不同领域的社会科学与行为科学（如心理学、政治学、经济学、社会学、历史学等）产生了重大影响。西方心理学从创立之初便带有浓厚的本质主义方法论色彩。19世纪70年代末，德国心理学家冯特建立了世界上第一个心理学实验室，确立了心理学的发展方向。自此，自然科学的科学观和方法论就成为主流心理学效仿的主要模型。行为主义、新行为主义及认知心理学家奉自然科学为他们的理想，将科学化的追求视为他们的共同目标。人本主义反对心理学的自然科学化，注重对人本身的关注，但是并没有反对科学存在的价值。人本主义心理学家相信通过科学能够更好地揭示人的"内在本质"、找寻到"真实自我"。所以在心理学内部，在相信科学、相信客观真理方面，科学主义心理学与人本主义心理学是一致的[15]。此外，科学主义心理学和人本主义心理学，都信奉经验主义，无论是冯特的实验法、布伦塔诺的心理意动，还是行为主义的科学观与方法论，人本主义心理学的经验观察与描述，都肯定经验是认识的唯一源泉。同时，现代主义心理学将关注的焦点放在个体之上，关注个体的心理与行为，很少从社会历史文化的角度探讨心理与行为的产生发展机制。从根本上而言，无论是科学主义、人本主义还是经验主义、实证主义、理性主义都属于本质主义的范畴，本质主义更为基础。

建构主义的早期形态是产生于20世纪20年代的知识社会学，杜克海姆、韦伯、米德等是早期代表。知识社会学强调社会文化是知识生产的决定因素，将研究的重点放在文化力量怎样建构知识和知识的类型之上，其中米德提出人的认知是在日常的人际交往和群体互动中"建构"的，而不是人固有的。该观点成为心理学中的社会建构论形成的重要思想来源之一[16]。库恩在《科学革命的结构》一书中论及"范式革命"，其为建构主义的形成和发展起到推动作用。科学家为了更精确地说明或解释某些先前已知或未知的现象，只有通过放弃某些以前的标准信念或程序，同时用其他新成分代替先前范式中的那些原有成分[17]。范式的变革表明科学话语的改变，原来被认为是科学的知识在新的范式下被认为是非科学的。当代科学哲学的最大异端费耶阿本德、对心理学的实证主义和行为主义持批评态度的普特南、拥护阐释学的伽达默尔、主张解构理论的德里达、持新工具主义科学观的劳丹、坚信新实用主义的罗蒂等，都对实证主义的理论根基进行了抨击[18]，也从客观上推动了建构主义的发展。建构主义主张知识是社会建构的，是社会互动的结果，不是简单的主体与客体、反映与被反映的关系。心理现象，譬如人格、情绪、态度、认知等离不开人际互动，并非客观实在。话语和语言系统是社会建构的重要工具，而非反映世界的工具，强调日常行动的"反身性"[19]。

汶川特大地震灾后，西方本质主义方法论指导下的临床心理学对于儿童心理治疗和心理康复的实践，并没有起到“万金油”般普适性的康复治疗效果。相反，正如王曙光和克茨（2013）所指出的，正是由于心理治疗文本个体主义和本质主义策略缺乏本土文化的面向，原本就是作为典型的西方本体主义方法论语境下的心理门诊，被简单地复制到中国族群文化中。“医生”或“治疗师”角色惯用的专业量表诊断与治疗为导向的“创伤后应激障碍”视角及本质主义意义上的定义、测量、解释那些被量表筛查出来的“病人”，并在为他们编织的脱离文化语境的心理治疗世界提供内心表达的治疗，结果是“心理疾病”概念的滥用和广泛的标签化导致创伤儿童在“治疗”中感到羞辱和惯习理念上的歧视。

基于神话故事的儿童集体心理康复本土文化实践研究却提供了一条区别于上述路径的基于建构主义的神话叙事实践模式。在某一特定的情景下，并不是每一种解释或者是每一种对自我的意义建构都是可以让人接受的，重点在于社会心理学家们放弃了对人类行为和这些行为的意义进行一劳永逸地描述的企图，他们战胜并超越了索引式的解释方法，转而去尝试那些语言实践。正是这些语言实践使行为成为某种事实[10]。西方心理学基于本质主义、基础主义、个体主义追求“一劳永逸”的解释，认为“真理”是适用于任何时间任何地点而未考虑到“情境”的差异，或者说只考虑到“共性”“普遍性”而更少关注或者忽视“变异”“差异”“特殊”“个性”等方面。这样的缺失势必导致心理学理论在指导具体实践的过程中遭遇挑战和失败。心理学诞生于西方，植根于西方的文化土壤之中，将其直接运用于中国的少数民族族群羌族儿童的心理治疗与康复实践，而不考虑羌族本身的社会历史文化和民族特性，这样的刚性介入，很大程度上影响到当地居民的正常生活，注定收效甚微。基于建构主义发展起来的叙事分析路径站在一个更为广阔的视域之下，叙事分析中的“语境”“话语模式”“情景意义”“变异性”等概念，能更加深入地去理解某一文化现象或者事实。考虑羌族的社会历史，以本土文化的视角去探寻适合羌族儿童心理康复的路径，羌族神话叙事文本便是核心与关键。在羌族语境下，《木姐珠与斗安朱》的神话故事呈现出丰富的情景意义，木姐珠与斗安朱勇敢、坚定的品质深深地印刻在了羌族儿童的内心之上，成为激励他们战胜灾难的最大动力和精神支柱。同时，神话故事在讲述的过程中，建构和强化着羌族儿童的民族身份，进而将整个民族族群紧密联系在了一起。因此，我们说羌族神话是羌族集体文化的重要表征。

临床心理学在指导具体的灾后儿童心理康复治疗时，以一种“医生”和“专家”的姿态介入，主观地认为灾后的羌族儿童是“痛苦的”。事实上，在羌族的族群文化经验和语境下，他们对灾难和痛苦有着自己文化上的理解、表述方式以及对于心理创伤的应对策略。神话作为集体心理–文化实践便是其中重要的本土策略之一。王曙光认为，神话作为羌族语境中的地方性传统知识文本实践对促进儿童心理健康有重要意义。首先，确信人性中的复原潜力，包括“人类千万年来为解决各种生活难题而准备的内驱力、决断力、自我调整力以及集体协作力；为避免生命成长受伤害而下意识进行负性习惯改变的各种努力；通过利用挫折产生的负面情绪指导心理弹性和韧性理解与适应的过程；对于心灵成长的适应提供不断努力和积极进行信息选择的能力等”[20]。其次，在复原潜力的基础上，神话以积极性替代的文化经验的角色出现，促进和提升儿童的自我效能感(self-efficacy)。神话作为一种文化经验的心理操作方式，为儿童在特定语境中的内心展示提供了脚本、搭建了舞台。同时神话具有本土语境的植根性、参照性和神圣性，以及以儿童为中心的实践性。神话通过本土文化领袖人物释比的宣讲，成为儿童集体无意识心智交流最典型的集体表征方式。“在儿童看来，神话就是他们精神世界的交流方式，也更接近潜意识中的天性、志趣、悟性、激情、浪漫情调，并且符合儿童与神话故事间以混沌、直觉、互渗、灵性、启迪等下意识思维一致性交流和感悟的基本程式……儿童利用神话建立群体的心理链接和表现其群体性存在的手段。”[11]另外，通过神话建立起儿童对本民族的文化认同与归属感，促进心理认知。“故事叙事始终遵循着灾难所包含的毁灭与生长、黑暗与光明、生命与死亡等最为本质的彰显成长、孕育、包容、希望的积极解释的轨迹，表明不是所有的创伤都只是负面的。”[11]最终，以神话叙事精神建构起儿童及族群的本土信念。

5. 结论

本文将实证分析与理解诠释结合起来，探讨了羌族神话叙事实践与儿童心理康复的内在关系，在此基础上，反思和质疑西方主流的本质主义心理学哲学方法论。研究发现，羌族神话是灵动和非固化的。在羌族的语境中，神话作为一种建构起来的、集体文化的经验表征和话语模式，有其固有的情景意义。这种情景意义，在灾难的背景下，表现得更加明显。木姐珠与斗安朱的执着、智慧、勇气、坚持不懈和顽强斗争精神深深地感染、打动和影响着灾后每一位经受创伤的羌族儿童，也正是这一套羌族文化“密码”为羌族儿童的心理康复提供着强有力的精神支持。羌族神话，“以本土情景观建构地方族群意识形态，却并不代表任何直接经验，更不直接传递问题解决的任何秘籍。在羌族的神话哲学理念上也不反映给定的灾难与变迁的所谓客观事实、事物本质、变化规律、真理认识、自然秩序、正确与错误，以及科学逻辑知识，它只是作为语境响应情景需要的族群精神生活文本，在需要的时刻，以集体无意识索引方式，引导族群为解决问题，将分散在羌寨生活各处的话语实践策略要素进行灵活、创新的拼图与组装。”[13]西方心理学以本质主义哲学方法论为基本前提，在基础主义的基础上，探究事物唯一不变的“本质”“真理”“规律”，以期获得普遍适用的、一劳永逸的解释框架。这样一种绝对化、普适性的理论追求，在面对纷繁复杂、变化万千的多元化世界的社会实践时，无疑困难重重。事实证明亦是如此。另外，西方心理学的个体主义方法论取向与本质主义方法论一样，在羌族儿童心理康复实践中面临挑战，离开西方社会文化的大背景，在羌族情境中，只可能产生“心有余而力不足”的理论“震惊”。很显然，族群背景下的叙事分析研究还有很多工作需要做，譬如更加深入的话语建构分析和叙事研究等，都为今后的研究工作留下了广阔的空间。

参考文献

[1]孙正聿．哲学通论［M］．上海：复旦大学出版社，2012：20-26.

[2]文兴吾．科技进步与社会发展导论［M］．成都：四川人民出版社，2016：96-103.

[3]于海．西方社会思想史［M］．上海：复旦大学出版社，2010：41-45.

[4]白韶璞．西方本质主义哲学思想流变［J］．学理论，2015（28）.

[5]石中英．本质主义、反本质主义与中国教育学研究［J］．教育研究，2004（1）.

[6]车文博．二十世纪西方心理学发展的轨迹及其未来的走向［J］．社会科学战线，1995（5）.

[7]施铁如．后现代思潮与叙事心理学［J］．南京师大学报（社会科学版），2003（2）.

[8]车文博．西方心理学思想史［M］．长沙：湖南教育出版社，2007.

[9]罗钧恒．叙事心理治疗方法论探析［D］．湖南师范大学硕士学位论文，2010.

[10]波特．话语和社会心理学［M］．北京：中国人民大学出版社，2006：101-103，107.

[11]王曙光，丹芬妮·克莰．神话叙事：灾难心理重建的本土经验［J］．社会，2013（6）.

[12]黄玉联．临床心理治疗模式的发展及演变探讨［J］．广东工业大学学报（社会科学版），2003（4）.

[13]王曙光，董雪．神话社会学：族群灾难应对话语经验索引意义解读［J］．社会科学研究，2015（2）.

[14]吉．话语分析导论：理论与方法［M］．重庆：重庆大学出版社，2011：79，155.

[15]叶浩生．西方心理学中的现代主义、后现代主义及其超越［J］．心理学报，2004（2）.

[16]叶浩生．社会建构论与西方心理学的后现代取向［J］．华东师范大学学报（教育科学版），2004（1）.

[17]托马斯·库恩.科学革命的结构[M].北京：北京大学出版社，2003：61.

[18]高峰强.科学主义心理学方法论基础的动摇[J].山东师范大学学报（人文社会科学版），2002（2）.

[19]侯钧生.西方社会学理论教程[M].天津：南开大学出版社，2001：312-315.

[20]王曙光.灾难心理学本土文化实践：儿童·神话叙事·田野视角[M].成都：四川人民出版社，2011：205.

城市社区综合防灾减灾能力建设研究

——以山东省滕州市为例

魏超，步昭瑞

（山东省滕州市民政局）

摘要 本文以山东省滕州市为例，针对社区综合减灾能力建设面临的主要问题，以减轻各种灾害对社区人居环境的影响为目标，在加强基层基础应急能力、建立权威的信息报告与发布机制、重视防灾减灾意识培养、联合应对各类灾害事件和大力发展社区防灾减灾志愿者队伍等方面进行了有益探索，城市社区防灾减灾能力大大提高。

关键词 城市社区，能力建设，防灾减灾

防灾减灾是社区建设的重要内容，社区防灾减灾能力是国家应急能力的根本。社区在突如其来的自然灾害面前，具有组织协调成本低、机动灵活、救援人员之间相互沟通便捷，谙熟本地区的自然地理环境、基础设施、救灾设备等优点。在自然灾害发生的第一时间，自救能力的强弱，直接关系到灾害发生地区居民的伤亡数目及社会财产的损失程度。

1. 重视社区建设，加强基层基础应急能力

滕州市位于山东省南部，总面积1495平方公里，总人口171万，东部、北部与沂蒙山系相接，西部、南部与微山湖相连，地势东北高、西南低，自然灾害较为频繁。从滕州市城市社区层面来看，各地防御灾害的水平差异较大，防灾和减灾能力总体还比较薄弱。突出表现在：一是绝大部分社区没有制订防灾应急预案，基层防灾减灾的体制机制不完善；二是没有储备救灾物资，没有相应的避难场所、医疗设备；三是居民防灾意识淡薄，减灾知识普及率低，没有救灾演练，

灾害发生时，由于缺乏减灾知识，自救避灾能力很差；四是社区综合减灾能力建设发展不平衡，能够达到减灾要求标准的社区不足 30%；五是缺少资金，大部分社区的综合减灾能力建设只是被动地依赖于国家投入，社区的自救互救和防灾减灾硬件建设和管理水平还需要进一步提高。

2008 年汶川特大地震之后，滕州市对城市社区防灾减灾工作更加重视起来，主张以社区为主体开展防灾减灾工作，做好预防准备工作，降低社区的脆弱性，尽可能减少或者避免灾害事件演变为灾难事件。除了注重硬件设施建设外，社区还从居民组织与实施方案等方面着手，通过制度的拟定以及居民防灾减灾意识的形成，使社区向可持续发展的方向迈进。市政府对社区防灾减灾工作提出明确要求：尽可能地降低灾害所造成的人员伤亡和财产损失；公共部门能够顺利协助社区救援；社区自身能够在无公共部门协助的情况下独立开展灾害应对工作；社区能够依据灾前形式进行修复或是参照灾前所共同规划的模式进行重建；社区经济能力能够快速恢复；灾后社区复建或重建，能够在未来数年负起灾害应变管理责任，且社区不再重蹈覆辙。2010 年，滕州市制定《城市社区防灾减灾紧急状态处置办法》，将应急管理工作重心转向提高综合抗灾能力等方面，提出了社区防灾减灾过程中个人、社区和其他参与者的角色分工，明确了政府部门在提升社区防灾减灾过程中所应承担的责任与工作方向等。办法着力强调维护人民群众生命财产安全和公共安全，着力维护改革发展稳定大局，要求从最基础的地方做起，提升基层社区先期处置能力与公众疏散避险能力，坚持重心下移、力量下沉、保障下倾，切实提高社区防灾减灾能力。近 10 年来，滕州市积极推进安全社区、防灾减灾社区、平安社区等方面的工作，取得了显著成效，社区防灾减灾能力迅速提升。

2. 注重信息沟通，建立权威的信息报告与发布机制

灾害信息沟通是城市社区防灾减灾工作中的重要环节。目前我国灾害预警系统建设日趋完善，但在社区这一防灾减灾的终端环节，信息规范性和传输设备方面都与灾害预警的迫切需求有着显著差距，严重制约了防灾减灾能力的提升。如何准确、快速、全面地发布预警信息，如何动态沟通和快速上报灾害风险，如何让政府、企业、公众针对预警信息及时应对灾害，都是当前亟待解决的问题，也是影响防灾减灾“最后一公里”通畅的突出障碍。在防灾减灾实践中，滕州市借鉴国内外一些做法，在 2010 年 3 月建成了“紧急灾情速报”系统，通过明确报

告时限、程序，严格责任制度，建立上下通畅的信息网络，各有关部门在第一时间迅速向政府应急办指挥中心报送信息，并采取了政府决策部门、广播电视部门、城市社区、电信运营商增值服务和公益服务相结合的方式，实现紧急灾情报警服务第一时间传之于公众和各个行业用户，为后续的避险、救援工作的开展赢得宝贵的时间。2012 年，市政府将信息发布权统一交由市应急办负责，以保证信息的一致性、准确性、及时性，提高应急救援和自救的效率。如 2015 年 11 月，滕州遭遇一次几十年罕见的暴风雪和大范围降温极端天气，由于预报是在夜间发出，各社区立即通过业主微信群，提前 3 小时将信息发至每位业主和社区物业部门，为防灾减灾赢得了主动。

3. 加强应急宣教，重视防灾减灾意识培养

城市社区应急管理和科普宣教工作可以增强公众风险认知、强化防灾减灾意识、提升自救互救能力。国内外许多灾难事件证明，公众在灾后的第一时间开展自救互救至关重要，公众防灾减灾意识与自救互救能力的提升离不开常态化的科普宣教工作。应急管理科普宣传是一项系统性工程，公众的安全意识和应急能力是公共安全体系建设的重要基础，必须要做好总体谋划。

近年来，滕州市政府尤其注重全方位的应急管理科普宣教工作，进一步建立健全实体阵地和媒体阵地相结合、公众宣传与专业培训相结合、宣传讲解与应急演练相结合、校园教育与公众科普相结合、政府引导与媒体宣传相结合、专业队伍与志愿者相结合的科普宣教模式，丰富内容、创新手段，开展主题鲜明、形式多样的科普宣教活动。加强各类应急管理科普宣教基地建设，开发应急管理培训课程及配套教材，有针对性地对不同群体进行应急管理宣教培训，形成特色鲜明的公共安全文化氛围，借以提升城市社区整体防灾减灾能力。在宣教对象和方法上，突出四个工作重点：一是建立机构。由市应急办牵头民政、卫生、水务、建设、教育、交通、经信等部门，积极参与宣教活动，提供的各项专业防灾训练课程，包括城市社区各种防灾活动的演练设计、如何评估危机、儿童专属防灾网站等；在师资培训方面，设立 15 种类型突发事件应急管理的相关研究机构，培训社区防救灾专门人才。二是加强基层社区干部培训。把防灾减灾教育培训纳入社区干部培训的内容，提高灾害应急领导者和组织者的危机意识和忧患意识，普及安全防范与应急救助知识，提高他们的安全防范与应急处置能力。三是大众宣传教育方式多样化。针对广大基层民众的知识背景、文化程度和接受能力的差异，

在宣传教育中要采用不同的方式。如在特定日期（如“5 · 12”防灾减灾日、国际减灾日、世界地球日、各地科技周等）的街头宣传；以报告会、报刊、广播和电视专栏、灾害知识讲座等形式进行宣传；利用灾害科普及成果展览会、社区墙报 、橱窗等进行宣传；在影视、声像方面的灾害宣传；在适当的时机和场所发放灾害科普小册子和张贴招贴画、挂图等。提供应急能力培训的实践场所。2016年开始，将青少年防灾教育培训纳入城市社区范畴，规定学校每个学期都要进行防灾演习，而演习的日期和方式由学校自主选择，只是在内容方面增加社区防灾减灾科目，弥补了社区宣教活动因场地小、人员聚集难度大带来的不足，受到社会普遍欢迎。据统计，2008年以来，滕州市开展各类宣教活动2200余场次，每年直接受教育群众超过31万人次，其中每个城市社区年均宣教活动达12次。四是建立完善宣传教育硬件设施和环境。滕州市一方面在92个城市社区，普遍建立1个防灾减灾教育馆（中心），定期为公众无偿使用，打通了防灾减灾教育落实的制约瓶颈。在防灾教育馆（中心）的建设规划中，注意宣传形式多样、生动有趣，使得公众能够参与其中，能够进行相关防灾技能的训练，并且要求在灾害来临时这些技能能够真正地发挥作用。另一方面建设防灾减灾应急宣传教育网站，使得任何个体在任何时间、地点能满足或查询到有关应急知识的内容，最大限度地方便社区广大居民，提高宣教活动的实用性、趣味性、时效性。

4. 推进跨域合作，联合应对各类灾害事件

跨域合作是城市社区防灾减灾工作的必然趋势，是突发事件应急管理工作的必然要求，我国已经建立了多个应急管理区域合作机制，据不完全统计，截至2013年底，全国已建立各级各类跨区域应急管理合作机制近1200个。但从城市社区这个基础层面，跨域协同防灾减灾机制尚未形成。近年来，滕州市在建立应急管理区域合作、资源与信息共享、编制跨区域突发事件应急预案、联合培训与演练、跨区域应急联动等方面都开展了有益的探索与尝试。从2011年起，推行相邻社区建立应急管理互助协议制度，确保应急管理跨域合作切实落地，真正实现跨区域联合防灾减灾与应急处置，实现灾害发生时社区与社区之间的相互支持，确保资源有效整合，提高灾害应变能力。比如，在2015年6月特大暴风雨灾害中，城区16个社区成为重灾区，协议支持的其他社区紧急出动人员470余人、车辆52台施以援手，在灾害发生后的40分钟内，就紧急修复房屋42间、厂房800余平方米，扶起树木170余株，救送伤员3名，转移车辆21部，减少

直接经济损失600余万元，显示了社区互助制度的强大生命力。目前，全市92个城市社区全部签订了相互支持协议，另有55个社区还与周边农村社区签订了相互支持协议，39个社区与附近企事业单位、社会组织签订相互支持协议。

5. 依靠社会公众，大力发展社区防灾减灾志愿者队伍

灾害防救工作需要多元主体参与，尤其需要充分发挥应急志愿者在国家防灾减灾体系中的作用。应急志愿者作用在城市社区的防灾减灾体系中体现得最为显著。近年来，滕州市在应急管理工作从单纯依赖政府向灾害多元主体共同治理转变的趋势下，引导公众有效参与防灾减灾救灾工作，尤其是充分发挥应急志愿者的积极性，发挥志愿者防灾减灾能力体系建设的重要作用。目前，全市建立了社区应急志愿者队伍266个，登记总人数超过6.2万，其中服务时间超过5年的达4.3万人。这些志愿者已经成为滕州防灾减灾救灾的主体力量，被誉为“居民保护体系的支柱”。在具体工作中，一是注重实效，规范社区应急志愿者产生机制。根据居民自愿的原则，志愿者的产生方式有社区推荐和公开招募两种，凡有志于从事社区防灾减灾事业、具有良好的思想道德素质和修养的公民，均可成为社区应急志愿者。社区应急志愿者队伍全部建立完善的志愿者档案，并向队员颁发志愿者证书和标志。二是以人为本，明确志愿者的权利和义务。社区志愿者应行使的权利包括：对社区应急志愿者工作提出意见、建议和批评；优先获得必需的救灾物品和装备；参加对社区应急志愿者队员的技能培训；工作中有突出表现的获得相应表彰和奖励的权利等。队员的义务包括：宣传灾害科普知识和防灾减灾知识以及自救互救知识；灾时开展灾情、民情的搜集和速报；组织灾民应急避险、自救互救、平息谣传、维持社会秩序；协助、配合专业救援队伍开展抢险、救护及其他各项活动等。三是突出重点，明确社区应急志愿者队伍的工作内容。社区应急志愿者队伍的工作内容主要有：灾害发生前，开展防灾减灾知识的宣传教育，提高社区应急志愿者和社区公民防灾减灾意识；举办宣传及演练活动，提高社区居民对防灾减灾知识的了解，指导社区居民通过演练掌握一定的应急避险知识和自救互救技能等；灾害发生后，负责做好社区灾害信息的收集报送工作；根据该区域救灾的需要，配合专业救援队伍做好应急救援行动，做好救灾物品的发放工作，等等。四是规范化培训，确保志愿服务人员长期化。为避免社区志愿人员流失，增强凝聚力，提高服务效益，拓展发展空间，滕州市坚持长期跟踪对志愿者专业化、实战化训练，包括基础培训和专业培训，主要培训内容有指挥协调

能力、运行机制、沟通以及专业技术培训。市政府还专门下发文件，要求社区给志愿组织提供良好发展机遇和环境，为应急志愿者开展活动提供良好平台，吸引和激励志愿者长期服务、终身服务。特别要减弱志愿组织的体制性因素，鼓励志愿组织自主发展，减少外部控制与干预，增强人性化因素；杜绝志愿服务活动中的形式主义，增强实际效益，让志愿者有获得感、幸福感、荣誉感，吸引志愿者持续参与。2014年以来，滕州市用于城市社区防灾减灾志愿者培训、演练、表彰等队伍建设和硬件建设的费用达到2.2亿元。

参考文献

[1] 吴建安.2008年我国自然灾害救助应急响应回顾[J].中国减灾，2009(01)：12-14.

[2] 周悦，崔炜.老龄化社会背景下社区防灾减灾能力建设研究——基于国际老龄化社区防灾减灾的经验借鉴[J].发展研究，2014(12)：83-85.

[3] 国务院办公厅印发《国家综合防灾减灾规划(2016—2020年)》[J].中国应急管理，2017(01)：27-31.

[4] 陈彪.中国灾害管理制度变迁与绩效研究[D].中国地质大学，2010.

[5] 李慧凤.社区治理与社会管理体制创新[D].浙江大学，2011.

“冰上丝绸之路”建设的综合风险防范战略思考

王一飞[1]，孔锋[1,2]

（1. 中国气象局气象干部培训学院；2. 中国气象局发展研究中心）

摘要 党的十九大报告把“一带一路”建设和实施共建“一带一路”倡议作为我国经济建设和全方位外交布局的重要组成部分。北极航线作为“21世纪海上丝绸之路”的重要航道，不仅在科考、交通、资源、旅游等方面有着无限的开发前景，更可以此为契机，秉承尊重、合作、共赢三大政策理念，深化与环北极国家和各北极利益攸关国的政治、经贸与科技合作。本文从中俄共同打造“冰上丝绸之路”入手，分析了传统航线面临严峻挑战，北极航线具有明显优势且具有经济、政治、资源、海运和科研等方面的价值。同时北极航线的开发面临基底资料、开发技术、极端海洋气象灾害风险等方面的威胁和限制。因此，本文认为气象助力北极航线开发建设，应全面融入“一带一路”建设，加强北冰洋的地理气候环境研究，深化北冰洋地区气候服务和气候变化监测，打造安全北极航线。同时大力提升北冰洋研究国际合作和交流，借助中俄共建“冰上丝绸之路”建立大型科考计划。发展多种气象观测手段，提升防灾减灾的预警能力。尤其大力发展“冰上丝绸之路”远海气象观测能力，不断满足“一带一路”建设气象服务与防灾减灾的需求。此外，全面建设中国气象极地学科体系，以满足北极航线未来远景需求。

关键词 冰上丝绸之路，北极航线，风险防范，气候变化，对策建议

1. 引言

2017年7月4日，习近平主席在莫斯科会见俄罗斯总理梅德韦杰夫，双方

指出要开展北极航线合作，加强北方海运航道开发利用，推进北极航运研究，共同打造“冰上丝绸之路”。“冰上丝绸之路”从酝酿到提出历经两年时间。2015 年，中俄总理第二十次会晤联合公报中，“冰上丝绸之路”的雏形就已经出现，当时的表述是“加强北方海航道开发利用合作，开展北极航运研究”。到中俄第 21 次联合会晤公报中，表述变为，“对联合开发北方海航道运输潜力的前景进行研究”。到 2017 年 5 月举行的“一带一路”国际合作高峰论坛，这一框架就更明晰了。俄罗斯总统普京明确希望中国能利用北极航线，把北极航线同“一带一路”连接起来。气象因素导致的恶劣环境作为限制北极航线开发的主导因素，气象部门根据自身专业技术优势，助力北极航线开发建设具有得天独厚的优势[1]。尤其中国作为一个近北极国家，为了在未来北极事务中争取到更多话语权，保障自己未来的实际利益，中国必须加大在北极的参与度[2]。

北极航线是由两条航道构成，即加拿大沿岸的“西北航道”和西伯利亚沿岸的“东北航道”。西北航道途经北美洲北部，海湾岛屿太多，水温低，不容易走通。而东北航道从北欧出发，向东穿过北冰洋巴伦支海、喀拉海、拉普捷夫海、新西伯利亚海和楚科奇海五大海域直到白令海峡，主要经过西伯利亚北部沿海，加之北大西洋暖流深入北冰洋，封冻的海域相比较小，通航的可能性相比较大[3]。俄罗斯邀请我国共建的正是东北航道，该航线相比传统航线大大缩短了航程。本文指的北极航线即为东北航线。

2. 传统航线面临的挑战和北极航线开发的战略意义

2.1　传统航线面临的挑战和北极航线的优势

首先，传统航线面临着严峻挑战。一方面，按照传统的海运路线，中国与欧洲等国进行贸易往来，必须要经过马六甲海峡、印度洋和苏伊士运河才能到达欧洲各港口。一旦油轮重量超过 21 万吨（苏伊士运河的限载量），还要绕更远的路，即从非洲好望角走，费时费力费钱。另一方面，目前我国去往欧洲的传统航运线路，要途经东南亚、南亚、西亚和北非等区域。这部分地区的种族、宗教和文化等问题极其复杂，恐怖主义、极端事件频频发生，海盗猖獗，不稳定因素极多，对航运安全是很大的威胁[4]。

其次，相比传统航线北极航线优势明显。一方面，一旦北极东北航道正式开通，我国沿海诸港到北美东岸的航程，比巴拿马运河传统航线缩短 2000 到 3500

海里；上海以北港口到欧洲西部、北海、波罗的海等港口，将比传统航线航程短25%～55%，每年可节省533亿到1274亿美元的国际贸易海运成本。作为东亚连接北欧、东欧及西港地区的最短航线，相比传统的航线，它可以缩短三分之一的航程。例如从我国大连到荷兰鹿特丹，北极东北航线的航行时间约为33天，比经过马六甲海峡和苏伊士运河的传统航线减少了12～15天，航程缩短，就意味着航运的耗油等成本降低（见表1）。另一方面，相比传统航道，“冰上丝绸之路”的沿线国家比较单一，主要经过俄罗斯北部地区，不稳定因素相对减少。同时，北极圈的特殊地理环境，一定程度上也可以免遭海盗等危险因素的侵袭，提升航行安全程度[5]。

表1　挪威纳尔维克—中国青岛三条航线所需航程及消耗对比

航次细节	通过苏伊士运河	通过北极航线	通过好望角
距离 / 海里	11800	6800	15075
船舶类型	巴拿马型	冰区加强巴拿马型	巴拿马型
载货能力 / 吨	68000	68000	68000
航速 / 节	14.4	14.4	14.4
消耗燃油 / 吨·日	36.7	36.7	36.7
航次消耗燃油 / 吨	1248	734	1578

2.2　北极航线具有十分重要的战略价值

其一，北极航线缓解我国海运压力，有助于推动“21世纪海上丝绸之路”建设。近年来，随着“21世纪海上丝绸之路”的深入建设，我国海洋经济得到了长足发展，我国的海运航线也不断增加，但已有航线仍旧不能满足日益增长的海洋贸易增长的压力（见图1）。在传统航线面临严峻挑战的形势下，北极航线的开发建设对我国海运压力缓解具有重要作用。“一带一路”建设中通畅的陆路交通，再加上北极航线的开辟，为我国与中西亚、欧洲各国间的经贸和文化往来提供了前所未有的便利。北极航线将成为“一带一路”中最北端的直通欧洲的海运通道，有助于推动“一带一路”建设深入开展，更加全面融入全球经济一体化进程中[6]。

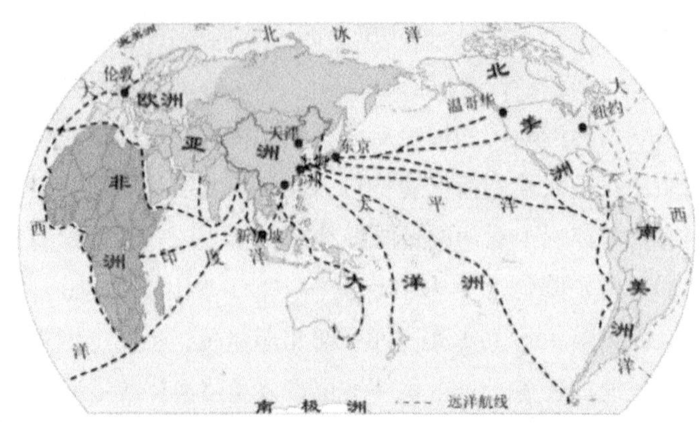

图1 中国主要远洋航线分布

其二，北极航线在全球气候变化中具有独特的科研价值。北极航线经过的北冰洋是全球气候变化研究中的重要对象。北冰洋连通“三大洲”和“两大洋”，是全球纬度最高的大洋，大部分终年被冰雪覆盖，地理环境恶劣（见图2）。这里不仅是对全球气候变化响应最敏感的区域之一，还在全球大气和海洋环流变化中起着重要的调控作用，是全球变化的一个驱动器。作为全球冷热循环的重要冷源，该区海冰的季节性交替变化以及与北太平洋和北大西洋的水交换是全球气候变化的重要驱动力[7]。从地理位置上，北冰洋作为高纬地区贯通大西洋和太平洋的水道，其地质构造演变历史对全球大洋环流的演化和热量分布起着重要的作用。目前我国对这一地区的研究尚不系统、不充分，缺乏这一地区对全球气候变化作用的认识和理解，严重威胁着“冰上丝绸之路”的安全建设，亟须对此地区开展全面、系统、科学的评估。

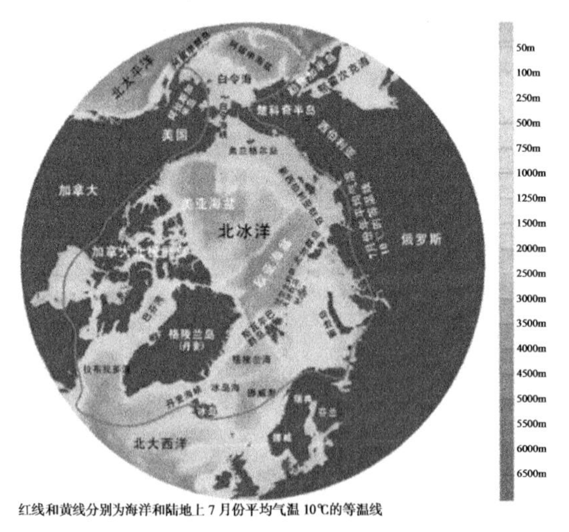

图2 北极地区地理位置和海底地形

其三，北极航线具有重要的地缘经济、政治、科技和战略地位。目前中国的远洋航线不断拓展，但是通往欧洲的航线有限，且面临着各种成本、安全等问题。北极航线的开发建设无疑能够缓解这一局限，又能降低成本、提升运输效率，并规避一定的安全问题。当今世界主要大国都集中在北半球，而北极点是距离各大国最短的战略制高点。我国开发利用北极航线，就多了一条跨向远海的通道，削弱了岛链对我国的束缚。环北极国家多是科技强国，有很多高寒地带所需的技术值得我国借鉴。随着全球变暖，北极冰层融化速度的加快，北极航线通航时间增加，它将成为联系东北亚和西欧，联系北美洲东西海岸的最短航线。我国应做好“一带一路”建设同欧亚经济联盟对接，努力推动滨海国际运输走廊等项目落地，共同开展北极航线开发和利用合作。北极航线同“一带一路”建设连接起来，有助于共同推进穿越北极圈的经济带建设，以此连接北美、东亚和西欧三大经济中心。北极航线将会与苏伊士运河和巴拿马运河展开激烈的竞争，而且北方航线的开通将把北美、俄罗斯、西欧、东亚联系在一起，形成环北极经济圈[8]。一旦实现东北航道的开发和“环北极经济圈”的互联互通，将对中国未来 30 年至 50 年内全球发展空间的拓展，带来极大经济价值、政治价值和战略价值。

其四，北极航线途经地区具有丰富的自然资源和旅游资源。北极地区埋藏海量资源，是我国未来经济发展的潜在输血库。北极地区的原油储量大概相当于目前被确认的世界原油储量的 1/4，天然气储量估计相当于全世界天然气储量的 45%，煤炭资源总储量约 1 万亿吨或者更多，同时该地区永久冻土底层和北冰洋的大陆架中蕴藏有丰富的可燃冰资源。除化石燃料外，该地区还有富饶的渔业和森林资源以及镍、铅、锌、铜、钴、金、银、金刚石、石棉和稀有元素等矿产资源。目前，俄罗斯在北极地区的收入占到俄罗斯国民收入的 11%，北极地区镍、钴开采量占俄罗斯全国总开采量的 90%。俄罗斯邀请我国参与开发北极航线有助于缓解国内部分资源压力，同时资源开发过程中有助于我国企业和技术走出去[9]。北极旅游同样是我国和平利用北极的一大领域。北冰洋及其沿岸的极地风光，加之植物资源丰富、风景秀丽，是绝佳的旅游胜地。

3. 气象助力北极航线开发建设中面临困境和前景

3.1 北极航线开发建设中面临困境

第一，恶劣地理环境下的北冰洋基底数据缺乏限制了“冰上丝绸之路”建设。我国针对北冰洋的海洋科学考察和研究起步较晚。自1999年至今，我国“雪龙”号极地科考船先后8次进入北冰洋开展科学考察，获得了大量的宝贵样品资料和数据，为研究北冰洋及其在全球变化中的作用奠定了基础。不过由于恶劣气象条件和地理环境限制，前期的工作更多集中在加拿大海盆和楚科奇海一侧。而在此前的国际研究计划中，如综合大洋钻探计划（Integrated Ocean Drilling Program，IODP）我国虽有参与，但发挥作用较小。需要指出的是，由于北冰洋具有宽阔的陆架面积，其陆架区占整个北冰洋面积的40%，其中一半以上在俄罗斯。俄罗斯在“北极八国”当中着手开发工作最早、投入也最多。所以我国亟须加强与俄罗斯在北冰洋的合作，为“冰上丝绸之路”建设提供科技支撑。

第二，寒冷气候条件使得北极航线目前面临通航期短和开发技术难题。北极航线相比传统航线虽然大大缩短了航程，但值得注意的是“冰上丝绸之路”常年维持在零下40℃到零下20℃之间，海面长年累月结着冰，一年中只有两三个月海面冰层能够融化。从商业航运的角度看，这显然是不够的。缺乏准确可靠的航行资料，且有大量的浮冰、冰山，给远洋航行的船舶带来巨大的挑战。恶劣的自然环境给北极航线基建带来各种问题，相比传统航道，其开发成本高，且需要强大的技术支撑[10]。东北航道沿途补给点很少、基础设施明显滞后，开发这一路线，显然也需要大量资金和技术投入。加之长期得不到开发，沿途的营商环境也有相当大的提升空间，比如俄罗斯目前在北极航线实施的高额“导航费”。

第三，北极航线开发面临极端气象海洋灾害风险。北极航线主要途经高纬度高寒地区。极端大风、寒潮、暴风雪、海冰、海上浮冰和冰山对北极航道的安全运行均有不同程度的影响。北极航道沿线的港口基建面临极端高寒天气带来的严峻威胁。同时在全球变暖背景下，在气温变化时基础设施的热胀冷缩以及土壤冻融作用，对北极航线沿岸的港口建设产生严重影响，严苛地考验着基建技术和材料，如没有足够的空间延展，会发生开裂现象，从而产生严重的损失。同时全球变暖背景下，北极生态环境正在朝不稳定方向波动，这也考验着北极航道的安全开发建设。

3.2 气象助力“冰上丝绸之路”优势和前景

一是中俄成功合作先例有助于共建“冰上丝绸之路”。中俄两国在北极圈有过成功的合作先例。如俄罗斯亚马尔LNG项目，曾一度无人问津，因为没有人相信它可以在如此严峻的极地条件下推进。但2013年中石油进入并持股20%，自此，每年有 400 万吨液化气运往中国市场。俄罗斯亚马尔 LNG 项目基地建起了各种基础设施：1400 万吨 / 年卸货量的物料码头、两个年运输量 1700 万～ 1800 万吨的 LNG 和凝析油工艺码头，机场、学校、技校、医院也纷纷落地[11]。LNG 项目的推进，无疑为中俄气象部门助力“冰上丝绸之路”建设积累了宝贵的经验。

二是中俄气象助力“冰上丝绸之路”建设具有互补优势。俄罗斯近年来国内经济发展不景气，且面临欧盟和美国的经济制裁，仅靠自身发展，耗时费力。中国自从 2013 年提出“一带一路”倡议以来得到了世界多数国家的支持，是打造全球命运共同体的重要手段。“冰上丝绸之路”无疑给中俄合作带来良好契机。俄罗斯具有“冰上丝绸之路”建设的区位和技术优势，而中国具有资金和政策优势。俄罗斯在北极严寒气候条件下的基建具有一定经验，中俄合作有助于中方借鉴经验推进北极航道建设。

三是气象助力北极航线开发对我国发展具有巨大战略前景。“冰上丝绸之路”主要经过俄罗斯北部地区。俄罗斯资源非常丰富，是世界天然气资源储备最丰富的国家；北极圈以内的天然气资源则更加丰富，据美国地质调查局估计，未被发现的、技术上可采的常规石油、天然气和天然气凝液的蕴藏量可能为 4120 亿桶油当量。相比之下，我国资源储备不足问题严重。作为世界上最大的能源进口国，中国石油的探明储量是 2.4 万亿吨，约占全球总储量的 1%；天然气探明储量 3.1 万亿立方米，仅占全球储量的 1.7%。未来我国的能源体系仍将高度依赖外部，以石油为例，国际原子能机构预测 2020 年中国石油对外依存度将达到 68%。可见，北极东北航道一旦开通，北极地区将成为另一个重要能源产地和能源出口地（见表 2），而到时中国无疑能够占到先机。随着全球气候变暖，北极航线的商业价值可能会在未来持续提升。中俄气象部门助力北极航线的天地海空一体化监测预警将有助于达到安全北极航道建设。已有研究预测，到 2020 年，北冰洋通航时间可能延长至 6 个月，甚至到 2030 年，北冰洋将全年通航。这将大力激活中国北方沿海港口地位和贸易，可以为中国沿海地区的经济发展注入新的活力、提供新的动力，也是除了“一带一路”建设中两条连通东西方线路之外的一条新航路，加快亚欧大陆东西方的整合进程，开辟中国与世界融合的“新航路”。

表 2　北极地区能源资源储量分布

含油区	原油 /10 亿桶	天然气 / 万亿 m^3	液态天然气 /10 亿桶	总量 /10 亿桶当量
西西伯利亚盆地	3.66	651.50	20.33	132.57
北极阿拉斯加	29.96	221.40	5.90	72.77
东巴伦支盆地	7.41	317.56	1.42	61.76
格陵兰东部裂谷盆地	8.90	86.18	8.12	31.39
叶尼塞—哈坦加盆地	5.58	99.96	2.68	24.92
美亚海盆	9.72	56.89	0.54	19.75
格陵兰西部—加拿大东部	7.27	51.82	1.15	17.06

4. 政策建议

（1）全面融入“一带一路”建设，加强北冰洋的地理气候环境研究，深化北冰洋地区气候服务和气候变化监测，打造安全北极航线。作为“21 世纪海上丝绸之路的北上分支”和“冰上丝绸之路”的重要基础和载体，北冰洋的战略地位日显突出，备受世界瞩目。伴随着全球变暖，北极海冰退化趋势明显，北冰洋航道也有望在近年实现夏季通航，这不但有利于开发北冰洋海底丰富的油气及矿产资源，还将深刻影响未来世界海运和贸易格局。因此，全面推进“一带一路”建设中，加强北冰洋地理气候环境研究，对于系统认识北冰洋地理环境和气候变化特征，深化北极航线气象服务，具有重要的科技支撑和现实意义。

（2）大力提升北冰洋研究国际合作和交流，借助中俄共建“冰上丝绸之路”建立大型科考计划。在原有工作的基础上大力加强“北冰洋气候监测与防灾减灾”的国际合作，进而发起一个北冰洋大型国际研究计划，以推进北冰洋对气候变化作用、北极航线对气候变化响应、北极航线防灾减灾的科学研究。

（3）发展多种气象观测手段，提升防灾减灾的预警能力。进一步提高和发展卫星监测、高性能无人机观测、探空观测、地面探空、海岛气象站、船舶自动站、海洋气象浮标站、海洋探测基地、港口监测、GNSS/MET 站、海上气象灾害应急艇等多种气象观测手段，形成网络式、多方联合的海陆空天四位一体化的全过程观测系统。

（4）大力发展“冰上丝绸之路”远海气象观测能力，不断满足“一带一路”建设气象服务与防灾减灾的需求。随着“一带一路”建设的不断推进，远海的气象观测能力还不能满足“21 世纪海洋丝绸之路”建设的需求。从大方向上来说，我国 90% 的外贸货物运输量都要依赖海运，建设远海气象观测手段，首先是为了发展海上航运，尤其是重点发展我国远洋航道附近的气象观测方式，服务“一带一路”建设。

（5）全面建设中国气象极地学科体系。我国从 1984 年开始就开展了对南极的探索，而从地理位置上看，北极距离我们更近，对国家发展的意义更大，理应得到我们更多的关注。北极学及北极科考在俄罗斯是一门专业学科，学科发展有着上百年历史，从高校到研究院所有一套完整的学科机制。中国要建立完整的北极气象教育和气象研究机制尚没有基础，但我们可以考虑与俄罗斯合作，借鉴俄罗斯的经验来完善我们的相关机制，这对我国未来参与北极开发是大有益处的。

参考文献

［1］阮建平．国际政治经济学视角下的“冰上丝绸之路”倡议［J］．海洋开发与管理，2017，34（11）：3-9.

［2］姜秀敏，朱小檬，王正良，等．基于北极航线的俄罗斯北极战略解析［J］．世界地理研究，2012，21（3）：45-49.

［3］刘惠荣．“一带一路”战略背景下的北极航线开发利用［J］．中国工程科学，2016，18（2）：111-118.

［4］孔锋，吕丽莉，王一飞，等．“一带一路”建设的综合灾害风险防范及其战略对策［J］．安徽农业科学，2017，45（22）：214-216.

［5］苏朋．俄罗斯当代北极政策的实质与中国的对策［J］．江淮论坛，2017，285（5）：82-88.

［6］孔锋，林霖，刘冬．服务“一带一路”建设，建立南海地区自然灾害风险防范机制［J］．中国发展观察，2017（9）：47-49.

［7］张雪冬．俄罗斯北极战略下的能源政策与航道政策［D］．中国海洋大学，2012.

［8］孔锋，方建，林霖，等．1957—2015 年山西省春季气候变化时空演变特征［J］．安徽农业科学，2017，45（18）：151-153.

［9］赵庆爱．中国商船北极之旅的意义与思考［J］．中国水运，2017，38（7）：6-7.

［10］孔锋，王一飞，辛源，等．防灾减灾新形势下中国高风险地区综合气候变化风险防范战略分析［J］．安徽农业科学，2017，45（21）：165-168.

［11］白佳玉，李翔．俄罗斯和加拿大北极航道法律规制述评——兼论我国北极航线的选择［J］．中国海洋大学学报（社会科学版），2014，54（6）：13-19.

图书在版编目（CIP）数据

2018年国家综合防灾减灾与可持续发展论坛文集 / 国家减灾委办公室，国家减灾委专家委员会编．—北京：中国社会出版社，2019.4

ISBN 978-7-5087-6155-8

Ⅰ．①2… Ⅱ．①国… ②国… Ⅲ．①灾害防治—中国—文集 Ⅳ．①X4-53

中国版本图书馆CIP数据核字（2019）第063326号

书　　名： 2018年国家综合防灾减灾与可持续发展论坛文集
编　　者： 国家减灾委办公室　国家减灾委专家委员会

出 版 人： 浦善新
终 审 人： 李　浩
责任编辑： 王秀梅　杨春岩

出版发行： 中国社会出版社　　**邮政编码：** 100032
通联方式： 北京市西城区二龙路甲33号
电　　话： 编辑部：（010）58124829
邮购部：（010）58124828
销售部：（010）58124845
传　真：（010）58124829
网　　址： www.shcbs.com.cn
shcbs.mca.gov.cn
经　　销： 各地新华书店

中国社会出版社天猫旗舰店

印刷装订： 北京九州迅驰传媒文化有限公司
开　　本： 185mm×260mm　1/16
印　　张： 20.75
字　　数： 362千字
版　　次： 2019年4月第1版
印　　次： 2019年4月第1次印刷
定　　价： 88.00元

中国社会出版社微信公众号